고급 커뮤니케이션 통계분석론

Statistics for communication and media sciences

고급 커뮤니케이션 통계분석론

1판 1쇄 인쇄 ॥ 2012년 11월 20일
1판 1쇄 발행 ॥ 2012년 11월 30일

지은이 ॥ 권상희
펴낸이 ॥ 홍정표
이 사 ॥ 양정섭
기획·마케팅 ॥ 노경민·배정일
편 집 ॥ 배소정
디자인 ॥ 김미미
경영지원 ॥ 안선영

펴낸곳 ॥ 컴원미디어
등 록 ॥ 제324-2007-00015호
공급처 ॥ (주)글로벌콘텐츠출판그룹
주 소 ॥ 서울특별시 강동구 길동 349-6 정일빌딩 401호
전 화 ॥ 02-488-3280
팩 스 ॥ 02-488-3281
홈페이지 ॥ www.gcbook.co.kr
이메일 ॥ edit@gcbook.co.kr

값 20,000원
ISBN 978-89-92475-52-5 93300

고급 커뮤니케이션 통계분석론

Statistics for communication and Media Sciences

권상희 지음

컴원미디어

머리말

본 『고급 커뮤니케이션 통계분석론』은 사회과학 특히 신문방송 분야에서 많이 사용하는 회귀분석, 구조방정식, 그리고 다변량 분석을 바탕으로 하는 통계 방법론과 SPSS 20과 Amos를 이용한 분석과 리포팅 방법을 실제로 적용하기 위하여 구성되었다.

본서는 기본적으로 개념의 이해를 바탕으로 자료를 이용한 분석과 연습을 통하여 연구 논문에 적용하는 방법을 배우고 습득하는 데 목적으로 두고 있다. 이를 위하여 실제로 교육과 연구 저널에 적용하는 데 중점을 두었다.

실제로 대학과 대학원강의에서 많은 학생들이 접하게 되는 난관을 극복할 수 있는 개념의 이해와 자료 분석의 적용방법, 그리고 결과의 리포팅 방법을 체계적으로 습득하는 데 어려움이 있었다. 많은 경우 학생들과 연구자들은 통계분석 방법론을 습득하는 과정에서 수학과 확률개념에 접하면서 통계의 기법과 적용방법을 실제 연구에 적용하기도 전에 커다란 난관에 봉착하고 통계방법론의 적용을 포기하곤 한다.

실증적인 연구방법에서 통계적 분석방법은 하나의 도구(tool)로서 다양한 자료, 그리고 빅데이터(bigdata)로부터 지식과 정보를 정제하여 결과를 제시하는 통계적인 방법을 익히는 것이 필요하다고 저자는 믿고 있다.

과학적 방법은 자료와 정보를 수집하는 시스템이고, 통계적인 방법은 자료의 처리 방식을 체계적, 효과적, 기능적으로 제시하는 방법이다. 나아가 고급통계 방법론은 복잡한 자료와 변량을 체계적으로 제공하는 방법에 관한 연습이다. 특히 구조방정식은 이론적 구성개념 간에 어떠한 인과관계가 존재하는가를 밝혀주는 인과관계분석을 가능하게 하고 있다. AMOS를 프로그램을 통하여 계량적으로 관찰 가능한 측정지표를 통해 이론적 구성개념들 사이의 가설적인 인과관계를 수치와 그래프로 제공하는 것이다. 본서는 회귀분석과 요인분석을 바탕으로 AMOS 프로그램을 통한 통계적 방법 연습을 통해 구조방정식 모델을 연구에 적용할 수 있도록 하고 있다.

본서는 새롭게 SPSS 20을 적용한 회귀분석, 다중회귀분석, 다변량분석, 그리고 AMOS를 활용한 구조방정식 분석과 응용에 관한 학습내용을 포함하고 있다.

본서는 아래와 같이 구성되어 있다.

본서에 사용된 예는 주로 강의시간에 사용된 자료와 실습을 위해 이용되어진 자료를 바탕으로 구성하였다. 특히 강의를 위해 SPSS 코리아의 자료 협조와 SPSS파트너십을 통하여 제공해준 실습자료와 프로그램 운용에 관한 협력이 크게 도움이 되었다. 특히 조용준 박사님, 우종필 교수님, 김계수 교수님의 자료협조와 자료의 이용을 허락해주시고, 직간접적으로 자료를 활용하고 참고문헌으로 인용하도록 자료를 제공해준 분들께 감사드린다. 본서를 위해 실제 연습을 하고 적용해보는 과정에서 저자는 학습자의 자세로 기술하였으며, 완벽하지 못한 부분은 앞으로 더 많은 노력을 통하여 학습하고 배우는 자세로 개선해나가고자 한다. 복잡하고 난해한 과정을 거치는 동한 많은 분들의 노력, 특히 출판사의 노력으로 서적형태를 갖춘 것에 감사드린다.

2012. 11.
권 상 희

목 차

2장 로지스틱·2단계·가중 회귀분석

6장 다차원척도분석

7장 경로분석

8장 구조방정식(SEM)의 이해와 AMOS 적용

9장 AMOS 실습

별첨

1장 단순·다중회귀분석

1. 회귀분석의 의미와 유래
2. 회귀분석방법(Regression Analysis) 개요
3. 회귀계수(Regression Coefficient)의 종류와 의미
4. 산점도의 활용
5. 단순회귀모형(Simple Linear Regression Model)
6. 회귀선의 추정
7. 회귀모형의 정도
8. 회귀계수의 종류와 의미
9. 분석의 종류
10. 변수선택
11. 범주형 자료를 이용한 회귀분석
12. 곡선추정 회귀분석
13. 비선형 회귀분석
14. 분석실습

1장 단순·다중회귀분석

1. 회귀분석의 의미와 유래

회귀(回歸)란 말은 '다시 본래의 자리로 돌아온다'라는 뜻으로, 이를 통계분석에 처음으로 사용한 사람은 영국의 우생학자였던 갈튼(Galton: 1822~1911)이라고 한다. 그는 아버지의 키 X와 아들의 키 Y간의 관계식은 양의 직선관계이나 기울기가 45° 보다 작아서, 아들의 키는 인간의 평균키로 회귀하려는 경향이 있다고 주장하였다.

이와 같은 생각에 관심을 가졌던 피어슨(Pearson)은 그 당시 런던 주위에 살고 있는 1,078가족의 부자간 키에 관한 자료를 수집하여, X와 Y(단위는 인치)간의 관계를 나타내는 그래프를 그려보니 다음과 같은 결과를 얻었다.

$$\hat{Y} = 33.73 + 0.516X$$

아버지의 키가 60인치인 경우 아들들의 평균키는 약 65인치로서 아들들의 키가 아버지의 키보다 커서 성인남자의 평균키(약 69인치)에 회귀하려고 하고, 이와 반대로 아버지의 키가 커서 74인치인 경우에는 아들들의 평균키가 약 72인치로서 아버지의 키보다 작아서 성인남자의 평균키에 회귀하려는 경향이 있음을 발견할 수 있다. 이 직선은 X와 Y의 평균치를 나타내는 점인 $(\overline{x}, \overline{y})$를 지나므로, 결국 아들들의 키는 성인남자의 평균키로 돌아가려는 경향이 강하다는 것이다. 이와 같은 함수관계를 'regression(회귀)'라는 용어로 처음 표현한 사람이 갈튼이었고, 이를 계량적으로 처음 분석한 사람이 피어슨이었다.

2. 회귀분석방법(Regression Analysis) 개요

2.1. 개념

상관관계분석은 두 변수간의 선형관계를 조사하는데 비해, 회귀분석(regression analysis)은 한 변수를 종속변수(dependent variable)로 그리고 다른 변수를 독립변수로 설정하여 이들 간의 관계를 분석하는 것이다.

한편, 등간척도(또는 비율척도)로 측정된 한 개 또는 여러 개의 독립변인이 등간척도(또는 비율척도)로 측정된 한 개의 종속변인에게 미치는 영향력을 분석하기 위한 통계방법이다.

[그림 1-1] 교육수준과 소득과의 관계

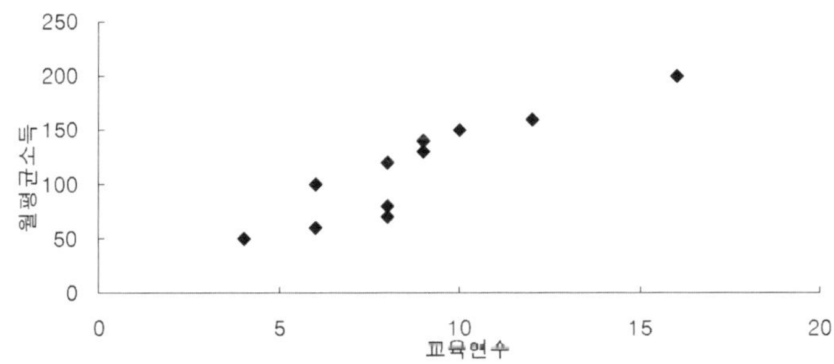

[그림 1-1]에서 보면 X가 증가하면 Y도 증가하는 경향이 있으며, 그 관계는 대체로 선형적임을 알 수 있다. 이 경우 X와 Y의 관계를 간략하게 나타내고자 한다면 하나의 직선으로 표시가 가능하다. 만약 모든 점들이 동일선상에 놓여 있다면 각 점들을 단순히 연결시키면 된다. 이 선을 회귀선(regression line)이라 하는데, 이 선을 찾아내는 작업이 바로 회귀분석(regression analysis)이다.

2.2. 종류

독립변수(independent variable)가 한 개인 경우를 단순회귀분석(simple regression), 그리고 두 개 이상인 경우를 다중회귀분석(multiple regression)이라고 한다. 회귀분석에서는 독립변수를 예측변수, 그리고 종속변수를 기준변수라고 하기도 한다. 독립변인과 종속변인은 원칙적으로 등간척도(또는 비율척도)로 측정되어야 한다. 또한, 명명척도로 측정된 독립변인은 그대로 사용할 수 없고, 가변인(dummy variable)으로 바꾸어 사용해야 한다.

1. 단순 회귀분석방법

1) 독립변인
(1) 수: 1개
(2) 측정: 등간척도 또는 비율척도(명명척도: 가변인 사용)
2) 종속변인
(1) 수: 1개
(2) 측정: 등간척도 또는 비율척도

2. 다변인 회귀분석방법

1) 독립변인
(1) 수: 2개 이상 여러 개
(2) 측정: 등간척도 또는 비율척도 (명명척도 : 가변인 사용)
2) 종속변인
(1) 수: 1 개
(2) 측정: 등간척도 또는 비율척도

2.3. 목적

① 기술적인 목적

ex) 아파트 평수와 전기소모량 사이의 관계를 기술하고 설명할 수 있음

② 통제목적

ex) 비용과 생산량 사이의 관계 혹은 결근율과 생산량 사이의 관계를 조사하여 생산 및 운영관리의 효율적인 통제에 회귀분석을 이용할 수 있음

③ 예측의 목적

ex) 기업에서 생산량을 추정함으로써 비용을 예측할 수 있으며 아파트 가구당 평수를 앎으로써 전기소모량을 예상할 수 있음

3. 회귀계수(Regression Coefficient)의 종류와 의미

3.1. 종류

3.1.1. 회귀분석방법의 목적

회귀분석방법의 목적은 독립변인이 종속변인에 미치는 영향력을 보여주는 값인 회귀계수를 구한 후 신뢰구간(confidence interval)을 통해 모수치(parameter)를 추정하는 것이며, 이와 함께 회귀계수의 유의도를 검증하는 것이다.

3.1.2. 회귀계수의 종류

회귀계수 종류는 비표준 회귀계수와 표준 회귀계수 두 종류가 있으며, 표준 회귀계수는 일반적으로 베타(beta)라 부른다.

1. 비표준 회귀계수
- 비표준 회귀계수는 연구목적이 독립변인의 원 점수를 가지고 종속변인의 원 점수를 예측하고자 하는 경우 사용

2. 표준 회귀계수
- 표준 회귀계수는 연구목적이 개별 독립변인이 종속변인에 미치는 영향력의 크기를 분석하거나, 독립변인간의 영향력의 크기를 상호 비교하고자 하는 경우 사용

3.2. 회귀계수의 장·단점

3.2.1. 비표준 회귀계수

비표준 회귀계수는 독립변인과 종속변인의 원 점수를 이용하여 계산한 값이다. 이 값은 독립변인의 비표준 회귀계수를 이용하여 만든 회귀방정식을 통해서 종속변인의 점수를 예측하는 데 유용하다. 예를 들면, 독립변인 〈교육〉과 〈연령〉에 따른 종속변인 〈텔레비전 시청량〉의 점수를 예측하기 위해서는 비표준 회귀계수를 사용해야 한다.

한편, 독립변인의 원 점수의 측정단위가 다르기 때문에 (〈교육〉과 〈연령〉의 측정단위는 다르다), 독립변인이 종속변인에 미치는 영향력의 크기는 알 수 없고, 그 크기를 상호 비교할 수 없는 단점이 있다.

3.2.2. 표준 회귀계수

표준 회귀계수는 독립변인과 종속변인의 원 점수를 표준점수(Z-score)로 환산하여 계산한 값이다. 분포가 다른 변인의 점수를 상호 비교하기 위한 것이기 때문에 표준점수를 이용하여 계산된 표준 회귀계수를 통해 독립변인이 종속변인에 미치는 영향력의 크기를 알 수 있을 뿐 아니라 그 크기를 상호 비교할 수 있다. 예를 들면, 독립변인 〈연령〉과 〈교육〉의 표준 회귀계수를 통해 종속변인 〈텔레비전 시청량〉에 미치는 영향력의 크기와 〈연령〉과 〈교육〉의 영향력의 크기를 상호 비교할 수 있다.

한편, 독립변인의 표준 회귀계수를 이용하여 만든 회귀방정식을 통해 종속변인의 점수를 예측할 수 없는 단점이 있다.

4. 산점도의 활용

두 변수 간의 함수관계를 찾아보는 첫 단계로서 먼저 해야 할 것은 도표상에 관측점들을 찍어서 그림으로 그려보는 것이다. 이러한 도표를 산점도(scatter diagram)라고 부르며, 이 산점도로부터 두 변수 간의 관계를 대략적으로 짐작할 수 있다.

[예제 1-1]

어느 특수한 종류의 상품을 팔고 있는 상점을 중심으로 광고가 판매량에 미치는 관계에 대해 알아보고자 한다. 이를 위해 비슷한 여건하에 있는 10개의 상점을 표본(sample)으로 추출하여, 이 상점들의 연간 광고료와 총판매액을 알아보니 아래와 같았다.

상점 번호	광고료(x) (단위: 10만원)	총판매액(y) (단위: 100만원)
1	4	9
2	8	20
3	9	22
4	8	15
5	8	17
6	12	30
7	6	18
8	10	25
9	6	10
10	9	20

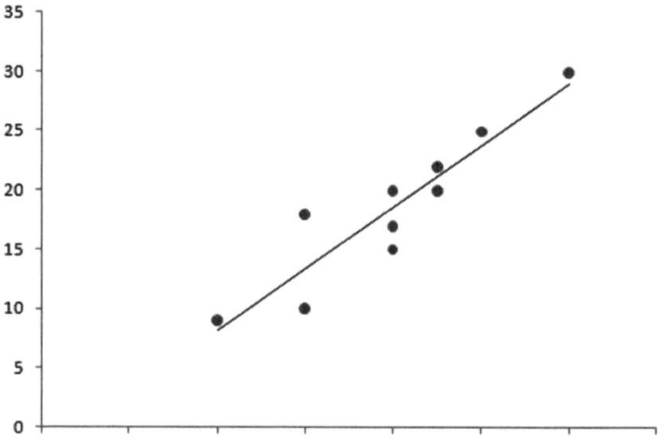

이 그림으로부터 광고료가 증가하면 총판매액도 증가한다는 사실을 쉽게 알 수 있고, 또한 그 관계가 대략 직선인 것도 알 수 있다.

5. 단순회귀모형(Simple Linear Regression Model)

• **Model**

$Y_i = \beta_o + \beta_1 X_i + \epsilon_i$

$Y_{i=i}$번째 측정된 반응변수 Y의 값

$B_0, B_{1=}$회귀계수

$X_{i=i}$번째 측정된 Y의 오차항으로

평균 $E(\epsilon_i) = O$, 분산 $Var(\epsilon_i) = \sigma^2$이면서, 다른 오차항과는 상관관계가 없다.

• **추정회귀모형**

$\widehat{Y_i} = \widehat{b_0} + \widehat{b_1} X_i$

6. 회귀선의 추정

가장 좋은 회귀식은 전체적으로 잔차를 가장 작게 해줄 수 있는 것이다. 다음은 잔차를 작게 해 줄 수 있는 세 가지 방법을 소개한 것이다.

$$1.\ \min \sum_i e_i = \min \sum_i (Y_i - \widehat{Y}_i)$$

$$2.\ \min \sum_i |e_i| = \min \sum_i |Y_i - \widehat{Y}_i|$$

$$3\ \min \sum_i e_i^2 = \min \sum_i (Y_i - \widehat{Y}_i)^2$$

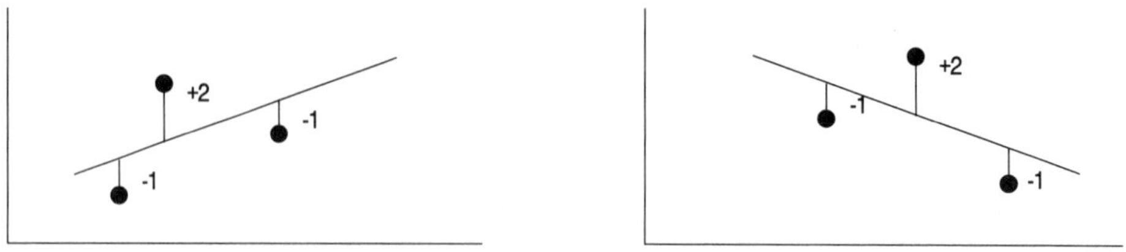

• 잔차의 합은 같으나 회귀식이 다른 경우

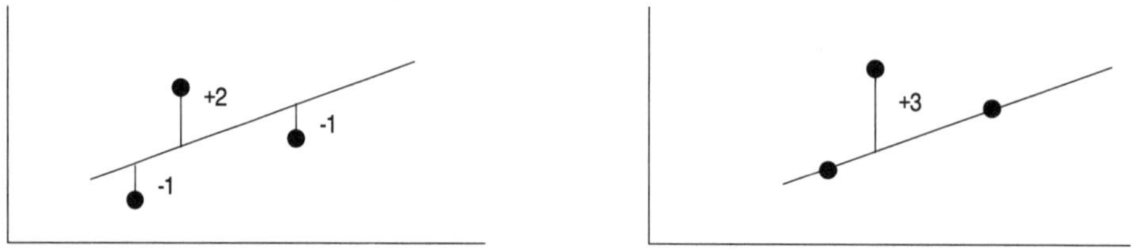

• 절대값의 합에 기준을 둔 회귀식

최소자승법(최소제곱법: method of least squares)

회귀식으로부터 계산된 종속변수의 예측치($\widehat{Y_i}$)와 실제 관찰치(Y_i)의 차이를 잔차 e_i라고 할 때, 이 잔차들의 제곱의 합이 최소가 되게 하는 회귀식을 구하는 방법이다.

- 회귀식을 결정하는 가장 좋은 방법
- 잔차의 부호에서 오는 문제점 해결
- 성질이 우수한 α, β의 추정치를 구할 수 있음

$$\min \sum e_i^2 = \min \sum (Y_i - \widehat{Y_i})^2$$
$$= \min \sum (Y_i - \widehat{\beta_0} - \widehat{\beta_1} X_i)^2$$

• $\widehat{\beta_0}$에 대한 편미분

$$-2\sum (Y_i - \widehat{\beta_0} - \widehat{\beta_1} X_i) \Rightarrow \sum Y_i = n\widehat{\beta_0} + \widehat{\beta_1} \sum X_i$$

• $\widehat{\beta_1}$에 대한 편미분

$$2\sum (Y_i - \widehat{\beta_0} - \widehat{\beta_1} X_i)(-X_i) \Rightarrow \sum Y_i X_i = \widehat{\beta_0} \sum X_i + \widehat{\beta_1} \sum X_i^2$$

• 정규방정식

$$\sum Y_i = n\widehat{\beta_0} + \widehat{\beta_1} \sum X_i$$
$$\sum Y_i X_i = \widehat{\beta_0} \sum X_i + \widehat{\beta_1} \sum X_i^{\ 2}$$

• 추정결과

$$\widehat{\beta_1} = \frac{\sum_{i=1}^{n} (X_i - \overline{X})(Y_i - \overline{Y})}{\sum_{i=1}^{n} (X_i - \overline{X})^2}$$
$$\widehat{\beta_0} = \overline{Y} - \widehat{\beta_1} \overline{X}$$

→ 이렇게 추정한 추정량은 불편성, 유효성, 일치성, 그리고 충분성을 가지므로 적절한 추정치라고 할 수 있다.$-2\ln \mathcal{L}_M - (-2\ln \mathcal{L}_s)$

적합된 회귀선의 성질

$\widehat{Y_i} = \widehat{b_0} + \widehat{b_1} X_i$ 에서 회귀계수 b_0, b_1이 최소제곱법에 의한 추정값이면 다음과 같은 것들이 성립된다.

① 잔차들의 합은 0이다.

$\sum e_i = 0$

② 잔차제곱의 합, $\sum e_i^2$은 최소가 된다.

③ 관찰값 Y_i의 합과 추정값 $\widehat{Y_i}$의 합은 같다. 즉 $\sum Y_i = \sum \widehat{Y_i}$

④ 잔차들의 X_i에 의한 가중합은 0이다. 즉 $\sum X_i e_i = 0$

⑤ 잔차들의 $\widehat{Y_i}$에 의한 가중합은 0이다. 즉 $\sum Y_i e_i = 0$

⑥ 점 $(\overline{x}, \overline{y})$는 적합된 회귀선상에 있다.

7. 회귀모형의 정도

추정된 회귀선의 정도를 측정하는 여러 가지 방법들은 다음과 같은 것들이 있다.

7.1. 분산분석표에 의한 F-검정

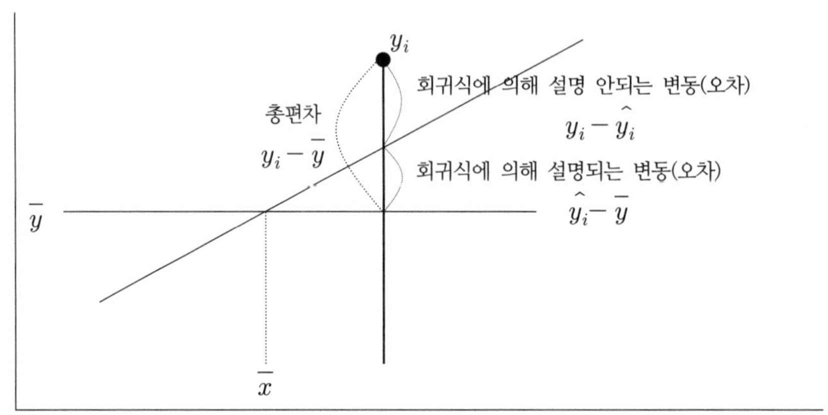

총 편자의 제곱의 합 $S_{YY} = \sum(Y_i - \overline{Y})^2$ 을 총변동(total variation) 또는 총제곱합(total sum of squares)이라 부르며, SST로 표시한다.

$$SSE = \sum(Y_i - \hat{Y}_i)^2$$
$$SSR = \sum(\hat{Y}_i - \overline{Y})^2$$

이라 표시하고, SSE는 잔차에 의한 제곱합(sum of squares due to residual errors)이라고 하며, SSR은 회귀에 의한 제곱합(sum of squares due to regression)이라고 한다. 즉,

SST	=	SSE	+	SSR
(총변동)		(회귀선에 의해서 설명안되는 변동)		(회귀선에 의해서 설명되는 변동)

주어진 자료를 적합시키는 데 있어서 회귀직선이 유의(significant)한가는 다음 분산분석

표에 의해 살펴볼 수 있다.

평균제곱(MS: mean square)은 제곱합을 자유도로 나눈 것으로서, 회귀직선이 유의한가 하는 것은 회귀평균제곱(MSR)이 잔차평균제곱 MES보다 상대적으로 어느 정도 큰가를 비교하여 이루어진다.

[표 1-1] 단순회귀의 분산분석표

요인	제곱합	자유도	평균제곱	F0
회귀	SSR	1	MSR=SSR	$\frac{MSR}{MSE}$
잔차	SSE	n-2	MSE= $\frac{SSE}{n-2}$	
계	SST	n-1		

따라서 MES는 σ^2의 불편추정량이다. $\beta_1 = 0$ 일 때, MSE와 MSR의 기대값은 같아지며, $\beta_1 \neq 0$ 일 때, MSR의 기대값은 MSE의 기대값보다 커지게 된다. 구체적으로

$H_0: \beta_1 = 0, H_1: \beta_1 \neq 0$ 의 검정은 검정통계량 $F_0 = \frac{MSR}{MSE}$

이 대립가설이 옳으면 MSR 〉 MSE가 되어 F_0의 값이 커질 것이다. 위의 가설에서 귀무가설 H_0가 기각되면 회귀직선이 유의미하다고 볼 수 있다.

7.2. 결정계수

총변동의 분해에서 다음의 비율 $R^2 = \frac{SSR}{SST} = 1 - \frac{SSE}{SST}$ 은 총변동 중에서 회귀선에 의하여 설명되는 비율이며, R^2 의 범위는 $0 \le R^2 \le 1$이다. 이 R^2 를 결정계수(coefficient of determination)이라고 부른다. 만약 모든 관찰점들이 회귀직선상에 위치한다면 SSE=0이며, $R^2 = 1$이다. 이와 반대로 X와 Y의 사이에 회귀관계가 전혀 없어서 추정된 회귀식의 기울기 $b_1 = 0$이면 $\widehat{Y_i} = \overline{Y}$가 성립되며, 이 경우는 $R^2 = 0$이 된다.

결정계수는 총변동을 설명하는 데 있어서 회귀선에 의하여 설명되는 변동이 기여하는 비율을 의미하므로, 결정계수를 회귀직선의 기여율이라고 부르기도 한다.

8. 회귀계수의 종류와 의미

[표 1-2] 회귀계수의 종류

회귀계수	목적
비표준 회귀계수 (unstandardized regression coefficient)	독립변인의 원 점수(original score)를 통해 종속변수의 점수를 예측
표준 회귀계수 (standardized regression coefficient, β)	독립변인이 종속변인에 미치는 영향력의 크기를 살펴보거나, 그 크기를 상호비교하는 것

9. 분석의 종류

9.1. 상관분석(Correlation Analysis)

두 변수 간에 상관관계가 존제히는지를 파악하고, 상관관계의 정도를 특정 하는 것이다. 여기서 상관도란 통계학적 관점에서 선형적 상관도를 말하는 것이며, 상관계수는 인과관계를 의미하는 것이 아니라 단지 연관성만을 의미한다.

$$r = \frac{\Sigma(x_i - \bar{x})(y_i - \bar{y})}{\sqrt{\Sigma(x_i - \bar{x})^2 \Sigma(y_i - \bar{y})^2}}$$ ⇨ 공분산을 두 표준편차로 나눈 것

가정: 변수가 연속형이고 확률분포가 정규분포를 따름

9.1.1. 상관계수와 두 변수 간의 결합 강도

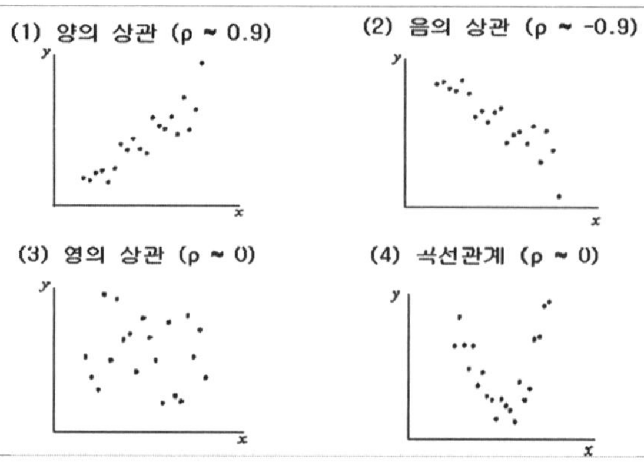

• Analyze 〉 Correlate 〉 Bivariate

• 분석 〉 상관분석 〉 이변량상관계수

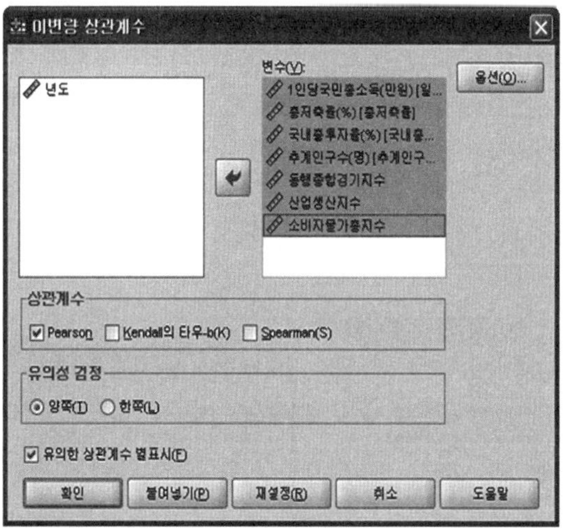

• 연속형 변수간의 상관관계를 파악하는 것이 "피어슨의 상관계수"이다.

상관계수

		1인당국민총소득(만원)	총저축률(%)	국내총투자율(%)	추계인구수(명)	동행종합경기지수	산업생산지수	소비자물가총지수
1인당국민총소득(만원)	Pearson 상관계수	1	.550**	.249	.907**	.986**	.992**	.960**
	유의확률 (양쪽)		.001	.150	.000	.000	.000	.000
	N	35	35	35	35	35	35	35
총저축률(%)	Pearson 상관계수	.550**	1	.644**	.808**	.667**	.596**	.711**
	유의확률 (양쪽)	.001		.000	.000	.000	.000	.000
	N	35	35	35	35	35	35	35
국내총투자율(%)	Pearson 상관계수	.249	.644**	1	.466**	.358*	.273	.375*
	유의확률 (양쪽)	.150	.000		.005	.035	.113	.026
	N	35	35	35	35	35	35	35
추계인구수(명)	Pearson 상관계수	.907**	.808**	.466**	1	.958**	.926**	.985**
	유의확률 (양쪽)	.000	.000	.005		.000	.000	.000
	N	35	35	35	35	35	35	35
동행종합경기지수	Pearson 상관계수	.986**	.667**	.358*	.958**	1	.993**	.984**
	유의확률 (양쪽)	.000	.000	.035	.000		.000	.000
	N	35	35	35	35	35	35	35
산업생산지수	Pearson 상관계수	.992**	.596**	.273	.926**	.993**	1	.966**
	유의확률 (양쪽)	.000	.000	.113	.000	.000		.000
	N	35	35	35	35	35	35	35
소비자물가총지수	Pearson 상관계수	.960**	.711**	.375*	.985**	.984**	.966**	1
	유의확률 (양쪽)	.000	.000	.026	.000	.000	.000	
	N	35	35	35	35	35	35	35

**. 상관계수는 0.01 수준(양쪽)에서 유의합니다.
*. 상관계수는 0.05 수준(양쪽)에서 유의합니다.

9.1.2. 결과 해석 시 주의점

① 상관분석도 종속변수(목표변수)와 독립변수(입력변수)를 명확히 설정해야 한다.
② 상관정도의 명확한 기준이 존재하지 않는다.
③ 통계적 유의수준은 데이터의 수에 민감하다. 따라서 통계적으로 유의한 상관관계를 보이더라도 상관정도가 매우 약할 수 있다.
④ 상관분석은 원래 목적 이외로도 많이 이용된다.

9.2. 편상관분석(Partial Correlation Analysis)

두 변수 간에 공통으로 영향을 주는 제어변수가 있을 때, 두 변수 각각에서 선형효과를 제거한 뒤 남은 잔차 간의 상관관계를 산출하는 것을 말한다.

9.3. 단순 회귀분석

9.3.1. 정의

등간척도(또는 비율척도)로 측정된 한 개의 독립변인이 등간척도(또는 비율척도)로 측정된 한 개의 종속변인에 미치는 영향력을 분석하여 연구가설을 검증하는 통계방법이다. 어떤 현상이 요인들의 인과관계에 의해 나타낼 때 그 관계를 수학적으로 설명하기 위해 사용되는 통계적 방법 중의 하나이다. 즉, 주어진 자료를 통하여 변수 (사회현상이나 자연현상)간의 함수관계를 밝히고 이 함수관계를 이용하여 독립변수 값에 대응되는 종속변수의 값을 '예측' 또는 '설명'하는 분석 방법이다.

9.3.2. 상관분석과의 관계

상관분석은 두 양적 변수 간의 선형관계를 분석하는 방법인 반면 회귀분석은 종속변수와 독립변수간의 함수관계를 규정하는 방법으로 모형이 도출된다.

[예제 1-2]

우리나라 남성 4514명을 대상으로 키와 몸무게를 조사함

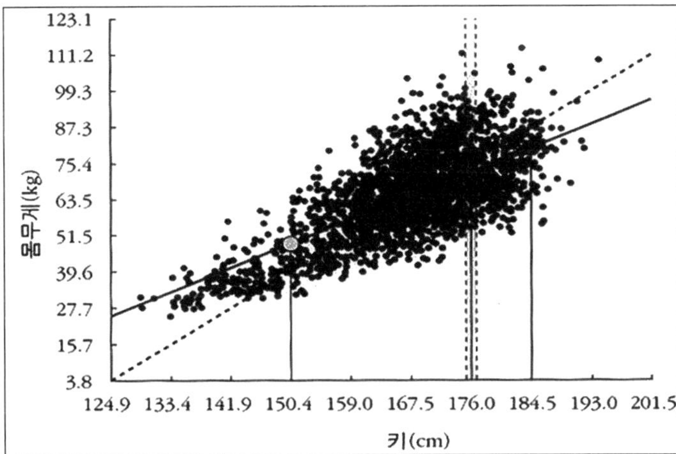

- 평균키 : 167.5cm
- 표준편차 : 8.5cm

- 평균몸무게 : 63.5kg
- 표준편차 : 11.9kg

- 상관계수 : 0.67

9.3.3. 응용사례

- 주가지수에 금리가 얼마나 영향을 미치는가? 또는 금리에 따라 주가지수가 어떻게 변화하는가?
- 초등학교 학생들의 평균 신장이 나이에 따라 어떻게 변화하는가?
- 전반적 만족도에 서비스, 상품, 기업이미지 중 어느 요소가 더 많이 영향을 미치는가?

영향 요소와의 관계를 통해 → 예측 → 선형 함수식

9.3.4. 관측값과 회귀모형

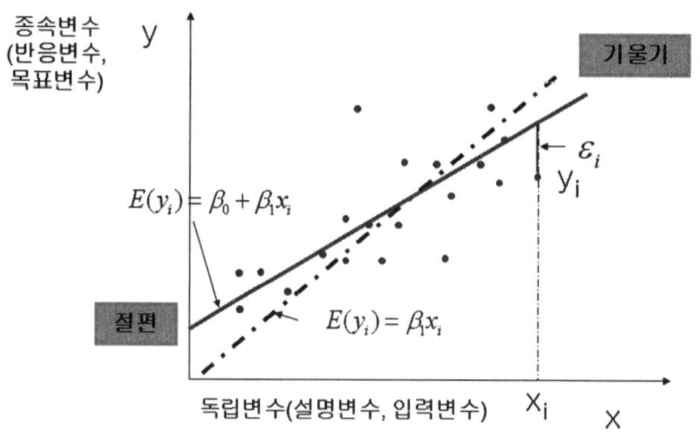

9.3.5. 순차도표

- 종속변수의 추세파악

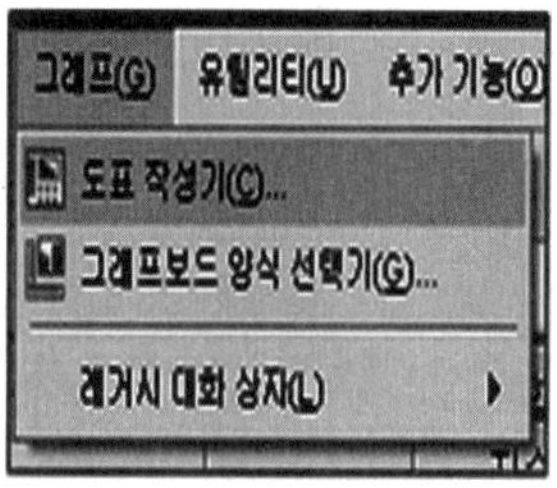

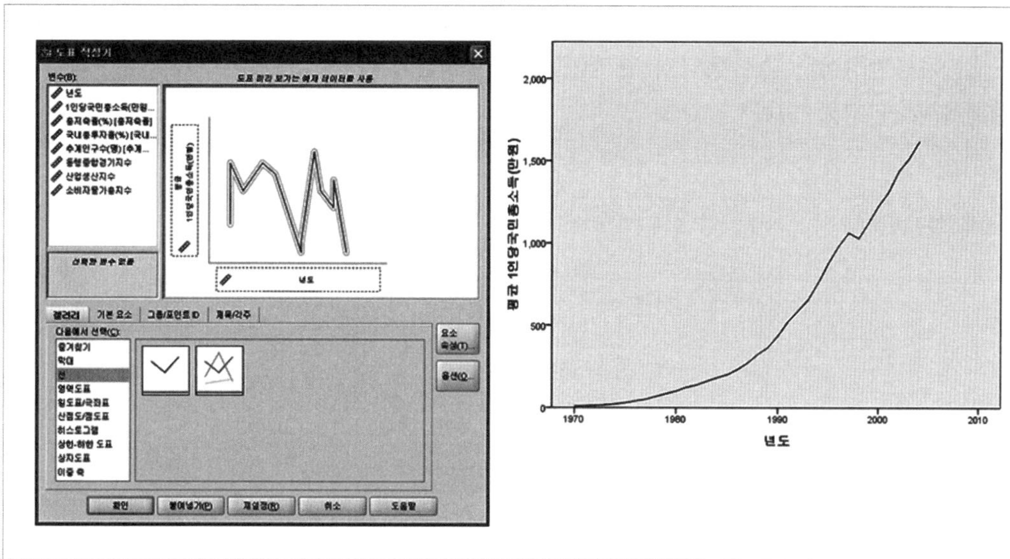

9.3.6. 산점도

- 종속변수와 독립변수 간 선형성 파악

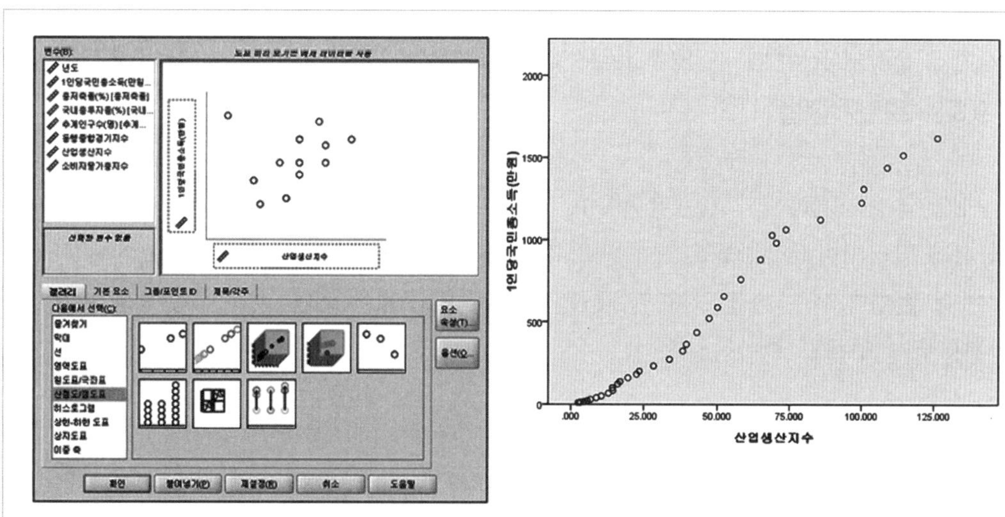

9.3.7. 단순 회귀분석 방정식

단순 회귀모델로 독립변인과 종속변인의 수가 하나이기 때문에 회귀방정식은 1원 1차

방정식이 된다. 이러한 회귀방정식은 독립변인의 원 점수와 종속변인의 원 점수로 이루어진 원 회귀방정식과 독립변인의 원 점수와 종속변인의 예측 점수로 이루어진 예측 회귀방정식 두 종류가 있다.

• 원 회귀방정식: Y = A + B1X1 + E

↑ ___ ↑ ↑

예측 가능 부분 예측 불가능 부분

• Y: 종속변인 원 점수
• A: 상수(또는 절편)
• B1: 비표준 회귀계수
• X1: 독립변인의 원 점수
• E: 오차

• 회귀모형의 가정을 정리하면 다음과 같다.

(1) X1은 확률변수가 아니라 확정된 값이다.
(2) 모든 오차는 정규분포를 이루며, 평균이 0, 분산은 σ^2 으로 X값에 관계없이 동일하다. 즉, E~N(O, σ^2)
(3) 서로 다른 관찰치의 오차는 독립적이다. 즉, Cov(Ei, Ej)=0(단 i≠j)
(4) Y~N(A + B1X1, σ^2)

9.3.8. 최소제곱법

- E(Y) = A + B1X1에서 A는 절편이고, B1은 기울기이다. 또한, 직선모형은 A와 B1의 값에 따라 달라지며, 이 값들은 모집단을 완전히 파악하지 않으면 알 수 없는 계수들이다. 이는 두 변수 간의 관계를 알기 위해서는 두 계수를 구해야 하며, 따라서 주어진 표본관찰치들로부터 구해진 회귀직선을

$$\hat{Y} = a + b_i X$$

라 하면 α 와 bi은 각각 A와 Bi의 추정치가 된다. 표본에 대하여 회귀모수 A와 Bi의 좋은 추정량을 발견하기 위해서 최소제곱법(least square method)을 이용할 수 있다.

- 최소제곱법이란?
  잔차(residual)제곱의 합을 최소화시키는 α 와 bi의 값을 구하는 방법

- 잔차란?
  실제 관찰치 Y와 예측치 $\hat{Y}$(Y-hat으로 읽음) 사이의 차이값으로 공식은 e=Y - $\hat{Y}$

- 변수들 사이의 관계를 정확하게 기술하거나 예측을 하려면 이 잔차는 최소가 되어야 함. 이를 위해 잔차제곱의 합을 최소화한다면 같은 목적을 이룰 수 있음
- 따라서 $\sum_{i=1}^{n} e_i^2$을 최소화시키는 α 와 bi의 값을 구하면 됨
- 최소제곱법을 이용하여 회귀직선 기울기와 절편을 구하면 다음과 같음

- 기울기: $\alpha = \dfrac{n\sum X_i Y_i - (\sum X_i)(\sum Y_i)}{n\sum X_i^2 - (\sum X_i)^2} = \dfrac{\sum (X_i - \overline{X})(Y_i - \overline{Y})}{(X_i - \overline{X_i})^2}$
- 절편: bi = $\dfrac{1}{n}(\sum Y_i - b_1 \sum X_i) = \overline{Y} - b_1 \overline{X}$
- 회귀식: $\hat{Y} = \dfrac{\sum (X_i - \overline{X})(Y_i - \overline{Y})}{(X_i - \overline{X_i})^2} + \overline{Y} - b_1 \overline{X} \times$

9.3.9. 회귀선의 정도(精度)

회귀선만으로는 관찰치들을 어느 정도 잘 설명하고 있는지 여부를 알 수 없다. 따라서 회귀선이 관찰자료를 어느 정도로 설명하는지를 추정하여야 한다. 회귀선의 정도를 추정하는 방법으로는 추정의 표준오차(standard error the estimate)와 결정계수(coefficient determination)가 있다.

① 결정계수(r^2)

- 종속변수의 변동 중 회귀식에 의해 설명되는 비율을 의미

$$r^2 = \frac{SSR}{SST} = 1 - \frac{SSE}{SST}$$

$$\sum(Y_i - \overline{Y})^2 = \sum(Y_i - \widehat{Y}_i)^2 + \sum(\widehat{Y}_i - \overline{Y})^2$$

$\sum(Y_i - \overline{Y})^2$: SST(총변동: total variation)
$\sum(Y_i - \widehat{Y}_i)^2$: 설명 안 되는 변동(unexplained variation: SSE)
$\sum(\widehat{Y}_i - \overline{Y})^2$: 설명되는 변동(explained variation: SSR)

※ 위 식은 총변동 중에서 회귀선에 의하여 설명되는 비율을 나타내며, r^2의 범위는 $0 \le r^2 \le 1$ 이다. 만일 모든 관찰치들과 회귀선이 일치한다면 SSE=0이 되어 $r^2=1$이 된다. 이렇게 되면 X와 Y사이의 상관관계는 100%이라고 본다.

9.3.10. 회귀선의 적합성

회귀선의 정도는 회귀선의 설명력을 나타낸다. 일반적으로 설명력이 높을수록, 회귀모형은 통계적으로 유의하다고 판단되며, 회귀선의 통계적 검정을 위해 회귀선의 적합성(goodness of fit) 여부를 알아본다. 한편, 주어진 자료에 적합(fit)시킨 회귀선이 유의한가는 분산분석(analysis of variance)으로 알 수 있다.

[표 1-3] 단순회귀의 분산분석표

원천	제곱합(SS)	자유도(DF)	평균제곱(MS)	F
회귀	$SSR = \sum(\widehat{Y} - \overline{Y})^2$	k	$MSR = \frac{SSR}{k}$	$\frac{MSR}{MSE}$
잔차	$SSE = \sum(Y - \widehat{Y})^2$	n-(k+1)	$MSE = \frac{SSE}{n-k-1}$	
합계	$SST = \sum(Y - \overline{Y})^2$	n-1		

평균제곱은 제곱합을 각각의 자유도로 나눈 것이다. 통계량 MSR/MSE는 자유도(k, n-(k+1))의 F분포를 형성한다고 알려져 있는데, 회귀의 평균제곱 MSR이 잔차의 평균제곱 MSE보다 상대적으로 크다면 X와 Y의 관계를 설명하는 회귀선에 의하여 설명되는 부분이 설명 안 되는 부분보다 크기 때문이다.

회귀선의 검정에 대한 귀무가설과 대립가설은 다음과 같다.

H0 : 회귀선은 유의하지 못하다. 또는 (b1=0)
H1 : 회귀선은 유의하다. 또는 (b1≠0)

• F값을 구한 후에 F분포표를 이용한 유의수준 α 에서 임계치 F(α, 1, n-2)이면 회귀선은 유의하다고 결론을 내린다.

9.3.11. 단순회귀모형

$y_i = B_0 + B_1 X_i + e_i$

I번째 측정된 종속변수의 값
회귀식의 절편 또는 상수항
회귀계수로 선형회귀식의 기울기
I번째 측정된 독립변수의 값
I번째 측정된 종속변수의 오차항으로 N을 따르며, 서로 독립이다.

9.3.12. 기본가정

기본가정

$\varepsilon_i \sim N(o, \sigma^2)$

- 정규성
- 등분산성
- 독립성
- 불편성

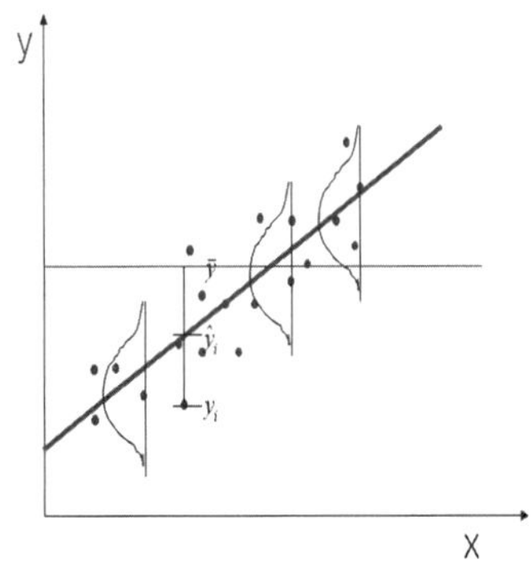

9.3.13. 계수의 추정

최소제곱법(least squares method)을 통해 잔차의 제곱합을 구하여 회귀계수를 찾도록 한다. 즉,

$$\Sigma e_i^2 = \Sigma (y_i - \beta_0 - \beta_1 \chi_i)^2$$

을 최소로 하는 $\beta 0$, $\beta 1$의 추정치를 구하면 된다.

β_0, β_1에 대해 편미분하면

$$\hat{\beta}_1 = \frac{\Sigma(\chi - \overline{\chi})(y - \overline{y})}{\Sigma(\chi - \overline{\chi})^2} \qquad e_i = y_i - \hat{y}_i$$

$$\hat{\beta}_0 = \overline{y} - \hat{\beta}_1 \overline{\chi}$$

$$\hat{y}_i = \hat{\beta}_0 + \hat{\beta}_1 \chi_i$$

9.3.14. 분산분석표

최소제곱법에 의하여 구해진 회귀방정식이 어느 정도 변수들 간의 관련성을 잘 적합시켜 주는가를 위한 방법으로 분산분석표에 의한 F-검정을 실시하고 결정계수를 구하여 본다.

$$\Sigma (y_i - \overline{y})^2 = \Sigma (\hat{y}_i - \overline{y})^2 + \Sigma (y_i - \hat{y}_i)^2$$

SST = SSR + SSE

총변동(총제곱합) = 회귀에 의한 변동 + 오차변동

요인	제곱합	자유도	평균제곱	F값	유의확률
회귀	SSR	1	MSR=SSR/1	MSR/MSE	F(1,N-2, α)
오차	SSE	N-2	MSE=SSE/N-2		
전체	SST	N-1			

9.3.15. 결정계수(R^2)

• 회귀변동이 총변동 중에서 차지하는 비율

총 $R^2 = \frac{SSR}{SST} = 1 - \frac{SSE}{TSS}$, $0 \le R^2 \le 1$

• 변동을 설명하는 데 있어서 회귀선에 의해 설명되는 변동이 기여하는 비율을 나타냄.
즉, 독립변수를 통해 종속변수를 설명할 수 있는 정도.

$\pm\sqrt{R^2} = R$(상관계수)

9.3.16. 신뢰구간

• $\hat{\beta}_1 \sim N(\beta_1, \sigma^2 / \Sigma(\chi - \overline{\chi})^2)$

σ^2 알 때,	σ^2 모를 때,
$\hat{\beta}_1 \pm z_{\alpha/2}\sqrt{\frac{\sigma^2}{\Sigma(\chi - \overline{\chi})^2}}$	$\hat{\beta}_1 \pm t(n-2;a/2)\sqrt{\frac{\hat{\sigma}^2}{\Sigma(\chi - \overline{\chi})^2}}$

• $\hat{\beta}_0 \sim N(\beta_0, \sigma^2(\frac{1}{n} + \frac{\overline{\chi}^2}{\Sigma(\chi - \overline{\chi})^2}))$

σ^2 알 때,	σ^2 모를 때,
$\hat{\beta}_0 \pm z_{a/2}\sqrt{\sigma^2(\frac{1}{n} + \frac{\overline{\chi}^2}{\Sigma(\chi - \overline{\chi})^2})}$	$\hat{\beta}_0 \pm t(n-2;\alpha/2)\sqrt{\hat{\sigma}^2(\frac{1}{n} + \frac{\overline{\chi}^2}{\Sigma(\chi - \overline{\chi})^2}}$

• 신뢰구간

$$\hat{y} \sim N(\hat{\beta} + \hat{\beta}_0 \chi, \sigma^2 (\frac{1}{n} + \frac{(\chi - \overline{\chi})^2}{\Sigma(\chi - \overline{\chi})^2}))$$

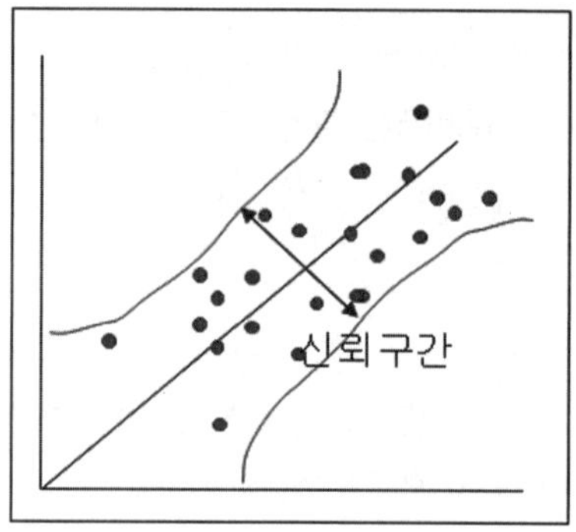

• 과거데이터

$$\hat{y} \pm t(n-2;\alpha/2)\sqrt{\widehat{\sigma^2}(\frac{1}{n} + \frac{(\chi - \overline{\chi})^2}{\Sigma(\chi - \overline{\chi})^2})}$$

• 미래예측

$$\hat{y} \pm t(n-2;\alpha/2)\sqrt{\widehat{\sigma^2}(1 + \frac{1}{n} + \frac{(\chi - \overline{\chi})^2}{\Sigma(\chi - \overline{\chi})^2})}$$

9.3.17. 모형평가

F통계량 ▶ ↑
결정계수 ▶ ↑
MSE ▶ ↓

9.3.18. 실습

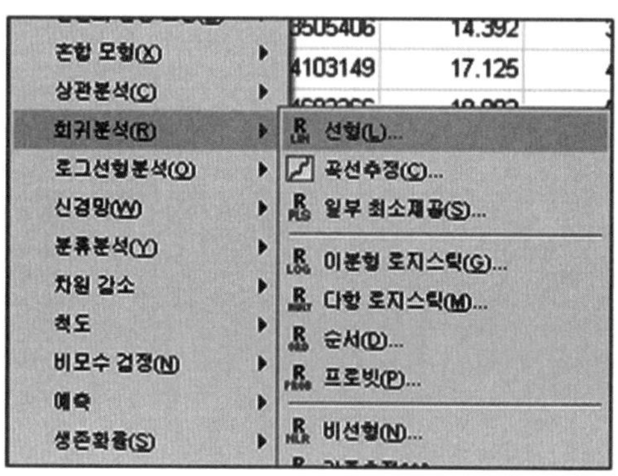

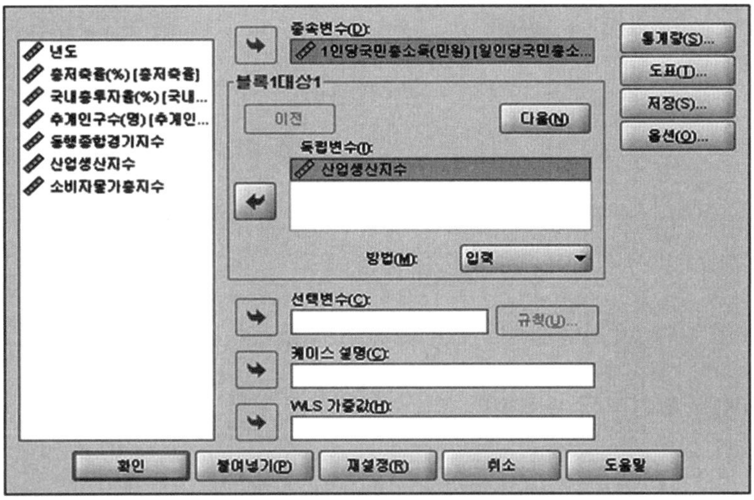

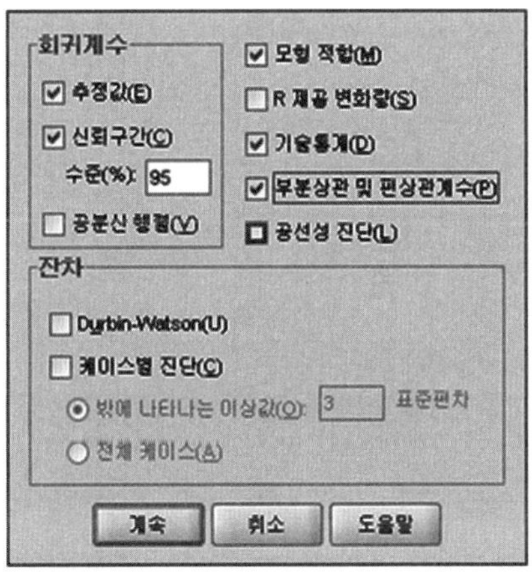

모형 요약

모형	R	R 제곱	수정된 R 제곱	추정값의 표준오차
1	.992[a]	.985	.985	63.641

a. 예측값: (상수), 산업생산지수

분산분석[b]

모형		제곱합	자유도	평균제곱	F	유의확률
1	선형회귀분석	8776782.1	1	8776782.1	2167.002	.000[a]
	잔차	133656.439	33	4050.195		
	합계	8910438.6	34			

a. 예측값: (상수), 산업생산지수

b. 종속변수: 1인당국민총소득(만원)

계수[a]

모형		비표준화 계수		표준화 계수	t	유의확률	B에 대한 95% 신뢰구간	
		B	표준오차	베타			하한값	상한값
1	(상수)	-93.574	16.725		-5.595	.000	-127.601	-59.547
	산업생산지수	14.003	.301	.992	46.551	.000	13.391	14.615

a. 종속변수: 1인당국민총소득(만원)

9.4. 다변인 회귀분석

9.4.1. 정의

다변인 회귀분석은 등간척도(또는 비율척도)로 측정된 두 개 이상 여러 개의 독립변인이 등간척도(또는 비율척도)로 측정된 한 개의 종속변인에 미치는 영향력을 분석하여 연구가설을 검증하는 통계방법이다.

9.4.2. 다변인 회귀분석 방정식

다변인 회귀모델에서는 독립변인의 수가 두 개이기 때문에 회귀방정식은 2원 1차 방정식이 된다.

1. 원 회귀방정식: Y = A + B1X1 + B2X2 + E

- Y: 종속변인 원 점수
- A: 상수
- B1, B2: 비표준 회귀계수
- X1, X2: 독립변인의 원 점수
- E: 오차

2. 예측 회귀방정식: Y ‘ = A + B1X1 + B2X2 (비표준 회귀계수일 경우)
Y ‘ = B1X1 + B2X2 (표준 회귀계수일 경우)

- Y‘: 종속변인 예측 점수
- A: 상수
- B1, B2: 회귀계수
- X1, X2: 독립변인 점수

9.5. 다중회귀분석

다중회귀분석은 독립변수가 두 개 이상인 경우의 회귀모형을 말한다. 여러 독립변수가 종속변수에 영향을 미친다고 알려져 있다면, 단순회귀분석에 비해 좀 더 정확하고 정교한 예측을 할 수 있다.

9.5.1. 회귀식

$$y = \beta_0 + \beta_1\chi_1 + \cdots + \beta_p\chi_p + \varepsilon,\ \ \varepsilon \sim N(0,\sigma^2)$$

$$\Rightarrow\ y = \chi\beta + \varepsilon,\ \ \varepsilon \sim N(0,\sigma^2 I)$$

9.5.2. 계수의 추정

- 계수의 추정

$$\hat{\beta} = (X'X)^{-1}X'y$$

⇨ x_i와 x_j가 동시에 영향을 주는 효과는?

⇨ 독립변수 간 상호독립(추가된 가정)

9.5.3. 분산분석표

요인	제곱합	자유도	평균제곱	F값	유의확률
회귀	SSR	p	MSR=SSR/p	MSR/MSE	F(p,N-p-1, α)
오차	SSE	N-p-1	MSE=SSE/N-p-1		
전체	SST	N-1			

9.5.4. 수정 결정계수(Ad. R^2)

- 독립변수의 수가 증가되면

$$R_{ad}^2 = R^2 - \frac{p}{n-p-1}(1-R^2)$$

⇨ 결정계수 증가
자유도로 수정하여 설명력이 없는 독립변수가 추가되면 감소하게 되므로 변수선택의 기준으로 이용

결정계수는 반응변수에 대한 설명변수의 설명력의 크기를 나타내기 때문에 설명변수가 추가되면 결정계수가 상승하게 된다. 회귀분석은 최소한의 변수로 최대한의 적합성을 높이는 것이 중요한데, 이를 충족시키지 못하는 한편, 변수의 개수가 커지면 다중공선성이 생기는 경우가 많게 된다.

9.5.5. 가설검정

$$H_0 : \beta_1 = \beta_2 = \cdots = \beta_p$$

$$t_j = \frac{\hat{\beta}_j}{\hat{\sigma^2}(X'X)^{-1}} \sim t(n-p-1)$$

9.5.6. 신뢰구간

$\hat{\beta}_j \pm t(n-p-1;\alpha/2)\sqrt{\hat{\sigma^2} c_{jj}}$ $\quad c_{jj} = (X'X)^{-1}$의 (j+1,j+1)번째 원소

• 과거 데이터 $\quad \hat{y} \pm t(n-p-1;\alpha/2)\sqrt{\chi(X'X)^{-1}\chi'\hat{\sigma^2}}$

• 미래예측 $\quad \hat{y} \pm t(n-p-1;\alpha/2)\sqrt{(1+\chi(X'X)^{-1}\chi')\hat{\sigma^2}}$

9.5.7. 표준화된 회귀계수(standardized coefficients)

- 변수표준화를 통해 산출된 회귀계수. 따라서 모든 데이터가 N(0,1)로의 변환하여 회귀계수를 산출함
- 이것의 의미는 변수 scale을 표준화하면 각 모든 변수가 동일 scale이 됨으로 상호 비교가 가능하게 됨
- 계수 추정량

• 표준화 회귀모형

$$y^* = \alpha_1 z_1 + \cdots + \alpha_p z_p + \varepsilon$$

$$y^* = \frac{y - \bar{y}}{\sqrt{S_{yy}}} \qquad z = \frac{\chi - \bar{\chi}}{\sqrt{S_{\chi\chi}}}$$

⇨ N(0,1) 로의 변수변환을 의미함

$$\hat{\beta} \sim N(\beta, \sigma^2 (X'X)^{-1})$$

$$\widehat{\sigma^2} = (y - X\hat{\beta})'(y - X\hat{\beta})/(n-p-1)$$

9.5.8. 실습

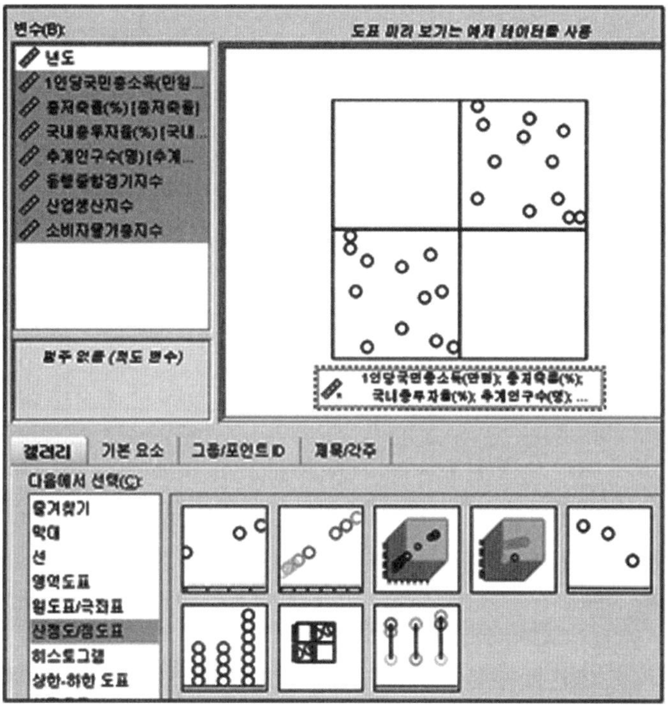

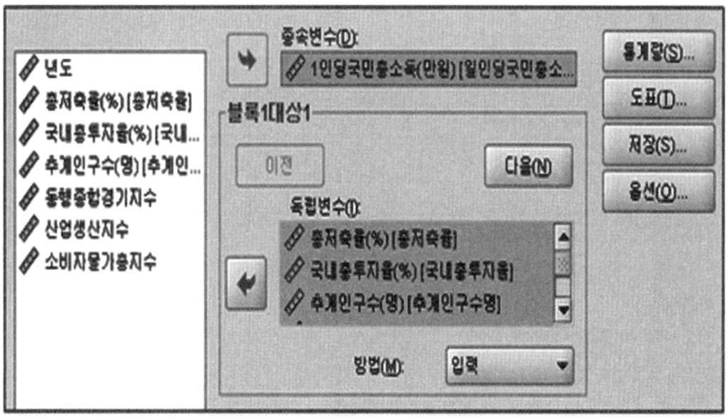

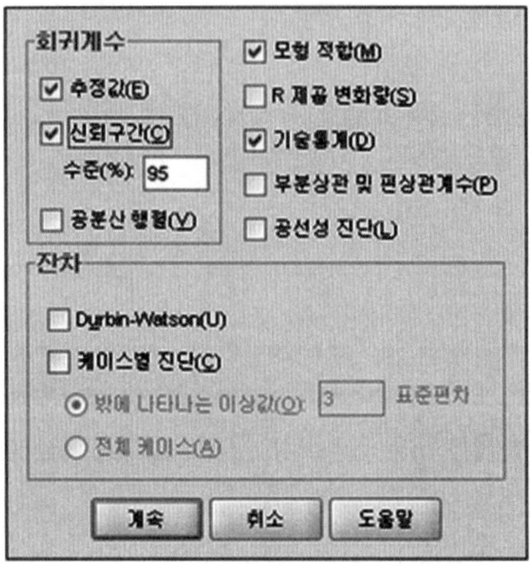

9.6. 회귀모형의 진단

9.6.1. 회귀진단

회귀진단은 회귀분석에서 주어진 데이터의 특이성에 대한 진단을 말하며, 영향력 있는 데이터, 설명변수 간의 공선성 검정 등이 다루어진다. 즉, 데이터와 이 데이터를 사용해서 추정한 회귀모형 사이에 서로 일치되지 않는 점을 찾아내는 과정이다.

- 추정된 회귀모형에 대한 진단(모형진단)
  잔차분석
  적절한 회귀모형의 선택 문제(변수변환 등)
  설명변수들 간의 다중공선성 검토 등

- 주어진 데이터에 관한 진단(데이터 진단)
  이상점 검출
  영향력 분석

9.6.2. 잔차분석

오차항에 대한 기본가정이 맞는지를 검정하는 과정임. 즉, 기본가정을 만족시키지 못한다면 지금까지의 모형이 유의하다 하더라고 회귀식에 적합할 수 없음을 나타낸다.

① 등분산성: 오차항 εi는 평균 '0', 분산 σ^2 으로 xi 의 값에 관계없이 일정하다.
② 독립성: 서로 다른 i, j에 대하여 εi 와 εj
③ 정규성: εi 는 정규분포를 따른다.

① 등분산성 검정 → 잔차도표(PLOT)
② 독립성 → 더빈-왓슨(Durbin-Watson)검정
③ 정규성 → 히스토그램, 정규확률도표(P-P도표)

9.6.3. 잔차도표

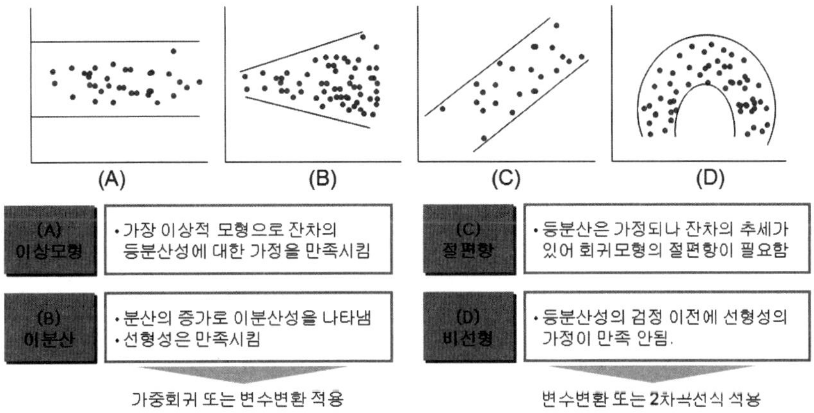

(A) 이상모형: 가장 이상적 모형으로 잔차의 등분산성에 대한 가정을 만족시킴
(B) 이분산: 분산의 증가로 이분산성을 나타냄
선형성은 만족시킴
→ 가중회귀 또는 변수변환 적용
(C) 절편항: 등분산은 가정되나 잔차의 추세가 있어 회귀모형의 질편항이 필요함
(D) 비선형: 등분산성의 검정 이전에 선형성의 가정이 만족 안 됨
→ 변수변환 또는 2차곡선식 적용

9.6.4. 더빈-왓슨 검정(자기상관검정)

더빈-왓슨 검정(자기상관검정)은 독립성 가정을 만족 하는가에 대한 검정의 한 방법이다. 오차항간에 자기상관(autocorrelation)이 존재하는가를 검정하여 자기상관이 존재하면 독립성이 유지되지 않는다(별책 부록 참고).

• R 및 F 통계량 상승 → Over-fitting

$$d = \frac{\sum(e_i - e_{i-1})^2}{\sum e_i^2}$$

d = 0 : 양의 자기상관이 존재
d = 2 : 자기상관이 없음
d = 4 : 음의 자기상관이 존재

→ 세 가지 모두 시계열 분석

9.6.5. 정규성 검정

표준화된 잔차를 히스토그램 또는 P-P도표로 Plotting하여 정규성이 만족하는지를 검정한다.

[히스토그램]

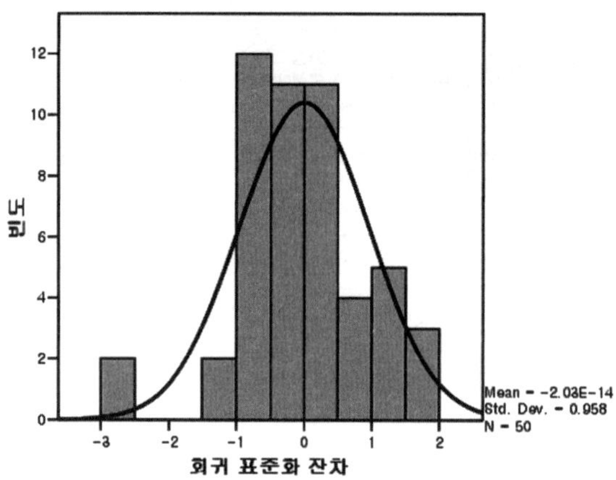

[P-P도표]

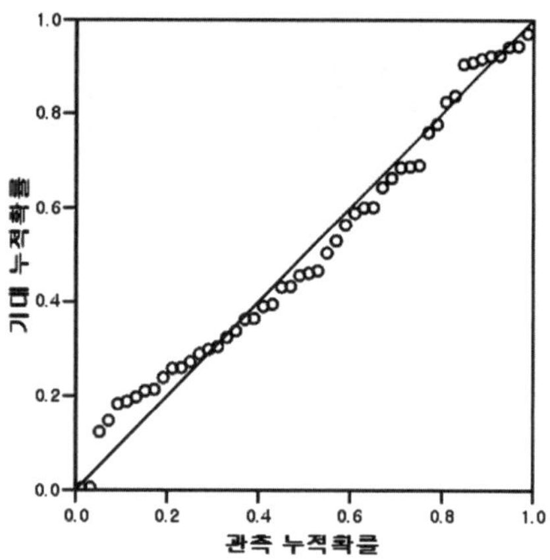

9.6.6. 다중공선성

• 공선성(collinearity): 독립변수 간에 강한 상관관계가 존재하는 현 → 상호독립성 위반
• 회귀계수의 의미: 다른 독립변수들의 값을 고정시켰을 때, 그 독립변수의 값만 한 단위 증가시킬 때 발생하는 종속변수의 변화량

다중 공선성 발생 ⇨	• 추정량의 분산이 커져 수차해가 불안정하게 되어 정상적인 회귀분석 불가능 • $(X'X)^{-1}$을 제대로 구할 수 없으므로 추정되는 회귀계수의 추정 효율이 감소	⇨	• 선형관계가 강한 설명변수 제거 • 설명변수의 더 많은 범위에서 자료를 관측 • 능형회귀 또는 주성분회귀고려

9.6.7. 다중공선성 의심징후

① 설명변수들 사이의 상관계수들의 절대값이 클 때
- 설명변수의 추가(제거)가 다른 회귀계수 추정치들에 큰 영향을 미칠 때
- 개체의 추가(제거)가 회귀계수 추정치들에 큰 영향을 미칠 때
- 각 회귀계수의 유의성에 대한 검증통계량 값이 유의하지 않음에도 불구하고 모형에 대한 분산분석 결과가 유의할 때

② 결정계수가 지나치게 클 때
③ 중요한 설명변수의 회귀계수 추정치가 유의하지 않을 때
④ 회귀계수 추정치의 부호가 과거의 경험이나 이론적으로 기대되는 부호와 반대일 때
⑤ 중요하다고 생각되는 독립변수의 회귀계수에 대한 신뢰구간이 넓을 때

9.6.8. 다중공선성 진단방법

설명변수들 간의 단순상관계수
분산팽창인자(VIF) / 허용치(tolerance)
상태지수(Condition Index) / 분산비율(Variance Propotions)

- 분산 팽창 계수(VIF:Variance Inflation Factor)

① 분산팽창 요인인 회귀 변수들 사이에 존재하는 공선성에 기인한 추정된 회귀 계수들의 분산 값들의 팽창 정도를 측정하는 측도
② 10이상이면 공선성이 있다고 판정

$$S_{jj} = \Sigma(\chi_{ij} - \overline{\chi_j})^2 \Rightarrow SSR_j = S_{jj} - W_j' W_j \Rightarrow R_j = \frac{SSR_j}{S_{jj}} \Rightarrow VIF = \frac{1}{1-R_j}$$

- 허용치(Tolerance)

0.1 이하이면 공선성이 있다고 판정

$$TOL = \frac{1}{VIF}$$

고유값(Eigenvalues)
- 독립변수의 수가 p개 일 때, 고유값(λ)은 p+1개를 갖게 된다.
- 고유값이 '0'에 가까운 것이 있으면 독립변수 사이에 강한 선형 종속성이 존재함

상태지수(Condition Index) $I = (\lambda_{\max}/\lambda_j)^{1/2}$ J=1,…,p
- (p+1)개의 상태지수 중에서 최대값이 10을 넘으면 경계
- 최대값이 15가 넘으면 다중공선성 문제가 있다고 봄
- 최대값이 100을 넘으면 다중공선성 문제가 심각하다고 판단

분산비율(Variance Proportions)
- 각 설명변수가 있어서 추정된 회귀계수의 분산 중에서 몇 %가 각각의 고유벡터에 의해 설명되는지를 재는 측도
- 최대의 상태지수를 갖는 고유벡터가 90% 이상 설명하는 설명변수의 수가 2개 이상일 때 다중공선성의 문제가 있다고 봄

9.6.9. 이상점(Outlier)

- 데이터 중에서 대부분의 개체들과 아주 멀리 떨어져 있는 개체

전혀 예상하지 못한 개체	⇨	불일치 개체	⇨	이상점
가정된 확률분포에서 나올 가능성이 없는 개체	⇨	오염된 개체	⇨	

- 이상점이 존재하는 이유

① 잘못된 모형 선택 : 이 경우 현재 모형을 변형시키거나 새로운 모형 선택
② 모형의 국부적 오류 : 데이터 입력오류 등 어떤 개체가 모형의 추정계수에는 큰 영향을 미치지는 않지만 그 개체 자체만이 문제가 되는 경우
③ 본성적 변이(natural cariability) : 데이터가 나타내는 현상 자체가 가지고 있는 변동성이 큰 경우
(예) 쇼핑몰의 상위 0.1% 고객의 구매 횟수와 평균구매금액

- Y의 이상점 검정: 잔차 도표에서 절대값이 큰 (일반적 '3'이상) 개체
- X의 이상점 검정: 지레값검정 (2(p+1)/n) 보다 큰 개체

9.6.10. 영향력 분석

〈개념〉

- 회귀분석에 가장 큰 영향을 주는 관측을 찾는 분석기법
- 영향이 큰 관측이란 그 점을 포함한 회귀분석을 할 때와 제외한 회귀분석을 할 때 회귀계수 또는 추측 값에 커다란 변동이 생기는 관측을 말함
- 회귀계수 추정에 강한 영향력을 주는 관측은 자료의 중심에서 멀리 떨어져 있는 관측
- 주어진 데이터를 모형에 적합 시킬 때 각 개체가 모형에 어떠한 영향을 미치는가를 알아보는 것
- 데이터에 어떤 변화를 가했을 때 추정된 모형이 어떻게 변화하는지를 조사하는 것

〈영향점 발견 시 조치방안〉

- 측정이나 입력과정에서 실수: 실수를 교정, 영향점을 제거
- 영향점이 되는 원인은 불확실하나 선택한 모형이 옳다고 확신: 영향점이 이상점인지 여부를 조사
- 실험 조건이 부적절했으면 실험조건을 수정해서 새로운 개체를 추가
- 개체의 수가 적어서 판단이 어려운 경우: 새로운 개체 추가
- 위의 경우에 해당되지 않을 경우, 영향점을 포함(불포함)시킨 2개의 분석결과를 모두 알림

〈지레값(leverage): hii〉

- i번째 관칠치의 설명변수들이 평균에서 얼마나 떨어져있는가를 나타내는 축도
- $h_{ij} > 2(p+1)/n$인 i번째 개체가 있는지를 살펴본다.

〈Cook의 D 통계량〉 $Cook's D = \frac{(\hat{\beta}-\widehat{\beta_{(-i)}})' X' X(\hat{\beta}-\widehat{\beta_{(-i)}})}{(p+1)\widehat{\sigma^2}}$

- i번째 관찰치를 제외하고 계산한 추정치와 모든 개체를 이용하여 계산한 추정치의 차를 표준화 시킨 값
- 통계량이 1.0이상 이면 영향력이 큰 것으로 간주함

〈공분산비율(COVRATIO)〉 $COVRATIO_i = \frac{\det\{\widehat{\sigma^2_{(-i)}}(X'_{(-i)} X_{(-i)})^{-1}\}}{\det\{\widehat{\sigma^2}(X'X)^{-1}\}}$

- i번째 관찰치를 제외하고 계산한 추정치벡터의 분산공분산행렬의 행렬식을 모든 개체를 이용한 분산공분산행렬의 행렬식으로 나눈 값
- 이 비율이 클수록 i번째 개체가 영향력이 있다고 판단
- $|COVRATIO-1| \ge 3(p+1)/n$인 개체는 영향점의 가능성이 있다고 판단

〈적합값 변화(DFFITS): Differences between fits〉

- i번째 관찰치를 제외하고 계산한 예측치와 모든 개체를 이용하여 계산한 예측치의 차를 표준화 시킨 값으로 Cook의 D통계량과 비슷함
- 통계량이 2.0이상 또는 $2\sqrt{(p+1)/n}$ 이상이면, 영향력이 큰 것으로 간주함

〈모수값 변화(DFBETAS): Differences between β's〉

- i번째 관찰치를 제외하고 계산한 회귀계수 추정치와 모든 개체를 이용하여 계산한 회귀계수 추정치의 차를 표준화 시킨 값으로 Cook의 D통계량과 비슷함
- 통계량이 2.0이상 또는 $2/\sqrt{n}$ 이상이면, 영향력이 큰 것으로 간주함

9.6.11. 실습

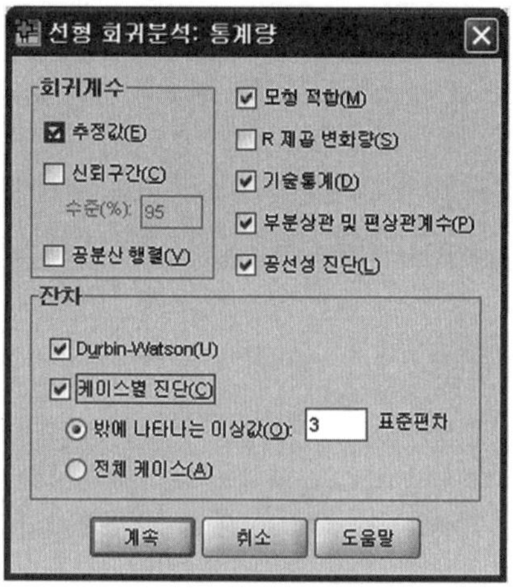

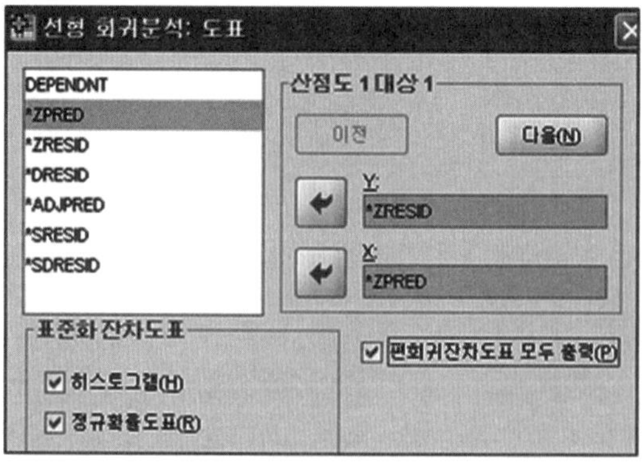

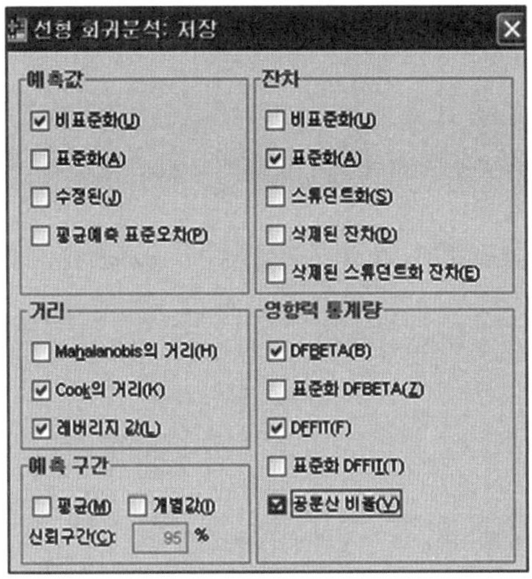

9.6.12. 통계량

〈부분상관계수〉

- 독립변수 xi로부터 나머지 (p-1)개의 독립변수에 의한 선형효과를 제거한 후 종속변수 y와의 상관계수를 말함
- 이는 독립변수 xi를 나머지 (p-1)개의 독립변수로 회귀하여 얻은 잔차와 y와의 상관계수로서 기존의 회귀모형에 어떤 독립변수를 추가할 것인가를 결정하고자 할 때 이용된다.

〈편상관계수〉

- 종속변수 y와 독립변수 xi를 나머지 (p-1)개의 독립변수로 각각 회귀하여 얻은 잔차들
- 이는 종속변수 y와 독립변수 xi를 나머지 (p-1)개의 독립변수로 설명되어지는 부분을 제거한 후 구한 상관계수로 이 값의 절대값이 크면 기존의 모형에 독립변수 xi를 추가적으로 포함시킴으로써 y의 변동을 더 많이 설명하여 줄 수 있다는 것을 의미한다.

9.6.13. 도표

ZPRED	종속변수의 표준화된 예측치
ZPRESID	표준화 잔차
DRESID	회귀모형에서 관측치가 제거될 때 그 개체에 대한 잔차로 잔차
ADJPRED	회귀모형에서 관측치가 제거될 때 그 개체에 대한 예측치로 예측치
SRESID	스튜던트 잔차(내적 스튜던트 잔차)
SDRESID	스튜던트화 제외 잔차(외적 스튜던트 잔차)

〈표준화 잔차도표〉

히스토그램	종속변수의 표준화 잔차의 히스토그램으로 이들 잔차가 정교분포를 따르는가를 탐색하기 위한 도표
정규확률도표	표준화 잔차들이 정규분포를 따르는가를 탐색하기 위한 도표
편회귀잔차도표	종속변수 y와 독립변수 xi를 나머지 (p-1)개의 독립변수로 각각 $(y_i - \overline{y_i}), (\chi_i - \overline{\chi_i})$회귀하여 얻은 잔차들 간의 산점도로 모형의 선형성에 대한 가정을 분석해볼 수 있는 그림으로 각 독립변수들이 종속변수와의 어떠한 함수 관계를 갖고 있고 어느 정도인지를 검토하는데 사용됨

9.6.14. 저장

〈잔차(Resudial)〉

표준화하지않음	각 케이스별로 비표준화 잔차를 저장함
표준화	각 케이스별로 표준화 잔차를 저장함
스튜던트화	스튜던트 잔차를 저장함
삭제된 잔차	각 케이스별로 제외 잔차를 저장함
삭제된 스튜던트화 잔차	스튜던트 제외잔차를 저장함

모형 요약[b]

모형	R	R 제곱	수정된 R 제곱	추정값의 표준오차	통계량 변화량: R 제곱 변화량	F 변화량	자유도1	자유도2	유의확률 F 변화량	Durbin-Watson
1	.999[a]	.998	.998	25.018	.998	2368.026	6	28	.000	.528

a. 예측값: (상수), 소비자물가총지수, 국내총투자율(%), 총저축률(%), 산업생산지수, 추계인구수(명), 동행종합경기지수

b. 종속변수: 1인당국민총소득(만원)

분산분석[b]

모형		제곱합	자유도	평균제곱	F	유의확률
1	선형회귀분석	8892913.3	6	1482152.2	2368.026	.000[a]
	잔차	17525.257	28	625.902		
	합계	8910438.6	34			

a. 예측값: (상수), 소비자물가총지수, 국내총투자율(%), 총저축률(%), 산업생산지수, 추계인구수(명), 동행종합경기지수

b. 종속변수: 1인당국민총소득(만원)

계수[a]

모형		비표준화 계수 B	비표준화 계수 표준오차	표준화 계수 베타	t	유의확률	B에 대한 95% 신뢰구간 하한값	B에 대한 95% 신뢰구간 상한값	상관계수 0차	상관계수 편	상관계수 부분	공선성 통계량 공차한계	공선성 통계량 VIF
1	(상수)	2121.313	354.981		5.976	.000	1394.167	2848.458					
	총저축률(%)	-4.251	2.038	-.056	-2.086	.046	-8.427	-.076	.550	-.367	-.017	.096	10.445
	국내총투자율(%)	-6.144	1.779	-.053	-3.453	.002	-9.789	-2.499	.249	-.546	-.029	.297	3.371
	추계인구수(명)	-6.87E-05	.000	-.648	-5.738	.000	.000	.000	.907	-.735	-.048	.006	181.756
	동행종합경기지수	24.132	3.050	1.543	7.911	.000	17.884	30.380	.986	.831	.066	.002	541.426
	산업생산지수	-5.481	2.086	-.388	-2.628	.014	-9.753	-1.209	.992	-.445	-.022	.003	311.035
	소비자물가총지수	7.729	1.949	.515	3.965	.000	3.736	11.722	.960	.600	.033	.004	240.279

a. 종속변수: 1인당국민총소득(만원)

공선성 진단[a]

모형	차원	고유값	상태지수	분산비율: (상수)	총저축률(%)	국내총투자율(%)	추계인구수(명)	동행종합경기지수	산업생산지수	소비자물가총지수
1	1	6.494	1.000	.00	.00	.00	.00	.00	.00	.00
	2	.471	3.714	.00	.00	.00	.00	.00	.00	.00
	3	.021	17.727	.00	.09	.00	.00	.00	.01	.01
	4	.008	28.303	.00	.03	.45	.00	.00	.00	.01
	5	.006	33.409	.00	.22	.04	.00	.00	.04	.09
	6	.000	138.905	.00	.04	.44	.00	.97	.95	.09
	7	4.615E-05	375.135	.99	.62	.06	1.00	.03	.01	.80

a. 종속변수: 1인당국민총소득(만원)

잔차 통계량[a]

	최소값	최대값	평균	표준편차	N
예측값	-28.50	1668.60	502.57	511.426	35
표준화 예측값	-1.038	2.280	.000	1.000	35
예측값의 표준오차	7.388	19.378	10.908	2.524	35
수정된 예측값	-38.27	1691.75	501.86	510.928	35
잔차	-51.945	50.496	.000	22.703	35
표준화 잔차	-2.076	2.018	.000	.907	35
스튜던트화 잔차	-2.320	2.205	.010	1.041	35
삭제된 잔차	-70.754	66.226	.712	30.483	35
삭제된 스튜던트화 잔차	-2.534	2.382	.011	1.092	35
Mahal. 거리	1.994	19.426	5.829	3.584	35
Cook의 거리	.000	.601	.056	.120	35
중심화된 레버리지 값	.059	.571	.171	.105	35

a. 종속변수: 1인당국민총소득(만원)

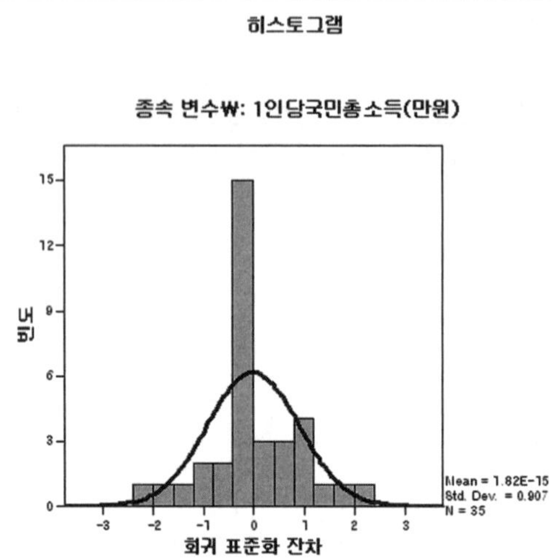
히스토그램
종속 변수₩: 1인당국민총소득(만원)
빈도
회귀 표준화 잔차
Mean = 1.82E-15
Std. Dev. = 0.907
N = 35

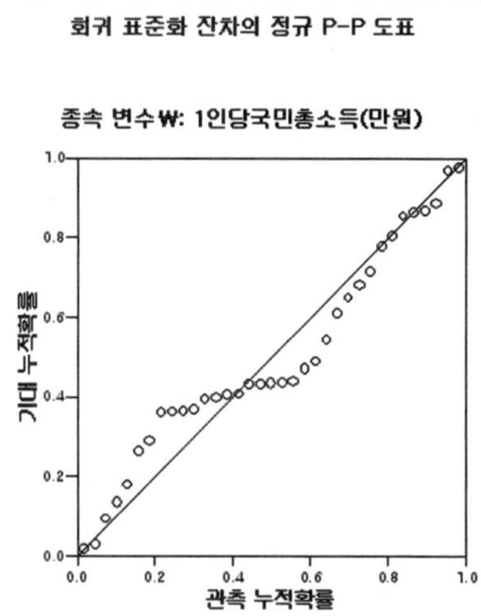
회귀 표준화 잔차의 정규 P-P 도표
종속 변수₩: 1인당국민총소득(만원)
기대 누적확률
관측 누적확률

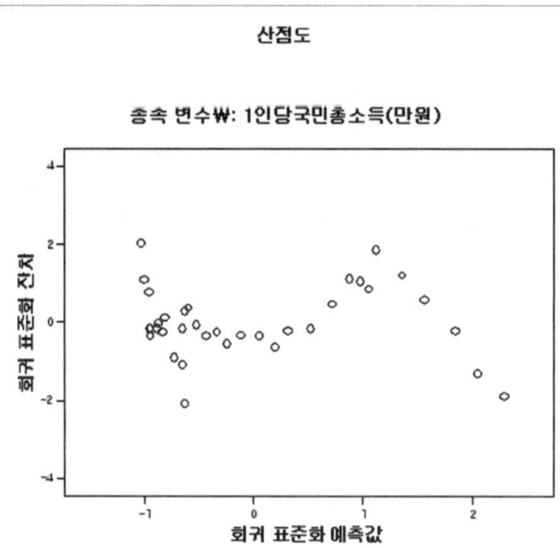
산점도
종속 변수₩: 1인당국민총소득(만원)
회귀 표준화 잔차
회귀 표준화 예측값

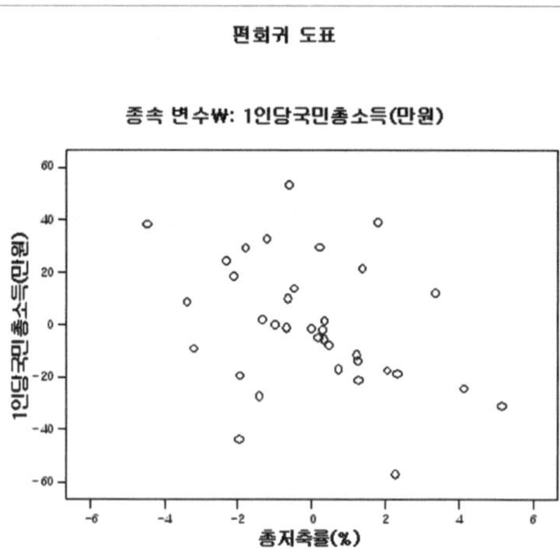
편회귀 도표
종속 변수₩: 1인당국민총소득(만원)
1인당국민총소득(만원)
총저축률(%)

9.6.15. 변수변환

- 회귀식의 기본가정이 잘 맞지 않을 때, 일반적으로 변수변환을 하게 된다.
- 왜냐하면 변수변환을 하지 않을 경우 가중회귀, 곡선회귀, 시계열 등의 비선형적 방법을 적용하여야 함.
- 하지만 경제학 등에 있어서 예측에 있어서 이론적 구조를 설명하기 위한 방법을 선호하게 되는데 이러한 구조모형은 주로 선형모형을 통해 산출되어 진다.
- 또한 비선형 회귀방법은 선형식에 비해 그 구조를 설명하고 이해하기 어렵다.
- 따라서 다소의 손실이 발생하더라도 선형적 구조모형을 적합하게 된다.
- 따라서 변수변환을 통해 우선 적합하여 회귀분석의 기본가정을 어느 정도 완화하여 선형식으로의 적합을 위한 노력을 하게 된다.

- 모든 독립변수의 Scale이 다르다. 따라서 Scale이 큰 변수가 상대적으로 크게 종속변수에 영향을 미칠 수 있기 때문에 이를 방지하기 위하여 변수 Scale을 비슷하게 유지할 필요성이 생긴다.
- 이 때 정규분포로의 변환을 못하는 이유는 예측을 할 경우, 새롭게 예측된 값으로 인해 정규분포의 모수가, 이를 실제값으로 변환하기 힘들어지게 된다.
- 이를 위하여 다른 방법으로의 변수변환을 모색하게 된다.

대표적 변수변환방법	• 자연로그(ln) • Box-Cox • 제곱근(Sqrt)

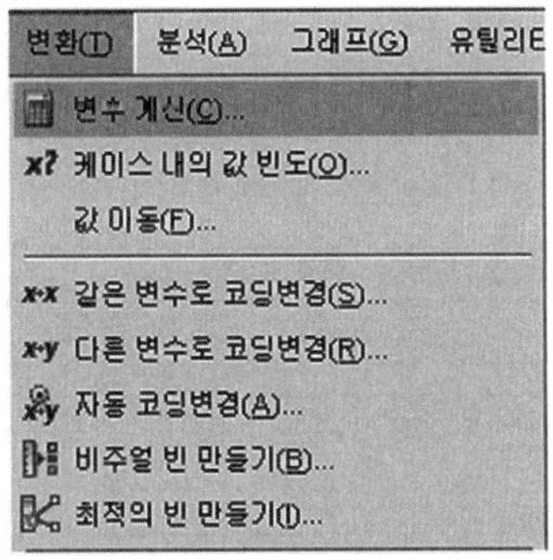

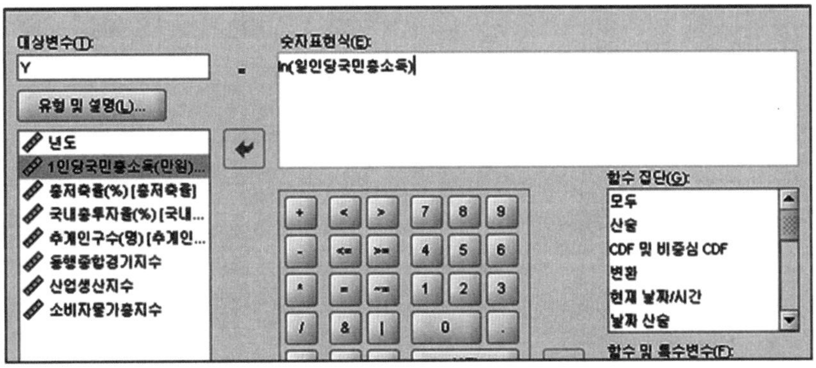

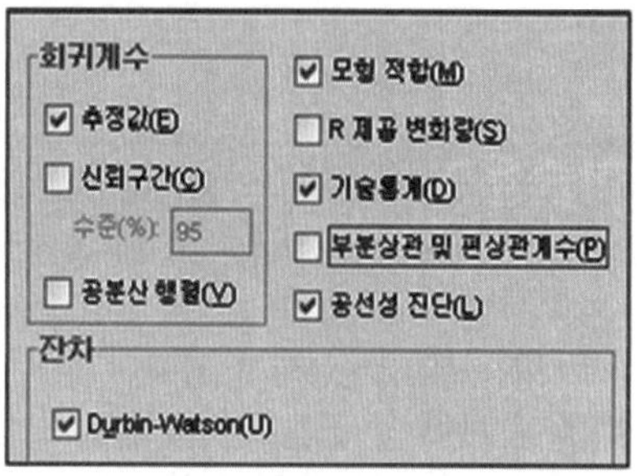

9.6.16. 실습 2

모형 요약[b]

모형	R	R 제곱	수정된 R 제곱	추정값의 표준오차	Durbin-Watson
1	1.000[a]	1.000	1.000	.03316	1.408

a. 예측값: (상수), x6, x2, x1, x4, x3, x5

b. 종속변수: Y

계수[a]

모형		비표준화 계수 B	비표준화 계수 표준오차	표준화 계수 베타	t	유의확률	공선성 통계량 공차한계	공선성 통계량 VIF
1	(상수)	-88.675	15.369		-5.770	.000		
	x1	.316	.067	.050	4.742	.000	.114	8.798
	x2	.224	.064	.020	3.488	.002	.381	2.627
	x3	4.905	.908	.369	5.404	.000	.003	369.148
	x4	1.292	.215	.539	6.005	.000	.002	639.778
	x5	-.542	.142	-.383	-3.813	.001	.001	799.744
	x6	.818	.081	.427	10.136	.000	.007	140.654

공선성 진단[a]

모형	차원	고유값	상태지수	분산비율 (상수)	x1	x2	x3	x4	x5	x6
1	1	6.903	1.000	.00	.00	.00	.00	.00	.00	.00
	2	.094	8.561	.00	.00	.00	.00	.00	.00	.00
	3	.001	72.464	.00	.22	.05	.00	.01	.00	.00
	4	.001	81.829	.00	.02	.01	.00	.01	.01	.22
	5	.001	101.912	.00	.26	.63	.00	.00	.00	.00
	6	3.693E-05	432.366	.00	.49	.03	.00	.64	.97	.29
	7	6.417E-08	10371.721	1.00	.01	.28	1.00	.35	.02	.48

a. 종속변수: Y

9.6.17. 실습 3

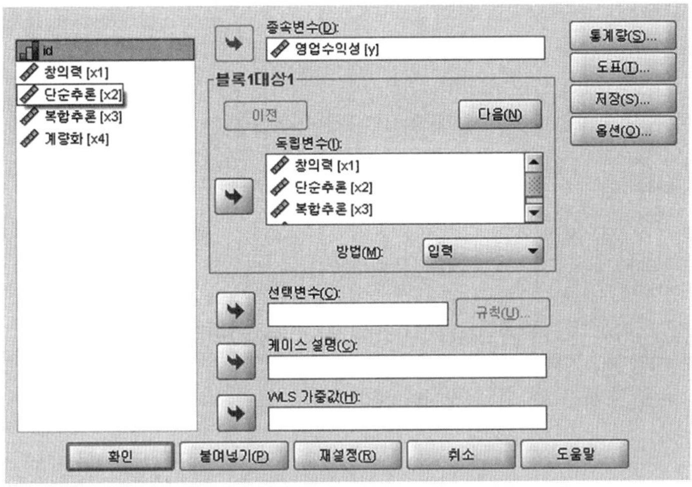

id
창의력 [x1]
단순추론 [x2]
복합추론 [x3]
계량화 [x4]
종속변수(D):
영업수익성 [y]
블록1대상1
이전
다음(N)
독립변수(I):
창의력 [x1]
단순추론 [x2]
복합추론 [x3]
방법(M):
입력
선택변수(C):
규칙(U)...
케이스 설명(C):
WLS 가중값(H):
통계량(S)...
도표(T)...
저장(S)...
옵션(O)...
확인
붙여넣기(P)
재설정(R)
취소
도움말

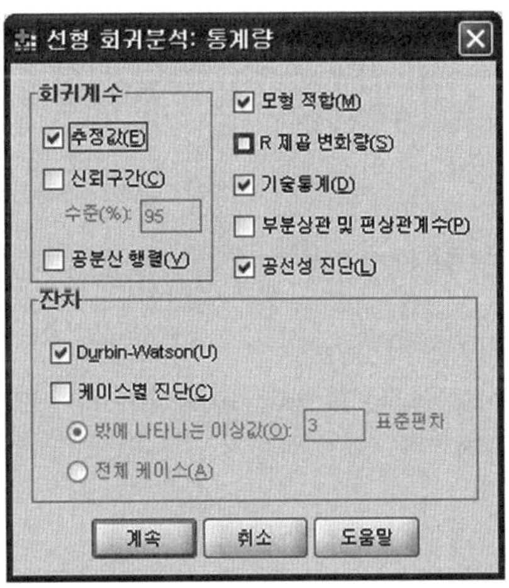

선형 회귀분석: 통계량
회귀계수
추정값(E)
신뢰구간(C)
수준(%): 95
공분산 행렬(V)
모형 적합(M)
R 제곱 변화량(S)
기술통계(D)
부분상관 및 편상관계수(P)
공선성 진단(L)
잔차
Durbin-Watson(U)
케이스별 진단(C)
밖에 나타나는 이상값(O): 3 표준편차
전체 케이스(A)
계속
취소
도움말

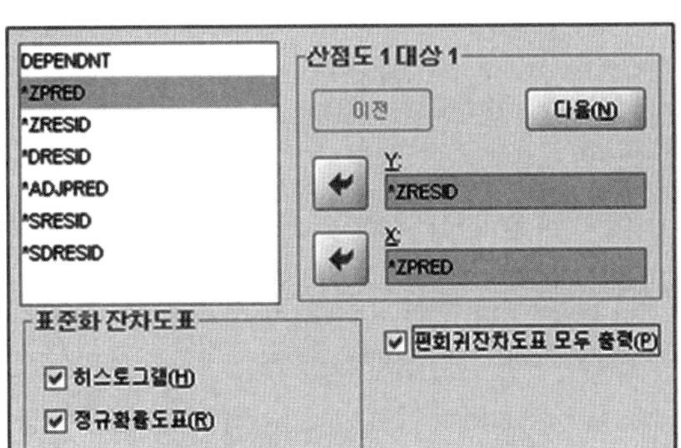

DEPENDNT
*ZPRED
*ZRESID
*DRESID
*ADJPRED
*SRESID
*SDRESID
산점도 1 대상 1
이전
다음(N)
Y:
*ZRESID
X:
*ZPRED
표준화 잔차도표
히스토그램(H)
정규확률도표(R)
편회귀잔차도표 모두 출력(P)

10. 변수선택

〈개념〉

- 종속변수 y에 대하여 회귀모형에 포함될 독립변수의 수가 많을 때, 이 중 중요한 변수만을 선택해야 함
- 또는 설명력이 없는 변수를 제거하여 회귀모형에 적합 시켜야 유의한 회귀모형을 도출할 때 중요변수만을 선택해야 함

〈모형 간편화의 법칙〉

- 독립변수가 2개 이상인 다중회귀모형에 있어서는 기여도가 낮은 독립변수들이 포함될 수 있다.
- 이러한 경우 가능한 한 적은 수의 독립변수로서 이해하기 좋고 사용하기에 좋은 간편한 모형이 선호되는데 이를 모형간편화의 원칙이라 한다.

〈변수선택방법〉

- 모든 가능한 회귀방법(all possible regressions)
- 전진 변수선택법(forward selection method): 앞으로부터의 선택방법이라고도 함
- 후진 변수제거법(backward elimination method): 뒤로부터의 제거방법이라고도 함
- 단계별 회귀방법(stepwise regression method)

〈모든 가능한 회귀방법〉 $_{\kappa}C_{\rho} = \frac{\kappa!}{\rho!(\kappa-\rho)!}$

- K개의 독립변수 중 p개 변수를 선택할 때, 모든 가능한 변수의 조합을 회귀분석하여 R^2나 R^2ad를 이용하여 적절 모형 선택하는 방법

〈전진 변수선택법〉

- 첫 번째 단순상관계수의 절대값이 가장 큰 변수를 선정하여 F값 또는 P값을 통해 유의하면 변수에 포함한다. 두 번째 추가시킬 변수는 나머지 변수 중에서 편상관계수의 절대값이 가장 큰 변수를 선택하여 유의하면 선택한다. 이 과정을 반복하여 선택된 변수의 유의성이 없으면 변수 선정을 중지함.

단점	한 번 선택된 변수는 추후에 다른 변수의 추가로 유의하지 않게 되더라도 제거할 수 없음
장점	계산량이 K가 아주 큰 경우(개체 수 이상일 경우)에도 사용가능

〈후진 변수제거법〉

• 모든 변수를 포함한 상태에서 가장 중요하지 않은 변수부터 차례로 제거하는 방법으로 부분 F검정 결과 제거시킬 변수가 없을 때 중단한다.

단점	한 번 제거된 설명변수가 추후에 필요하게 되더라고 모형에 포함시킬 수 없음
장점	중요한 변수를 모형에서 제외할 가능성이 없으므로 비교적 안전한 방법이라 할 수 있음(단, 후보변수의 수가 개체 수보다 클 경우에는 사용할 수 없음)

〈단계별 회귀방법〉

• 전진 변수선택법을 수정한 것으로 새로이 벼수를 선택하여 추가시킬 때 이미 모형에 포함된 변수 각각에 대하여 유의성을 검정하여 유의성이 없으면 모형에서 제거시키는 방법
• 전진 변수선택법과 후진 변수제거법을 혼합한 방법

장점	계산량도 과다하지 않고 최적방정식을 구할 확률도 높음 후보변수의 수가 개체 수 이상인 경우에도 효율적임

10.1. 실습

• Y = 영업수익성
• X_1 = 창의력, X_2 = 단순추론, X_3 = 복합추론, X_4 = 계량화

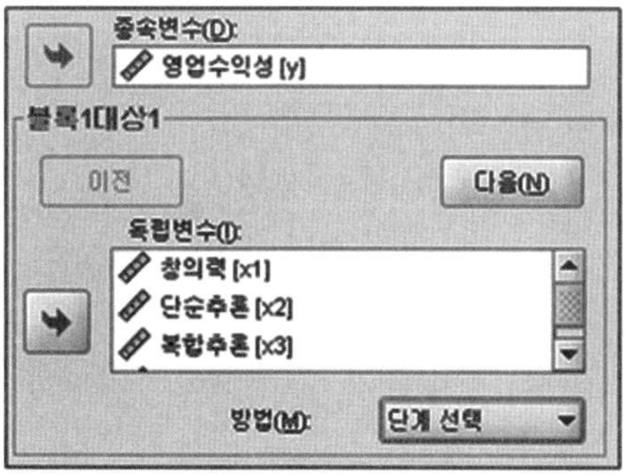

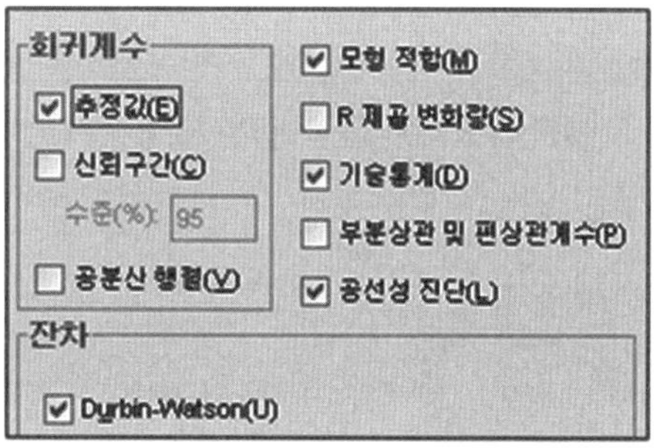

모형 요약[d]

모형	R	R 제곱	수정된 R 제곱	추정값의 표준오차	Durbin-Watson
1	,944[a]	,892	,889	3,3664	
2	,976[b]	,953	,951	2,2308	
3	,978[c]	,957	,954	2,1600	1,874

a. 예측값: (상수), 계량화
b. 예측값: (상수), 계량화, 단순추론
c. 예측값: (상수), 계량화, 단순추론, 복합추론
d. 종속변수: 영업수익성

분산분석[d]

모형		제곱합	자유도	평균제곱	F	유의확률
1	선형회귀분석	4478,614	1	4478,614	395,192	,000[a]
	잔차	543,972	48	11,333		
	합계	5022,586	49			
2	선형회귀분석	4788,686	2	2394,343	481,120	,000[b]
	잔차	233,900	47	4,977		
	합계	5022,586	49			
3	선형회귀분석	4807,976	3	1602,659	343,519	,000[c]
	잔차	214,609	46	4,665		
	합계	5022,586	49			

a. 예측값: (상수), 계량화
b. 예측값: (상수), 계량화, 단순추론
c. 예측값: (상수), 계량화, 단순추론, 복합추론
d. 종속변수: 영업 수익성

11. 범주형 자료를 이용한 회귀분석

11.1. 가변수(Dummy)

〈개념〉

- 기본적으로 회귀분석의 독립변수와 종속변수는 모두 연속형 데이터야 함
- 하지만 실제 사례에 있어서 성별, 지역, 학력, 결혼 여부 등과 같은 범주형 자료가 상당히 많음
- 이러한 범주형 자료를 회귀분석에서 독립변수로 이용하고자 연속형화 한 것

$$y = \beta_0 + \beta_1 소득 + \beta_2 성별 + \varepsilon$$

남자 :1, 여자 :2, X : 3으로 코딩한 것을 그대로 사용시

⇩

동일한 소득에서 성별이 한 단위 증가할 때 y는 ß2 만큼 증가

⇩

남자는 X에 비해 2ß2 y가 감소

⇩

가변수로 변환 필요(Dummy 처리)

11.2. 가변수 변환 방법

- 학력에 있어서 '중졸이하', '고졸', '대졸이상'으로 구분된 범주

d1	=	1 중졸이하 0 그 외	d2	=	1 고졸 0 그 외	⇨	11 해당 없음 10 중졸이하 01 고졸 00 대졸

- 전체모형식 $y = \beta_0 + \gamma_1 d_1 + \gamma_2 d_2 + \varepsilon$

종졸이하	$y = (\beta_0 + \gamma_1) + \varepsilon$	⇨	가변수의 개수: K−1
고졸	$y = (\beta_0 + \gamma_2) + \varepsilon$		
대졸이상	$y = \beta_0 + \varepsilon$		

11.3. 실습

11.3.1. 가변수 만들기

- Y = 월평균요금
- x1=직업, x2=연령

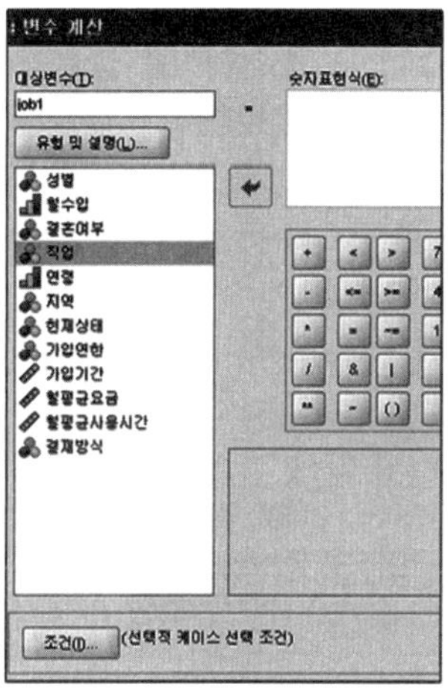

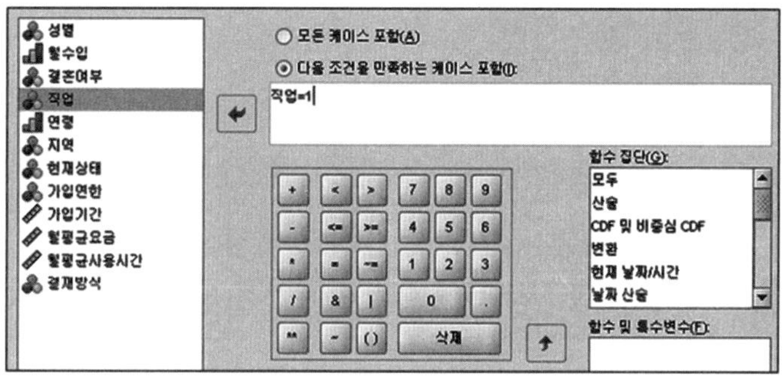

Job1	Job2	age1	age2
.00	1.00	1.00	.00
.00	1.00	1.00	.00
.00	.00	1.00	.00
.00	1.00	1.00	.00
.00	.00	1.00	.00
.00	.00	1.00	.00
.00	1.00	1.00	.00
.00	.00	1.00	.00
.00	.00	1.00	.00
.00	.00	1.00	.00
.00	.00	1.00	.00
.00	1.00	1.00	.00
.00	.00	1.00	.00
.00	1.00	1.00	.00
.00	.00	1.00	.00
.00	.00	1.00	.00
.00	.00	1.00	.00
.00	.00	1.00	.00
.00	.00	1.00	.00
.00	1.00	1.00	.00
.00	.00	1.00	.00
.00	.00	1.00	.00
.00	.00	1.00	.00
.00	1.00	1.00	.00
.00	.00	1.00	.00
.00	.00	1.00	.00
1.00	.00	1.00	.00
.00	.00	1.00	.00
.00	.00	1.00	.00

모형 요약[b]

모형	R	R 제곱	수정된 R 제곱	추정값의 표준오차	Durbin-Watson
1	.810[a]	.656	.655	2600.41396	.680

a. 예측값: (상수), age2, Job2, Job1, age1

b. 종속변수: 월평균요금

계수[a]

모형		비표준화 계수		표준화 계수	t	유의확률	공선성 통계량	
		B	표준오차	베타			공차한계	VIF
1	(상수)	24788.096	146.091		169.675	.000		
	Job1	-604.483	229.052	-.043	-2.639	.008	.852	1.174
	Job2	-197.353	142.599	-.022	-1.384	.167	.882	1.134
	age1	8537.547	164.633	.962	51.858	.000	.650	1.537
	age2	6081.177	181.364	.595	33.530	.000	.710	1.408

a. 종속변수: 월평균요금

한 개는 유의

한 개는 유의하지 않음

12. 곡선추정 회귀분석

〈개념〉

- 선형회귀분석은 x의 변화에 따라서 y가 직선적으로 변화한다고 가정할 때 사용되는 모형이다. 그러나 실제에 있어서 x의 변화에 따라서 y가 선형이 아닌 다양한 형태로의 곡선형태를 나타내는 경우가 많다.
- 이러할 경우 사용되는 방법이 곡선추정 회귀분석이다.

모형	방정식	선형화된 방정식
Linear(선형모형):	$y = \beta_0 + \beta_1 x + \varepsilon$	
Logarithmic(대수모형) :	$y = \beta_0 + \beta_1 \log(x) + \varepsilon$	
Inverse(역모형) :	$y = \beta_0 + \beta_1 (1/x) + \varepsilon$	
Quadratic(이차모형) :	$y = \beta_0 + \beta_1 x + \beta_2 x^2 + \varepsilon$	
Cubic(삼차모형) :	$y = \beta_0 + \beta_1 x + \beta_2 x^2 + \beta_3 x^3 + \varepsilon$	
Compound(혼합모형) :	$y = \beta_0 \beta_1^x \varepsilon$	$\log y = \log \beta_0 + x \log \beta_1 + \log \varepsilon$
Power(파워모형) :	$y = \beta_0 x^{\beta_1} \varepsilon$	$\log y = \log \beta_0 + \beta_1 \log x + \log \varepsilon$
S모형 :	$y = \exp(\beta_0 + \beta_1 / x)\varepsilon$	$\log y = \log \beta_0 + \beta_1 (1/x) + \log \varepsilon$
Growth모형 :	$y = \exp(\beta_0 + \beta_1 x)\varepsilon$	$\log y = \beta_0 + \beta_1 x + \log \varepsilon$
Exponential(지수모형) :	$y = \beta_0 \exp(\beta_1 x)\varepsilon$	$\log y = \log \beta_0 + \beta_1 x + \log \varepsilon$
Logistic(로지스틱 모형) :	$y = (\frac{1}{u} + \beta_0 \beta_1^x \varepsilon)^{-1}$	$\log(\frac{1}{y} - \frac{1}{u}) = \log \beta_0 + x \log \beta_1 + \log \varepsilon$

12.1. 실습

• Y = 1인당 공공지출 경비
• X_1 = 대도시 지역안의 인구백분율

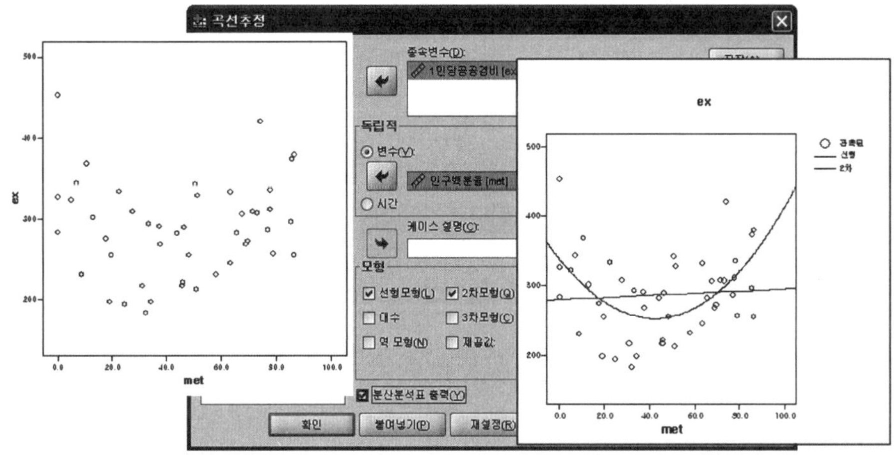

• 선형모형

모형 요약

R	R 제곱	수정된 R 제곱	추정값의 표준오차
.068	.005	-.018	59.784

독립변수는 인구백분율입니다.

분산분석

	제곱합	자유도	평균 제곱	F	유의확률
회귀 모형	739.137	1	739.137	.207	.651
잔차	160834.267	45	3574.095		
합계	161573.404	46			

독립변수는 인구백분율입니다.

계수

	비표준화 계수		표준화 계수	t	유의확률
	B	표준 오차	베타		
인구백분율	.150	.329	.068	.455	.651
(상수)	280.475	17.313		16.200	.000

• 2차 모형

모형 요약

R	R 제곱	수정된 R 제곱	추정값의 표준오차
.518	.269	.235	51.822

독립변수는 인구백분율입니다.

분산분석

	제곱합	자유도	평균 제곱	F	유의확률
회귀 모형	43408.857	2	21704.428	8.082	.001
잔차	118164.548	44	2685.558		
합계	161573.404	46			

독립변수는 인구백분율입니다.

계수

	비표준화 계수		표준화 계수	t	유의확률
	B	표준 오차	베타		
인구백분율	-4.024	1.085	-1.820	-3.708	.001
인구백분율 ** 2	.048	.012	1.956	3.986	.000
(상수)	338.366	20.884		16.202	.000

13. 비선형 회귀분석

〈개념〉

• 일반적으로 비선형의 형태를 보이는 회귀분석은 곡선회귀에서 사용한 선형모형으로의 변환을 통해 수행하는 경우가 일반적이다.
• 선형이란 모수에 대한 선형을 말함
• 비선형이란 독립변수와 종속변수 간에 방정식의 관계가 성립되지 않는 것을 말함

비선형 모형이란 설명변수와 반응변수간의 관계가
$y_i = f(\chi_i, \theta) + \varepsilon_i$일 때 기대반응 함수 f를 모수에 대해 편미분한 함수
$\partial f(\chi_i, \theta)/\partial\theta_l$들 중에서 한 함수라도 모수에 의존하면 비선형이라 함

〈사례〉

$$y = f(\chi, \theta) = \theta_1 \chi / (\theta_2 + \chi)$$

기질농도	초기비율	기질농도	초기비율
0.02	76	0.22	159
0.02	47	0.22	152
0.06	97	0.56	191
0.06	107	0.56	201
0.11	123	0.10	207
0.11	139	0.10	200

14. 분석실습

〈실행방법 1〉

- 메뉴판의 〈분석(A)〉에서 〈회귀분석(R)〉를 선택한 후 〈선형(L)〉을 클릭한다.

〈실행방법 2〉

- 변인의 이름이 제시된 왼쪽 상자에서 〈삼성선호도〉를 선택한 후 〈▶〉를 클릭하여 〈종속변수(D)〉로 옮긴다. 〈이건희신뢰성〉, 〈이건희위기관리능력〉, 〈이건희한국적품격〉을 클릭한 후 〈▶〉를 클릭하여 〈독립변수(I)〉로 옮긴다. 〈방법(M)〉에서 〈단계 선택▼〉을 클릭한다. 화면 아래쪽에 있는 〈통계량(S)〉을 클릭한다.

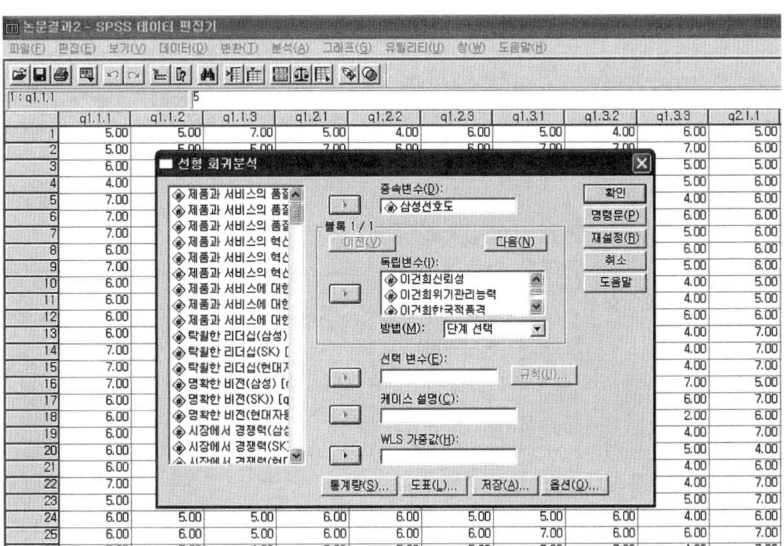

〈실행방법 3〉

- 회귀계수에서 ☑ 추정값(E), ☑ 신뢰구간(N), ☑ 모형적합(M), ☑ R 제곱 변화량(s), ☑ 기술통계(D), ☑ 부분상관 및 편상관계수(P)를 클릭하다. 화면 아래쪽 있는 〈계속〉을 클릭한다.

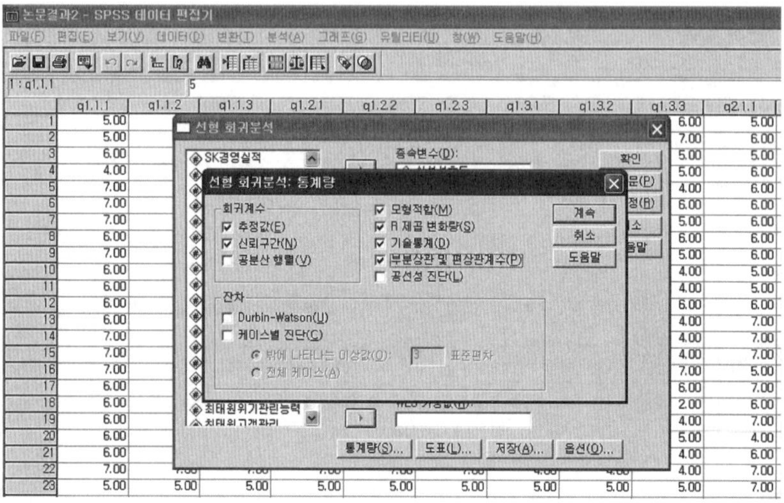

〈실행방법 4〉

- 화면아래쪽에 있는 〈도표(L)〉를 클릭한다. 〈*ZRESID, 표준잔차〉를 클릭한 후 〈▶〉를 클릭하여 〈Y〉로 옮긴다. 〈*ZPRED, 표준예측치〉를 클릭한 후 〈▶〉를 클릭하여 〈X〉로 옮긴다. 〈표준화 잔차도표〉에서 ☑ 히스토그램(H)과 ☑ 정규확률도표(R)를 클릭한다. 편회귀잔차도표 모두 출력(P)을 클릭한다. 화면 아래 쪽에 있는 〈계속〉을 클릭한다.

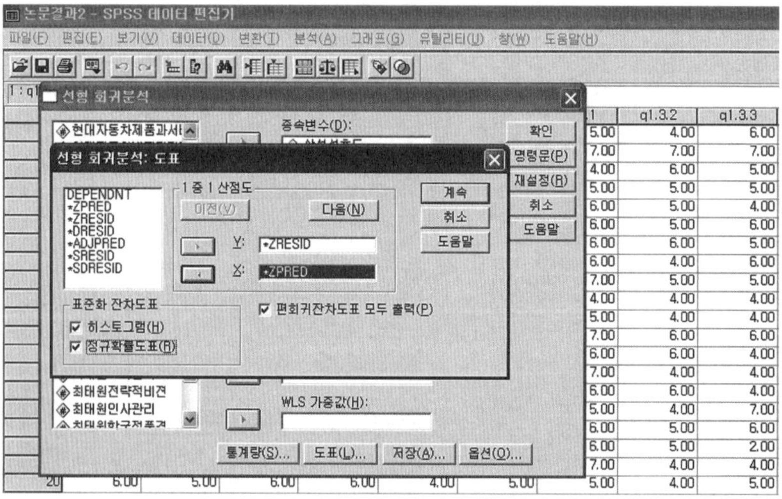

〈분석결과 1〉

- SPSS 뷰어에 출력결과가 제시된다.

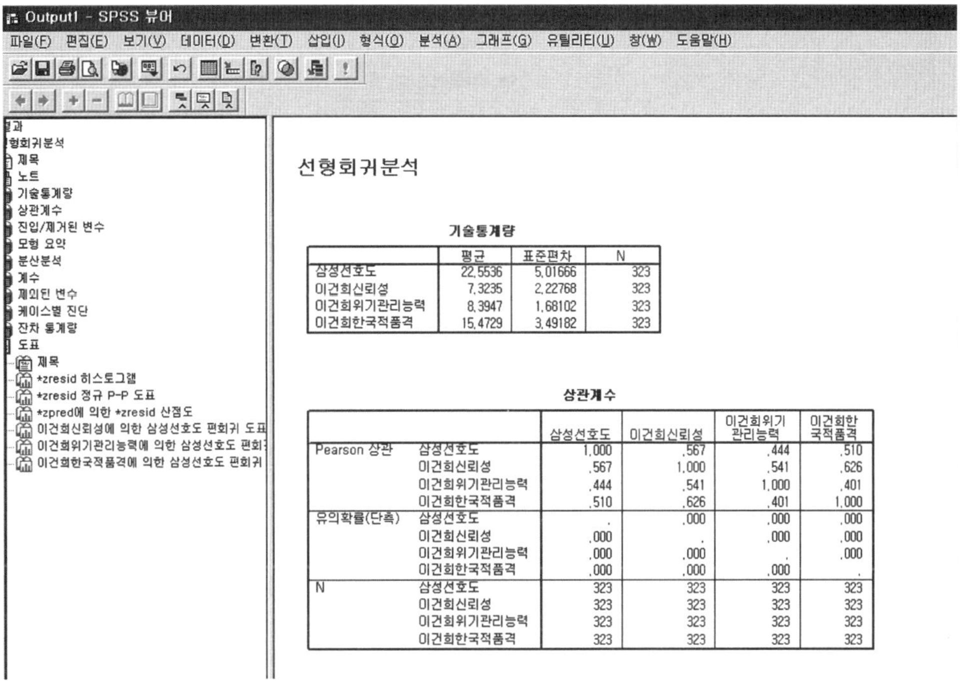

〈분석결과 2〉

- 〈삼성선호도〉, 〈이건희신뢰성〉, 〈이건희위기관리능력〉, 〈이건희한국적품격〉의 기술통계량와 상관계수가 제시된다.

선형회귀분석

기술통계량

	평균	표준편차	N
삼성선호도	22.5536	5.01666	323
이건희신뢰성	7.3235	2.22768	323
이건희위기관리능력	8.3947	1.68102	323
이건희한국적품격	15.4729	3.49182	323

상관계수

		삼성선호도	이건희신뢰성	이건희위기관리능력	이건희한국적품격
Pearson 상관	삼성선호도	1.000	.567	.444	.510
	이건희신뢰성	.567	1.000	.541	.626
	이건희위기관리능력	.444	.541	1.000	.401
	이건희한국적품격	.510	.626	.401	1.000
유의확률(단측)	삼성선호도	.	.000	.000	.000
	이건희신뢰성	.000	.	.000	.000
	이건희위기관리능력	.000	.000	.	.000
	이건희한국적품격	.000	.000	.000	.
N	삼성선호도	323	323	323	323
	이건희신뢰성	323	323	323	323
	이건희위기관리능력	323	323	323	323
	이건희한국적품격	323	323	323	323

〈분석결과 3〉

- 진입/제거된 변수가 제시된다. 〈이건희신뢰성〉, 〈이건희한국적품격〉, 〈이건희위기관리능력〉변수가 단계선택의 방법으로 진입되어 있다.

진입/제거된 변수[a]

모형	진입된 변수	제거된 변수	방법
1	이건희신뢰성	.	단계선택 (기준: 입력할 F의 확률 <= .050, 제거할 F의 확률 >= .100).
2	이건희한국적품격	.	단계선택 (기준: 입력할 F의 확률 <= .050, 제거할 F의 확률 >= .100).
3	이건희위기관리능력	.	단계선택 (기준: 입력할 F의 확률 <= .050, 제거할 F의 확률 >= .100).

a. 종속변수: 삼성선호도

〈분석결과 4〉

- 독립변인 〈이건희신뢰성〉, 〈이건희한국적품격〉, 〈이건희위기관리능력〉과 종속변인 〈삼성선호도〉에 관한 다변인회귀분석모델과 변량분석의 결과가 제시된다.

모형 요약[d]

모형	R	R 제곱	수정된 R 제곱	추정값의 표준오차	통계량 변화량: R 제곱 변화량	F 변화량	자유도1	자유도2	유의확률 F 변화량
1	.567[a]	.321	.319	4.13962	.321	151.896	1	321	.000
2	.601[b]	.361	.357	4.02290	.040	19.897	1	320	.000
3	.618[c]	.382	.376	3.96260	.021	10.813	1	319	.001

a. 예측값: (상수), 이건희신뢰성

b. 예측값: (상수), 이건희신뢰성, 이건희한국적품격

c. 예측값: (상수), 이건희신뢰성, 이건희한국적품격, 이건희위기관리능력

d. 종속변수: 삼성선호도

분산분석[d]

모형		제곱합	자유도	평균제곱	F	유의확률
1	선형회귀분석	2602.955	1	2602.955	151.896	.000[a]
	잔차	5500.789	321	17.136		
	합계	8103.743	322			
2	선형회귀분석	2924.962	2	1462.481	90.368	.000[b]
	잔차	5178.781	320	16.184		
	합계	8103.743	322			
3	선형회귀분석	3094.753	3	1031.584	65.697	.000[c]
	잔차	5008.990	319	15.702		
	합계	8103.743	322			

a. 예측값: (상수), 이건희신뢰성

b. 예측값: (상수), 이건희신뢰성, 이건희한국적품격

c. 예측값: (상수), 이건희신뢰성, 이건희한국적품격, 이건희위기관리능력

d. 종속변수: 삼성선호도

〈분석결과 5〉

- 독립변인 〈이건희신뢰성〉, 〈이건희한국적품격〉, 〈이건희위기관리능력〉의 회귀계수 결과와 제외된 변인의 결과가 제시된다.

계수[a]

모형		비표준화 계수		표준화 계수	t	유의확률	B에 대한 95% 신뢰구간		상관계수		
		B	표준오차	베타			하한값	상한값	0차	편	부분
1	(상수)	13,207	,793		16,662	,000	11,647	14,766			
	이건희신뢰성	1,276	,104	,567	12,325	,000	1,073	1,480	,567	,567	,567
2	(상수)	10,164	1,029		9,878	,000	8,140	12,188			
	이건희신뢰성	,915	,129	,407	7,090	,000	,661	1,169	,567	,368	,317
	이건희한국적품격	,367	,082	,256	4,461	,000	,205	,529	,510	,242	,199
3	(상수)	7,585	1,281		5,920	,000	5,064	10,106			
	이건희신뢰성	,730	,139	,324	5,245	,000	,456	1,004	,567	,282	,231
	이건희한국적품격	,342	,082	,238	4,196	,000	,182	,502	,510	,229	,185
	이건희위기관리능력	,516	,157	,173	3,288	,001	,207	,825	,444	,181	,145

a. 종속변수: 삼성선호도

제외된 변수[c]

모형		진입-베타	t	유의확률	편상관	공선성 통계량
						공차한계
1	이건희위기관리능력	,194[a]	3,610	,000	,198	,707
	이건희한국적품격	,256[a]	4,461	,000	,242	,607
2	이건희위기관리능력	,173[b]	3,288	,001	,181	,701

a. 모형내의 예측값: (상수), 이건희신뢰성

b. 모형내의 예측값: (상수), 이건희신뢰성, 이건희한국적품격

c. 종속변수: 삼성선호도

다중 공선성(多重 共線性, multicollinearity) 문제

• 다중 공선성 문제란?

여러 독립변인간의 상관관계가 높을 때 발생하는 문제를 말한다. 다중 공선성 문제는 다변인 회귀분석 방법에서 독립변인간의 상관관계가 높을 때 한 변인이 통계적으로 유의하게 나오면 이 변인과 상관관계가 높은 다른 변인은 거의 통계적으로 유의하지 않게 나오는 현상을 의미한다. 다중 공선성 문제는 다변인 회귀분석방법처럼 여러 개의 독립변인을 사용하여 종속변인을 예측할 때 자주 직면하는 문제로 독립변인의 수가 많으면 많을수록 다중 공선성 문제가 발생할 가능성이 높아진다. 독립변인간의 상관관계가 얼마나 높을 때 다중 공선성 문제가 발생하는지를 결정하는 객관적인 기준은 존재하지 않지만, 일반적으로 0.5이상이면 다중 공선성 문제가 있다고 할 수 있다.

해결책으로는 첫째, 상관관계가 높은 독립변인을 합하여 한 변인으로 만들어 사용한다. 둘째, 상관관계가 높은 독립변인 중 연구자가 가장 적합하다고 생각하는 하나의 변인만을 선택하여 사용하고, 다른 변인은 제외시킨다. 셋째, 연구자의 이론에 따라 독립변인간의 인과관계를 설정하는 경로분석모델을 만들어 해결한다.

CHAPTER / T E N

EXERCISE

연습문제

1. SPSS를 이용한 회귀분석

다음 자료는 Hald의 참고문헌에서 발췌한 것이다. 각 변수의 값을 이용하여 회귀분석을 해보자.

[표 1-4] Hald 데이터

데이터 번호	X1	X2	X3	X4	Y
1	7	26	6	60	78.5
2	1	29	15	52	74.3
3	11	56	8	20	104.3
4	11	31	8	47	87.6
5	7	52	6	33	95.9
6	11	55	9	22	109.2
7	3	71	17	6	102.7
8	1	31	22	44	72.5
9	2	54	18	22	93.1
10	21	47	4	26	115.9
11	1	40	23	34	83.8
12	11	66	9	12	113.3
13	10	68	8	12	109.4

- 연구문제 1) X1, X2, X3, X4는 Y에 유의미한 영향을 미칠 것이다.

① '입력(enter)'으로 값을 돌린 경우

[표 1-5] '입력'에 의한 회귀분석 결과

모형	비표준화 계수	표준화	t	유의확률	공선성 통계량

		계수						
		B	표준오차	베타			공차한계	VIF
1	상수	62.405	70.071		.891	.399		
	X1	1.551	.745	.607	2.083	.071	.026	38.496
	X2	.510	.724	.528	.705	.501	.004	254.423
	X3	.102	.755	.043	.135	.896	.021	46.868
	X4	−.144	.709	−.160	−.203	.844	.004	

분석 결과, R^2값은 .982, △R값은 .974로 모형의 적합성은 검증되었으나 지나치게 높은 적합도로 공선성이 의심되어 좀 더 확인이 필요한 것으로 보인다. 우선, '입력'방법에 의한 회귀분석 결과는 [표 1-6]에서 볼 수 있듯이 X1, X2, X3, X4는 Y에 유의미한 영향을 주고 있지 못한 것으로 나타났다.

② '단계적(stepwise)'로 값을 돌린 경우

[표 1-6] '단계적'에 의한 회귀분석 결과

독립변수	모형 1	모형 2
X1	$-.821^{a}(-.738^{b})$***	
X4		−.683(−.614)***
X1		.563(1.440)***
상수	117.568	103.097
F	22.799***	176.627***
R^2	.675	.972
R^2증가량		.298
R^2증가량에 대한 F값		108.224***
R^2증가량에 대한 F값에 대한 유의도		.000

***p〈.001, a=비표준화 회귀계수, b=표준화된 회귀계수

분석 결과, 두 단계에 걸쳐 회귀분석이 되었으며, 모델의 적합도는 .972로 매우 높은 설명력을 가지는 것으로 나타났다. 공선성에 있어서도 공차 한계가 .940, VIF값이 1.064로 나타나 문제가 없는 것으로 나타났다. 즉, X1과 X4는 Y에 통계적으로 유의미한 영향을 준다고 말할 수 있을 것이다.

① (분석) – (회귀분석) – (선형)을 선택한다. [그림 1-2]와 같이 종속변수 y를 [종속변

수]로, 독립변수 x1, x2, x3, x4를 [독립변수]로 옮긴다. [방법]에서 [입력]은 선택한 모든 독립변수를 회귀모형에 적합시키라는 내용이다. 변수선택 방법을 [방법]에서 지정할 수 있다.

[그림 1-2] 선형 회귀분석 대화상자

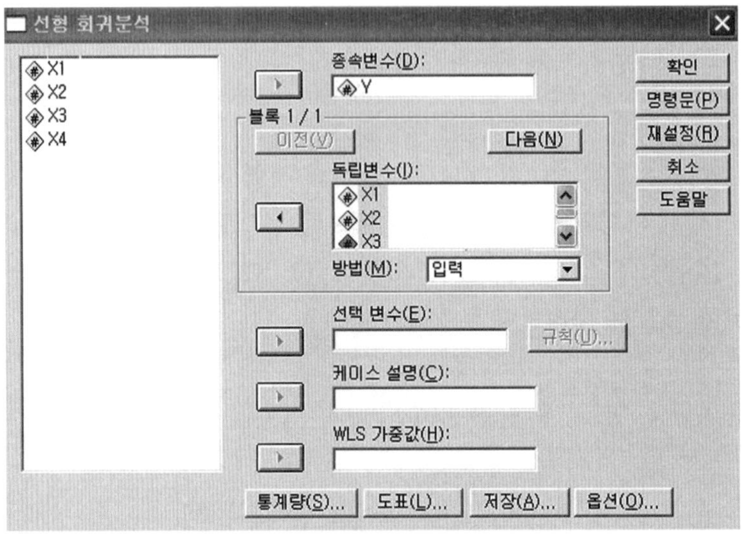

② 선형 회귀분석에서 [통계량] 단추를 선택하면 통계량 대화상자가 열린다. [그림 1-3]와 같이 회귀계수의 [추정값]과 [신뢰구간], [모형적합]과 [부분상관 및 편상관계수]를 선택하고, 잔차에서 [케이스별 진단]으로 [전체 케이스] 등을 선택하면 된다. 이상점을 가지는 케이스만을 선택하고자 할 때에는 [밖에 나타나는 이상점]을 선택하고, 표준편차의 이상값 범위를 입력한다.

[그림 1-3] 선형 회귀분석: 통계량 대화상자

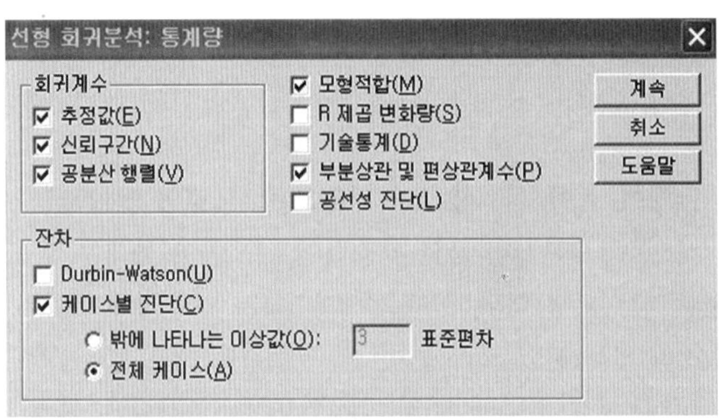

③ 잔차분석을 위해 표준화된 잔차와 종속변수 등의 산점도를 그리기 위해서는 [그림 1-2]의 [도표] 단추를 누른다. 예를 들어 [그림 1-4]와 같이 X변수로 '*ZPRED', Y변수로 '*ZRESID'를 선택할 수 있다. 여기서 *의 의미는 회귀분석 결과에서 제공하는 변수라는 의미이다. 오차가 정규분포를 따르는지를 알아보기 위해서는 [정규확률도표]를 선택한다.

[그림 1-4] 선형 회귀분석: 도표 대화상자

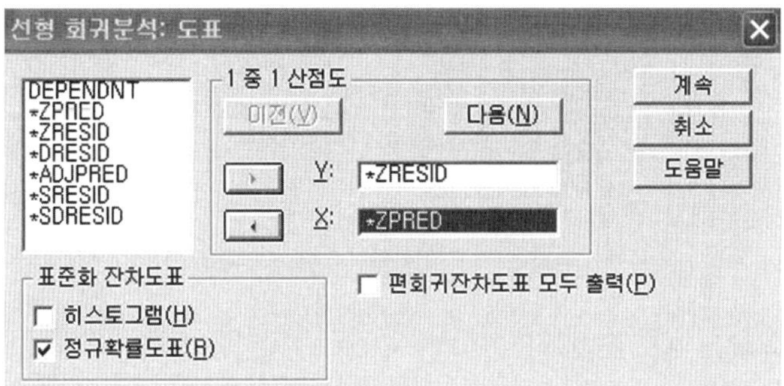

④ [그림 1-5]에서 제시된 단추들을 선택하여 필요한 변수들을 저장할 수 있다. [그림 1-5]와 같이 [표준화하지 않은 예측값]과 [표준화된 잔차]를 선택하고 [영향력 있는 통계량]들을 선택한다. 여기서 선택한 통계량들은 데이터 편집기에 나타난다.

[그림 1-5] 선형 회귀분석: 저장 대화상자

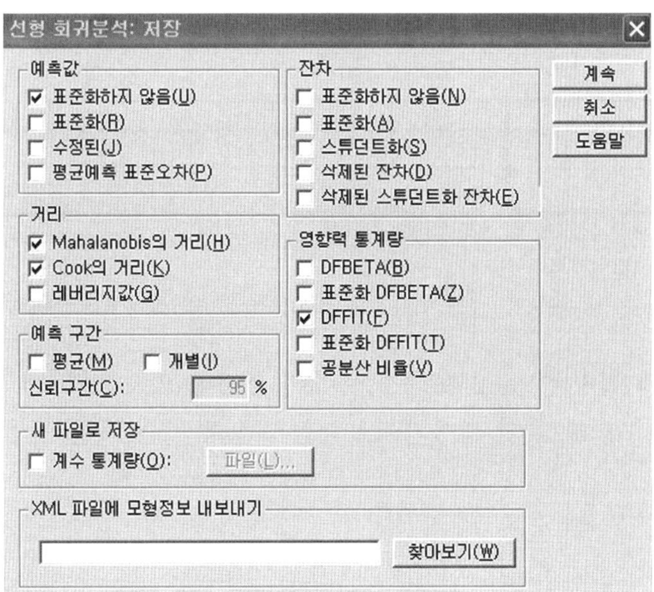

⑤ [옵션] 모형식에 절편을 포함하지 않은 회귀식을 적합하고자 할 때는 [방정식에 상수항 포함]을 선택하지 않는다.

[그림 1-6] 선형 회귀분석: 옵션 대화상자

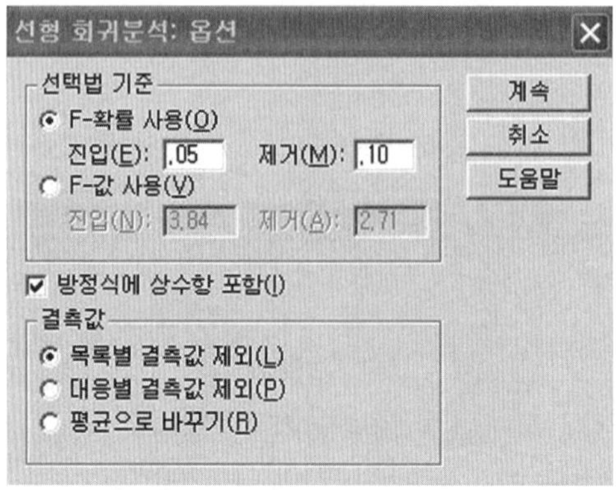

⑥ 회귀분석 출력결과는 다음과 같다.

[그림 1-7] 회귀분석 모형 요약

모형 요약[b]

모형	R	R 제곱	수정된 R 제곱	추정값의 표준오차
1	.992[a]	.984	.976	2.35733

a. 예측값: (상수), X4, X3, X1, X2

b. 종속변수: Y

분산분석[b]

모형		제곱합	자유도	평균제곱	F	유의확률
1	선형회귀분석	2695.476	4	673.869	121.264	.000[a]
	잔차	44.456	8	5.557		
	합계	2739.932	12			

a. 예측값: (상수), X4, X3, X1, X2

b. 종속변수: Y

[그림 1-7]에서 결정계수는 0.992이고, 수정된 결정계수는 0.984로서 회귀모형이 매우 적합하다는 것을 알 수 있다. 회귀계수에 대한 다음과 같은 가설

$$H0 : \beta 1=\beta 2=\cdots=\beta 4=0$$

에 대한 F 검증통계량이 121.264이고, 이에 대한 유의확률 p-값이 0.000이다. 따라서 귀무가설을 기각하게 되며, 주어진 회귀식이 매우 유의하다는 것을 알 수 있다.

[그림 1-8] 회귀계수

계수[a]

모형		비표준화 계수		표준화 계수	t	유의확률	B에 대한 95% 신뢰구간		상관계수		
		B	표준오차	베타			하한값	상한값	0차	편	부분
1	(상수)	68.949	67.531		1.021	.337	-86.777	224.676			
	X1	1.471	.718	.572	2.049	.075	-.185	3.126	.734	.587	.092
	X2	.449	.698	.462	.643	.538	-1.160	2.057	.816	.222	.029
	X3	.002	.727	.001	.003	.998	-1.675	1.679	-.542	.001	.000
	X4	-.207	.683	-.229	-.303	.770	-1.783	1.369	-.819	-.106	-.014

a. 종속변수: Y

[그림 1-8]에서 회귀모형식의 계수는 Unstandardized Coefficients(비표준화계수)를 이용한다. 회귀모형식은

$$\hat{y} = 68.949 + 1.471x\ 1 + 0.449x\ 2 + 0.002x\ 3 - 0.207x\ 4$$

이다. 회귀계수에 대한 유의확률을 살펴볼 때, 유의수준 0.05보다 큰 값이 존재한다는 것을 알 수 있다. 따라서 단계별 선택방법과 같은 변수선택 방법을 이용하는 것이 모형적합에 바람직하다는 것을 나타낸다([그림 1-2] 회귀분석 대화상자의 Method에서 Stepwise를 선택하면 된다).

[그림 1-9] 케이스별 통계량

케이스별 진단[a]

케이스 수	표준화 잔차	Y	예측값	잔차
1	-.006	78.50	78.5138	-.01383
2	.675	74.30	72.7097	1.59028
3	-.776	104.30	106.1290	-1.82899
4	-.735	87.60	89.3316	-1.73161
5	.059	95.90	95.7598	.14021
6	1.668	109.20	105.2691	3.93094
7	-.555	102.70	104.0073	-1.30727
8	-1.178	72.50	75.2764	-2.77637
9	.634	93.10	91.6046	1.49540
10	.149	115.90	115.5486	.35145
11	.601	82.80	81.3835	1.41649
12	.436	113.30	112.2712	1.02883
13	-.974	109.40	111.6955	-2.29553

a. 종속변수: Y

[그림 1-9]은 각 케이스별 표준화 잔차와 반응변수, 예측값 및 잔차를 나타낸다. 표준화 잔차에서 절대값이 2를 넘지 않은 것이 없으므로 특이점은 없다는 것을 알 수 있다.

[그림 1-10] 정규확률 그림

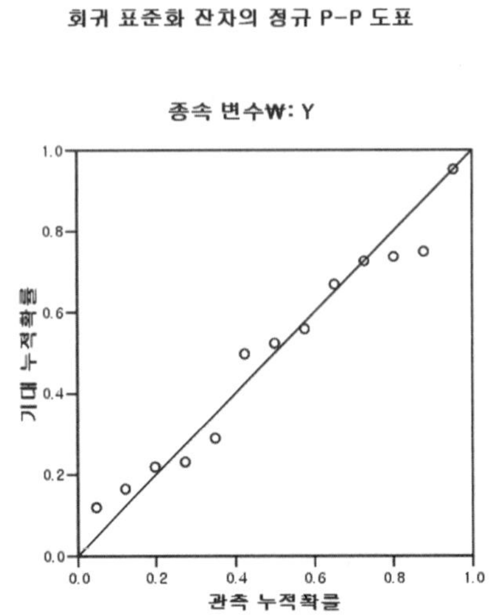

[그림 1-10]은 오차가 정규성을 따르는지 살펴보기 위한 정규확률 그림이다. 점들이 직선상에 가깝게 위치하고 있다는 것을 알 수 있으므로 정규분포의 가정이 옳다고 할 수 있다.

[그림 1-11] 표준화 추정값과 표준화 잔차의 산점도

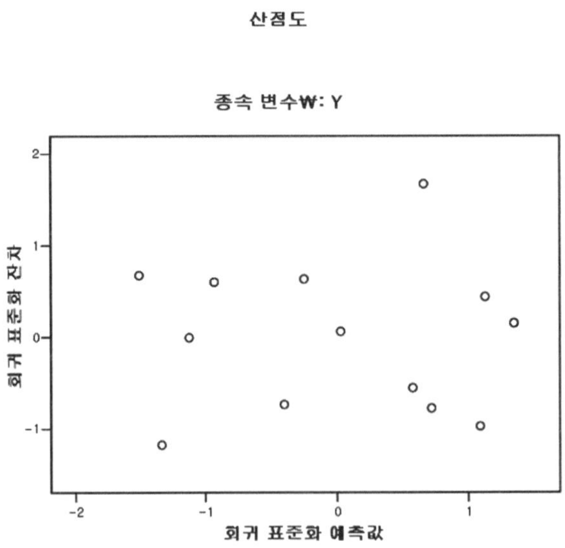

[그림 1-11]은 표준화 추정값을 x축으로, 표준화 잔차를 y축으로 한 산점도이다. 잔차가 일정한 범위 내에 있고 특별한 현상이 없으므로 주어진 모형이 오차항의 가정을 잘 만족하고 있다는 것을 말해 준다.

과정정리

1. 회귀분석 과정정리

1) 회귀분석의 종류

① 선형회귀분석
② 곡선추정 회귀분석
③ 로지스틱 회귀분석
④ 2단계 회귀분석
⑤ 가중회귀분석
⑥ 자기회귀분석

2) 회귀분석 해석 순서

① 모형의 유의성 F값 결정 확인
② 계수의 유의성(모든 계수 유의시 - 최종식 구성 사용) - Y에 영향을 주는 변인
③ 결정계수(adjust R^2, ΔR^2)
④ 회귀식(해석)
⑤ 등분산(산점도) 확인
⑥ 정규성(히스토그램, P-P) 확인
⑦ 오차항 자기상관(Durbin-Watson) - (0, 2, 4)
⑧ 독립변수 다중공선성 확인
(VIF=0, 주관적 판단 / CI VP)
(tolerance) (아이겐 value)

주요학습용어

- 회귀분석(regression analysis)
- 회귀선(regression line)
- 단순회귀분석(simple regression analysis)
- 다중회귀분석(multiple regression analysis)
- 가변인(dummy variable)
- 회귀계수(regression coefficient)
- 신뢰구간(confidence interval)
- 모수치(parameter)
- 회귀계수(베타)(beta)
- 최소제곱합(least square method)
- 잔차(residual)
- 적합성(goodness of fit)
- 공선성(collinearity)
- 다중 공선성(multi-collinearity)
- 완전 공선성(complete collinearity)
- 오차항(error term)
- 일정한 분산(constant variance; homoscedasticity)
- 동시입력방식(enter)
- 단계입력방식(stepwise)
- 전진입력방식(forward)
- 후진입력방식(backward)
- 결정계수(coefficient of determination)
- 공차한계(tolerance)
- 분산팽창요인(variance inflation factor; VIF)

참고문헌

1. SPSS Korea 정기교육 및 SPSS 실습세미나 자료집.
2. 강병서·조철호(2005), 〈연구조사방법론: SPSS와 AMOS 활용〉, 무역경영사.
3. 허명회 (2003), 사회과학을 위한 다 변량 자료 분석, 자유아카데미.
4. 박종선 (2005), SAS/SPSS COOK BOOK, 박영사.
5. 송인섭 (2003), 통계학의 이해, 학지사.
6. 홍성열 (2003), 사회 과학도를 위한 기초통계, 학지사.
7. 오택섭 (2003), 사회과학 데이터분석법, 나남출판사.
8. 오택섭·최현철(2003), 〈사회과학데이터분석법 2〉, 나남출판사.
9. 홍두승(2004), 〈사회조사분석〉, 다산출판사.
10. 2010년 SPSS 정기교육 SPSS Statistics 회귀분석(2010), SPSS Korea (주)데이타솔루션, 데이터.
11. Hinkle, D., Wiersma, W., & Jurs, S.(2003), Applied Statistics for the Behavioral Sciences, New York: Houghton Mifflin Co.
12. Andy Field (2005), Discovering Statistics Using SPSS, London: Thousand Oaks: New Delhi: Sage.

2장 로지스틱·2단계·가중 회귀분석

1. 로지스틱 회귀분석(Logistic Regression) 개요
2. 다항 로지스틱 회귀분석
3. 프로빗 모형
4. 2단계 회귀분석(Two-stage Regression Analysis)
5. 가중 회귀분석

2장 로지스틱·2단계·가중 회귀분석

1. 로지스틱 회귀분석(Logistic Regression) 개요

1.1. 로지스틱 회귀분석(Logistic Regression)의 개념

로지스틱 회귀분석이란 Cox(1970)가 처음 제시한 것으로 종속변수의 속성이 범주형(예: 남/녀, 실업/취업, 흡연/비흡연, 예=1, 아니오=0)일 때 독립변수들이 종속변수에 미치는 영향을 예측 또는 두 변수들 간의 인과관계를 분석하는 기법이다. 로지스틱 회귀분석은 어떤 사건(event)이 발생하는지 또는 하지 않는지를 직접 예측하는 것이 아니라 그 사건이 발생할 확률을 예측한다.

로지스틱 회귀모형(logistic regression model)은 반응변수가 범주형 자료인 이항변수로 구성된 일반화선형모형(generalized linear model)의 특수한 경우로 S형 곡선을 그리는 함수 모형으로, 여러 설명 변수들로부터 두 범주만을 가지는 반응변수를 예측하는데 사용한다.

또한, 로지스틱 회귀모형은 모형구조에 의해 연관성 및 교호작용의 유형을 설명할 수 있으며 모수의 추론을 통해서 반응 값에 대한 설명변수의 영향력을 평가할 수 있다. 예측 확률을 바탕으로 판별분석과 같은 판별 및 분류분석의 기법으로도 사용할 수 있는데 설명변수들의 동일한 공분산 행렬과 다변량 정규분포를 가정하는 판별분석에 비해 로지스틱 회귀모형은 설명변수에 대한 제약 조건이 적기 때문에, 판별분석의 가정들이 만족되지 못한 경우에 로지스틱 회귀모형을 사용하는 것이 더 좋은 결과를 보여준다고 알려져 있다.

단순회귀분석과 다중회귀분석은 종속변수가 양적인 척도(즉, 간격척도나 비율척도)로 측정된 경우의 분석방법이다. 하지만 현실적인 연구 상황에서는 종속변수가 양적인 척도가 아닌 질적인 척도(즉, 명목척도)로 측정된 경우가 많다.

Ex) 신용상태가 좋거나 나쁠 경우, 기업이 성공하거나 실패할 경우,
제품을 구매하거나 구매하지 않을 경우 등

이러한 이분형 변수(binary variable)는 일반적인 회귀분석에서와 같이 정규분포를 따르는 것이 아니라 이항분포를 따르게 된다.

종속변수가 이분형 척도로 측정된 경우에는 로지스틱 회귀분석을 사용하여 독립변수와 종속변수 간의 관계를 분석할 수 있다. 로지스틱 회귀분석은 어떤 사건(event)이 발생하는지 안하는지(예를 들어, 구매하는지 안하는지)를 직접 예측하는 것이 아니라, 그 사건이 발생할 확률(예를 들어, 구매할 확률)을 예측한다. 따라서 종속변수 값은 0과 1 사이의 값을 갖는다. 분석결과 종속변수 값, 즉 확률이 0.5보다 크면 그 사건이 일어나며 0.5보다 작으면 그 사건이 일어나지 않는 것으로 예측하게 된다.

독립변수와 종속변수의 관계를 단순회귀분석과 다중회귀분석은 선형으로 가정하는 반면, 로지스틱 회귀분석은 S자형으로 가정한다.

[그림 2-1] 로지스틱 회귀분석 S자 곡선

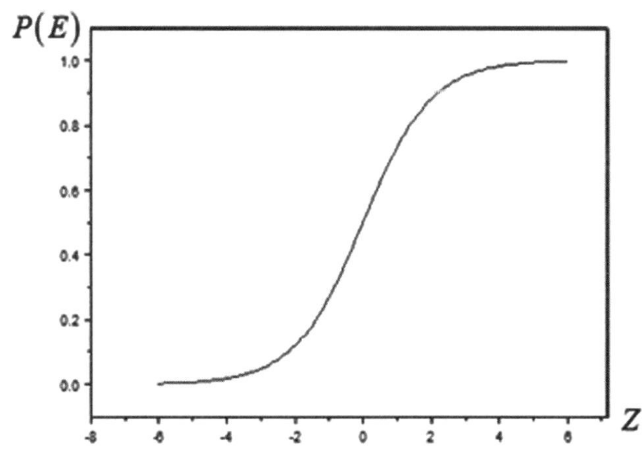

종속변수는 명목척도로 나타내고, 독립변수는 명목척도, 서열척도, 간격척도, 비율척도로 측정된다. 독립변수가 명목척도로 측정된 경우 일반적 회귀분석에서처럼 더미변수로 변경하여 입력한다.

종속변수가 명목척도인 경우, 독립변수와 종속변수의 관계를 분석하는 방법으로 판별분석이 있는데, 판별분석은 독립변수들이 다변량 정규분포를 이루고, 종속변수에 의해 범

주화되는 집단들의 분산-공분산행렬이 동일해야 한다는 가정이 필요한데 비해 로지스틱 회귀분석은 이러한 가정이 요구되지 않아 보다 많은 경우에 적용하여 사용될 수 있다.

[표 2-1] 로지스틱 회귀분석과 판별분석 비교

	판별분석	로지스틱 회귀분석
공통점	• 종속변수(명목척도) • 종속변수를 잘 설명(혹은 판별)할 수 있는 독립변수 찾는 것이 목적	
가정	• 독립변수들이 다변량 정규분포 • 종속변수 집단들의 분산-공분산 행렬이 동일	• 이런 가정들이 엄격히 적용되지 않음
종속변수 예측	• 종속변수가 어느 집단에 속하는지를 가부로 예측	• 확률로서 종속변수의 집단 판단

1.2. 로지스틱 회귀분석(Logistic Regression) 원리

• 모형의 모수의 추정

로지스틱 회귀모형에서는 최대 우도법(Maximum-Likelihood Method : MLE)를 이용하여 모수를 추정한다. 즉 관측된 자료가 발생할 확률이 알려지지 않은 모수들의 함수로 표현한 후, 이 함수를 최대화시킬때 얻어진 모수들의 추정값이 바로 최대 우도비 추정량이다. 다시 말하면 관측된 결과가 가장 잘 일어나는 계수를 추정하는 것이다.

• 독립변수의 유위도 통계량

각 독립변수에 대한 검증 통계량은 Wald 통계량을 이용하게 되는데 선형회귀분석의 t값에 해당된다. 승산비(Odds Ration : OR)는 유열의 비율, 유리한 조건의 비율 즉 승산이 있을 확률, 차이가 나는 비율을 의미한다. 연과성 측도의 기준이다. 독립변수가 '1=예'와 '0=아니오'의 이분화로 코드화되어 있다고 가정할 경우, 이때 '1'과 '0'의 차이를 확률로 나타내는 측도이다. 즉 결과가 '0'에 해당하는 대상보다 '1'에 해당하는 대상에 얼마나 잘 일어날 것인가를 의미한다. 예를 들면 종속변수 y는 폐암의 존재여부(1=예, 0=아니오), 독립변수는 흡연여부(흡연=1, 비흡연=0)를 나타낼 때 OR 값이 2를 얻게 되면 '폐암은 자료를 수집한 모집단에서 비흡연가들보다 흡연가들 사이에 2배 정도 발생할 가능성이 있다는 것'을 의미한다. 한편 독립변수가 3개 이상의 명목변수인 경우, 기준변수를 중심으로 더미변수(가변수)로 코딩 변환한다. 일반적으로 0을 기준변수로 하고 나머지 1을 더미변수로 변화하여 분석모형에 투입한다.

• 회귀모형의 적합도

설정한 모형이 종속변수를 얼마나 잘 설명하고 있는가를 알아보는 측도이다. 여기에서 적합도가 가지는 의미는 관찰값 y와 예측값 사이의 거리의 총 측도의 값이 그리 크지 않다는 것이다.

① 적합도 평가

적합도 평가는 크게 모형식별과 모형측정으로 나누어진다. 우선 모형식별은 발생할 사건의 추정확률의 반응이 실제로 일어나는 경우와 그렇지 않은 경우를 얼마나 잘 구분하는지 알고 싶을 때 사용한다. 그리고 모형측정은 관측된 확률과 추정된 확률이 확률값의 전 영역에 걸쳐서 얼마나 잘 부합하는지를 평가하는 것이다.

1.3. 로지스틱 회귀분석(Logistic Regression) 모형

$$E(Y|X) = p(X) = \frac{\exp(b_0 + b_1 X_1 + \cdots + b_k X_k)}{1 + \exp(b_0 + b_1 X_1 + \cdots + b_k X_k)}$$

1.4. 확률의 변환

선형회귀분석을 이용하면 확률 값과 같이 0에서 1사이의 값을 취하는 종속변수를 분석하는 데는 문제가 있다. 확률은 상한계가 1이고 하한계는 0이 된다. 이 상한계와 하한계로 인해서 독립변수와 확률의 관계를 선형함수로 표시할 수 없으며 S자 곡선인 로지스틱 함수로 표시해야 한다. 확률을 로짓(logit)으로 변환하면 확률의 상 · 하한계가 없어지며 독립변수와 로짓의 관계를 선형함수로 표현이 가능해진다.

• 확률을 로짓으로 변환시키기 위한 2단계

① $\frac{p}{1-p}$를 구한다. $\frac{p}{1-p}$는 사건이 발생할 확률인 p와 발생하지 않을 확률인 $1-p$의 비율이며 이를 승산(odds)이라고 한다.

② $\frac{p}{1-p}$에 자연로그를 취하여 $\ln(\frac{p}{1-p})$을 구한다. $\ln(\frac{p}{1-p})$는 log와 odds이므로 이

* 본 장은 SPSS 코리아의 강의 자료를 참고하였으며, 조용준 박사의 데이터를 바탕으로 구성하였다.

를 줄여서 로짓이라고 부른다.

확률을 로짓으로 변환하는 것은 비선형 변환이며, 이로 인해 로짓과 독립변수의 관계는 선형이 된다.

$$\ln(\frac{p}{1-p}) = b_0 + b_1 X$$

1.5. 로지스틱 모형의 추정

1.5.1. 최대 우도법(maximum likelihood)

종속변수가 연속변수가 아닌 이항형 변수인 경우에는 최소자승화 기준을 이용한 추정 빙법 대신 최대 우도법(maximum likelihood) 이라는 추정방법을 적용한다. 최대 우도법에서는 관찰 자료의 가능성을 최대화하는 값으로 미지수의 추정치를 구한다. 최대 우도법을 적용하기 위해서는 먼저 우도함수(likelihood function: £)를 설정하고 이 우도함수를 최대화하는 값으로 미지수의 추정치를 결정한다.

여기서 우도함수란 미지수에 따른 관찰자료의 가능성을 함수로 표현한 것을 말한다. 로지스틱 회귀분석에서 우도함수 £는

$$\mathcal{L} = \Pi\left[p_i^{y_i}[1-p_i]^{1-y_i}\right]$$

위 식에서 Y_i는 개인 i의 이항형 관찰치를, p_i는 로지스틱 모형을 통해 예측된 확률을 의미한다. 예측값이 최대한 실제값에 근접하는 경우에 우도함수는 최대화될 수 있다. 우도함수 £값은 0에서 1 사이에 있게 되며 사례수가 많은 경우에는 대단히 작은 값이 되므로 계산이 용이하게 우도함수에 자연로그를 취한 로그 우도함수를 계산하여 사용한다. 로그 우도함수는 다음과 같다.

$$\ln\mathcal{L} = \Sigma\left[\{y_i \ln p_i\} + \{(1-y_i)\ln(1-p_i)\}\right]$$

$\ln \pounds$ 값은 0일 때를 제외하고는 항상 음수가 되며 0에 가까울수록 모형의 적합도가 좋은 것이다. 모형의 적합도가 완벽하다면, 즉 예측된 $\mathbf{p_i}$가 실제값 $\mathbf{y_i}$와 정확히 일치하면 $\pounds=1$, $\ln \pounds=0$이 된다.

1.5.2. 로그 우도함수 값을 이용한 유의성 검증

로지스틱 회귀모형에서는 적합도를 평가하기 위해서 분석모형(M)과 포화모형(S)을 비교한다. 여기서 포화모형이란 자료 수만큼 미지수(parameter)를 포함하여 자료를 완벽하게 설명하는 모형을 말한다. 로지스틱 회귀분석에서 분석모형과 포화모형을 비교하는 식은 다음과 같다.

$$-2\ln \mathcal{L}_M - (-2\ln \mathcal{L}_s)$$

여기서 $\ln \pounds_M$은 분석모형의 로그 우도함수를, $\ln\pounds_S$는 포화모형의 로그 우도함수를 나타낸다. 각 로그 우도함수에 −2를 곱해준 이유는 위의 차이값이 $\chi 2$ 분포를 따르게 하기 위함이다. 모형의 적합도가 좋아질수록 $-2\ln\pounds$은 0에 가까워지며, 나빠질수록 커진다.

1.6. 로지스틱 회귀계수에 대한 검증

1.6.1. 유의성 검증

로지스틱 회귀분석에서는 각 회귀계수가 통계적으로 유의미한지 검증하기 위해 추정된 계수를 표준오차로 나눈 통계치를 이용한다. 선형 회귀분석과의 차이점은 이 통계치를 제곱한 값을 이용하여 검증한다는 것인데, 제곱한 값을 Wald 값이라고 하며, 이 값은 자유도 1인 $\chi 2$ 분포를 따른다.

로지스틱 회귀계수에 대한 유의성 검증인 $\chi 2$ 검증을 Wald 검증이라고도 하는데, Wald 검증의 문제점은 로지스틱 회귀계수의 절대값이 큰 경우, 표준오차도 따라서 커지는 경향이 있다는 점이다. Wald 검증은 로지스틱 회귀계수와 표준오차의 비율을 이용하므로, 이 경우 Wald 통계치는 작아지며 따라서 회귀계수가 0이라는 영가설을 기각할 가능성이 낮아지게 된다. 이를 개선한 것이 우도비 검증이다.

1.6.2. Wald 검증과 우도비 검증의 비교

독립변수의 효과에 대한 유의성 검증을 위해서 두 가지 방법을 적용할 수 있다.

① Wald 검증 : 해당 로지스틱 회귀계수가 자유도 1의 $\chi 2$ 분포에서 유의미한지 알아볼 수 있다.

② 우도비 검증 : 해당 변수를 포함한 모형과 포함하지 않은 모형의 -2ln£ 차이를 구하여 이 차이가 자유도 1인 $\chi 2$ 분포에서 유의미한지 알아볼 수 있다.

Logistic Regression 선형식

• $g(p) = \ln(\frac{p}{1-p})$

• $\ln(\frac{p_x}{1-p_x}) = \beta_0 + \beta_1\chi_1 + \cdots + \beta_i\chi_i$ ⇨ 로짓

• $p(\nu) = E(y) = \frac{1}{1+\exp(-\nu)}$ ⇨ 로지스틱

• $\nu = \sum_{i=1}^{n}\beta_0 + \beta_i\chi_i$

⇨ 로지스틱

• 오즈 = $\frac{p_i}{1-p_i}$

오즈는 pi가 주어졌을 때, 이러한 확률 값을 가질 때, '1'이 될 확률이 '0'이 될 확률보다 몇배 더 증가한다는 의미이다

예를 들어 종속변수의 범주가 '1'은 성공이고 '0'은 실패라고 가정하고, pi가 0.8이라면, 오즈는 (0.8/(1-0.8))=4가 되고 이는 성공이 될 확률이 실패가 될 확률보다 4배 높다는 의미이다

1.7. 통계량

	회귀분석	로지스틱 회귀분석
모형에 대한 검정	F 검정	카이제곱
계수에 대한 검정	T 검정	Wald 통계량
설명력	R^2	Cox and Snell R^2 또는 Negelkerke R^2

- H0 : 계수들은 모두 0이다.
- H1 : H0가 옳다고 할 수 없다.

  R-제곱이 높을수록 독립변수가 종속변수를 설명할 수 있는 비율이 높음

  적합도 검정

1) 계수에 대한 테스트

모형 계수 전체 테스트

		카이제곱	자유도	유의확률
1 단계	단계	10348.218	7	.000
	블록	10348.218	7	.000
	모형	10348.218	7	.000

- H0 : 계수들은 모두 0이다.
- H1 : H0가 옳다고 할 수 없다.

2) 계수에 대한 설명력

모형 요약

단계	-2 Log 우도	Cox와 Snell 의 R-제곱	Nagelkerke R-제곱
1	51223.607	.206	.276

- R-제곱이 높을수록 독립변수가 종속변수를 설명할 수 있는 비율이 높음

1.8. 실습

'사교성, 평점, 경력 그리고 직무성적에 따라 판매실적집단(상위, 하위)이 달라지는가?' 라는 연구문제를 검증하고자 한다. 독립변수 및 종속변수는 다음과 같다.

[표 2-2] 변수 및 척도

변수		척도
독립변수	사교성	100점 척도
	평점	대학성적(4.0 만점)
	경력	경력연수
	직무성적	100점 만점
종속변수	집단 1	실적 하위집단
	집단 2	실적 상위집단

[그림 2-2] 독립변수 및 종속변수 입력

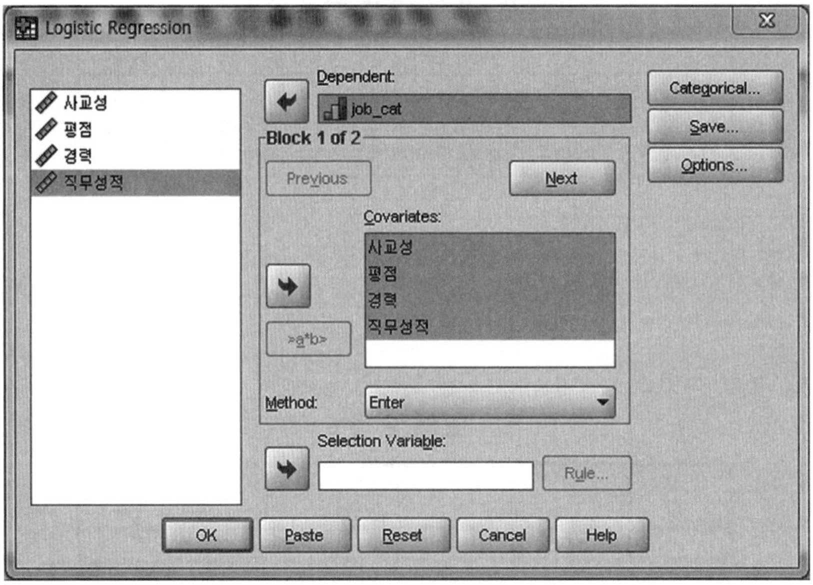

- 선택변수(Selection Variable): 특정 변수값을 가지는 케이스의 하위집단으로 분석을 제한할 수 있다. 예를 들어 데이터 파일에 성별 변수가 포함되어 있는 경우, 로지스틱 회귀분석을 남자만을 대상으로 실행하고자 한다면 변수목록 상자에서 '성별'을 선택하여 '선택변수'를 입력하고 케이스선택규칙을 지정해주면 남자만을 대상으로 로지스틱회귀분석이 실행된다. 그러나 공변량(covariates)에 입력한 변수는 '선택변수'에 동시에 입력할 수 없다.

[그림 2-3] 변수 정의

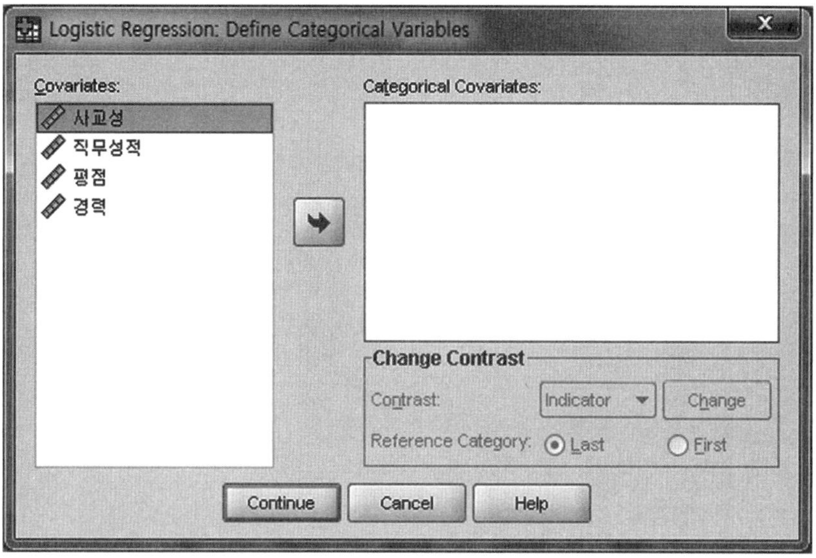

• **범주형 변수 정의**: 공변량(covriates)에 입력된 변수들 중에서 하나 이상변수들을 범주형으로 처리하여 분석할 수 있다.

[그림 2-4] 저장 입력

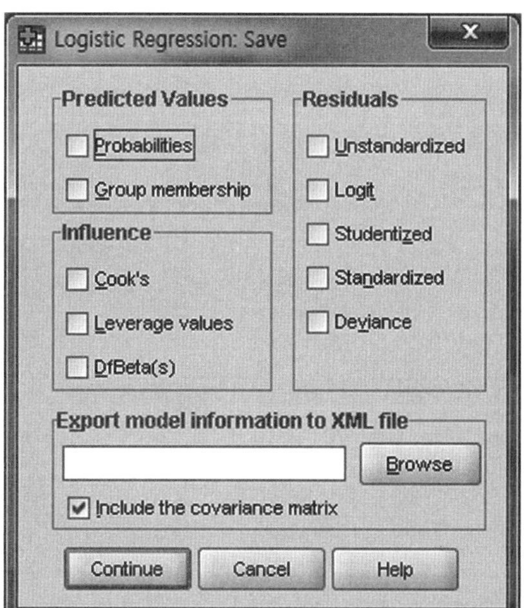

• **확률(Probability)**: 각 케이스마다 사건의 예측 발생 확률을 저장한다. 출력 결과표는

새 변수의 이름과 내용을 나타난다(즉 SPSS 상 'PRE_ 1'열에 나타난다).

- 소속집단(Group membership): 예측확률에 기초하여 각 케이스가 할당될 집단이 표시된다(결과는 SPSS 상 'PGR _ 1'열에 나타난다).

[그림 2-5] 옵션

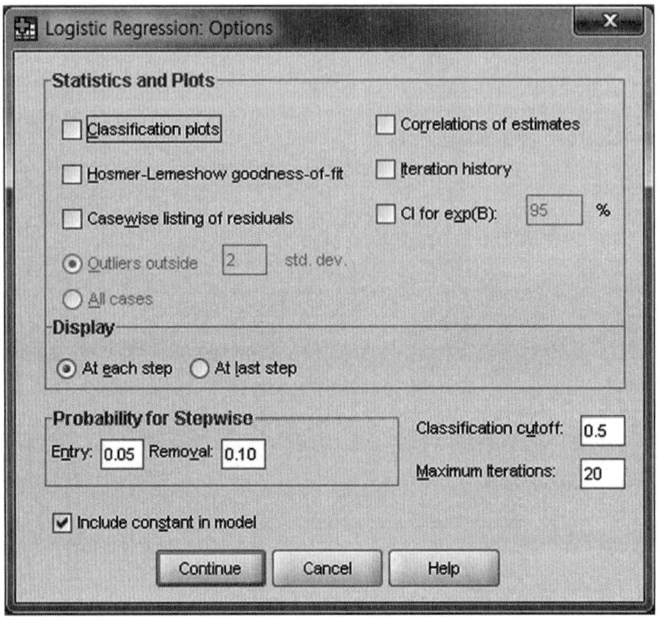

- 분류도표(Classification plots): 각 집단에 속한 케이스의 예측집단을 히스토그램으로 나타낸다.
- 각 단계마다(At each step): 각 단계마다 도표, 표, 통계량 등을 나타낸다.
- 진입(Entry) 0.05 제거(Removal) 0.10: 진입방식으로 단계선택 방식을 취할 때 필요한 기능으로서 진입하지 않은 독립변수의 유의수준이 진입값 보다 작을 때는 변수가 모형에 진입되며, 이미 진입한 독립변수의 유의수준이 제거값 보다 크면 제거된다.
- 분류점(classification cutoff) 0.5: 분류표를 생성하는데 사용된 예측 확률에 대한 분리점 값을 지정할 수 있게 하며, 디폴트값은 0.5이다.
- 최대반복계수(Maximum Iterations) 20: 최대-우도 계수는 반복계산 과정에서 추정된다.

1.8.1. 결과표

Classification Tablea,b

			Predicted		
	Observed		job_cat		Percentage Correct
			1	2	
Step 0	job_cat	1	0	27	.0
		2	0	43	100.0
	Overall Percentage				61.4

a. Constant is included in the model.
b. The cut value is .500

Variables in the Equation

		B	S.E.	Wald	df	Sig.	Exp(B)
Step 0	Constant	.465	.246	3.592	1	.058	1.593

Variables not in the Equation

			Score	df	Sig.
Step 0	Variables	사교성	6.814	1	.009
		평점	1.535	1	.215
		경력	4.378	1	.036
		직무성적	18.330	1	.000
	Overall Statistics		22.725	4	.000

Model Summary

Step	-2 Log likelihood	Cox & Snell R Square	Nagelkerke R Square
1	67.005a	.314	.426

a. Estimation terminated at iteration number 5 because parameter estimates changed by less than .001.

Omnibus Tests of Model Coefficients

		Chi-square	df	Sig.
Step 1	Step	26.346	4	.000
	Block	26.346	4	.000
	Model	26.346	4	.000

Hosmer and Lemeshow Test

Step	Chi-square	df	Sig.
1	7.408	8	.493

Classification Tablea

	Observed		Predicted		
			job_cat		Percentage Correct
			1	2	
Step 1	job_cat	1	19	8	70.4
		2	6	37	86.0
	Overall Percentage				80.0

a. The cut value is .500

Variables in the Equation

		B	S.E.	Wald	df	Sig.	Exp(B)
Step 1a	사교성	.057	.030	3.703	1	.054	1.059
	평점	−.653	.585	1.246	1	.264	.520
	경력	.266	.194	1.867	1	.172	1.304
	직무성적	.116	.034	11.753	1	.001	1.124
	Constant	−10.512	2.921	12.948	1	.000	.000

a. Variable(s) entered on step 1: 사교성, 평점, 경력, 직무성적.

B의 부호가 (+)이면 어떤 케이스의 그 변수값이 클수록 내부값이 1인 집단(원 자료의 집단 2)에 분류될 가능성이 커지고, (−)이면 내부값이 0인 집단(원 자료의 집단 1)에 분류될 가능성이 커진다. 예를 들면 사교성이 높을수록 집단 2에, 평점이 높을수록 집단 1에 분류될 가능성이 크다.

- 유의성검증: 4개의 독립변수들 중에 직무성적만이 유의적으로 나타났다. 따라서 사교성, 평점, 경력은 다른 독립변수들이 모형에 존재할 때 분류예측력이 낮다고 할 수 있다.
- Exp(B): e^B를 의미한다. 예를 들어 직무성적의 경우 $e^{.116}$=1.124가 된다. Exp(B)의 값은 각 변수가 1만큼 증가하는 경우 내부값이 0인 집단(집단 1)에 속할 확률보다 내부값이 1인 집단(집단 2)에 속할 확률이 몇 배인가를 나타낸다. 여기에서 직무성적이 유의적으로 나타났는데, 직무성적의 값이 1만큼 커지면 집단 1에 속할 확률보다 집단 2에 속할 확률이 1.124배 커진다.

1.8.2. 새로운 변수

[그림 2-6] 예측값과 소속집단 예측

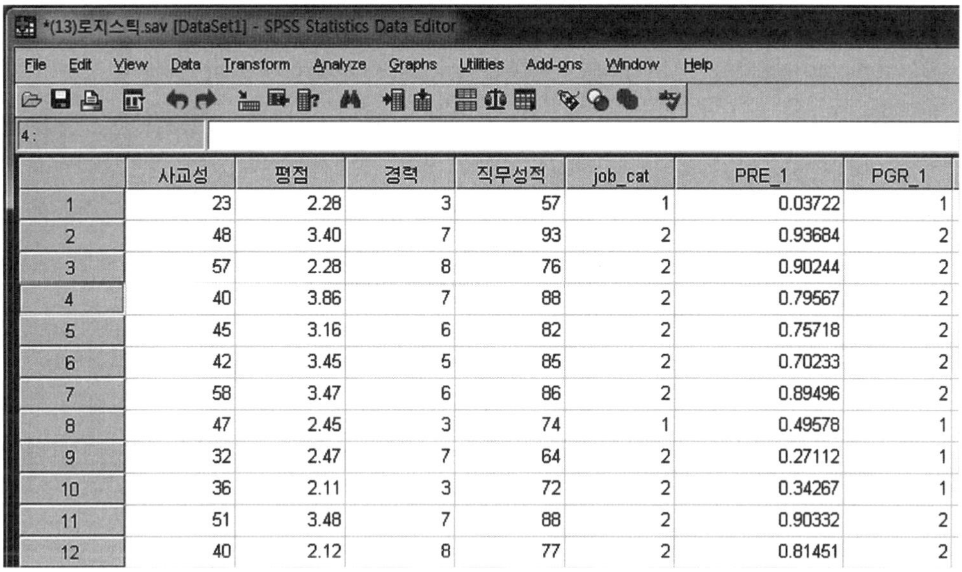

	사교성	평점	경력	직무성적	job_cat	PRE_1	PGR_1
1	23	2.28	3	57	1	0.03722	1
2	48	3.40	7	93	2	0.93684	2
3	57	2.28	8	76	2	0.90244	2
4	40	3.86	7	88	2	0.79567	2
5	45	3.16	6	82	2	0.75718	2
6	42	3.45	5	85	2	0.70233	2
7	58	3.47	6	86	2	0.89496	2
8	47	2.45	3	74	1	0.49578	1
9	32	2.47	7	64	2	0.27112	1
10	36	2.11	3	72	2	0.34267	1
11	51	3.48	7	88	2	0.90332	2
12	40	2.12	8	77	2	0.81451	2

로지스틱 회귀분석결과 각 케이스들에 대한 집단분류 예측값이 데이터파일에 새로운 변수로 추가되어 저장된다. 각 케이스들의 예측결과를 확인할 수 있다. 예를 들면 케이스 1에 대한 계산 결과 집단 2에 분류될 확률이 0.3722(PRE_1 : 예측확률)로 나타나 0.5보다 작으므로 집단 1(PGR_1 : 예측집단)에 분류될 것으로 예측되었다.

1.8.3. 기타

Label	Name
PRE_1	예측값
PGR_1	예측 그룹
COO_1	COOK의 거리
LEV_1	Leverage
ZRE_1	표준화된 잔차
DEV_1	Deviance
DFB0_1	상수에 대한 DFBeta
DFB1_1	첫 번째 예측인자에 대한 DFBeta

- Cook's distance : I번째 관찰치를 제외하고 계산한 추정치와 모든 개체를 이용하여 계산한 추정치의 차를 표준화시킨 값을 말한다. 일반적으로 1보다 크면 영향력이 크

다고 볼 수 있으며 y 절편을 이동시킬 수 있다.

- Leverage point: I번째 관찰치의 설명변수들이 평균에서 얼마나 떨어져 있는가를 나타내는 측도를 말한다. 0과 1사이 값을 가지며, 0은 영향력이 없다. 1은 완전한 영향력이 있다는 것을 의미한다.
- Studentized residuals (SRESID): 이것은 x축 값을 보정한 y축 값이다. 같은 잔차라도 x축의 극단에 위치한 값은 중앙부에 위치한 값보다 영향력이 더 크다.
- Standardized residuals (ZRESID): 잔차는 예측치와 측정치 사이의 차(difference)이다. 표준화 잔차인 ZRESID 값 2는 t-분포의 5%극한(1.96)에 해당되며, 따라서 ZRESID가 2보다 클 때 측정치와 예측치가 5% 유의수준에서 다르다고 말할 수 있으며 y축을 따라서 극단에 위치하고 있다는 의미이기도 하다.
- DFBetas(difference in betas: **모수값 변화**): I번째 관찰치를 제외하고 계산한 회귀계수 추정치와 모든 개체를 이용하여 계산한 회귀계수 추정치의 차를 표준화시킨 값으로 Cook의 통계량과 비슷하다. I번째 관측치의 J번째 추정 회귀계수에 대한 영향력을 의미한다.

1.9. 실습 추가

- Y = 현재상태
- X_j= 운전여부, 성별, 부활여부, 계약 시기, 연령, 납입기간, 보험기간, 주보험금, 납입횟수, 부활횟수, 연체횟수

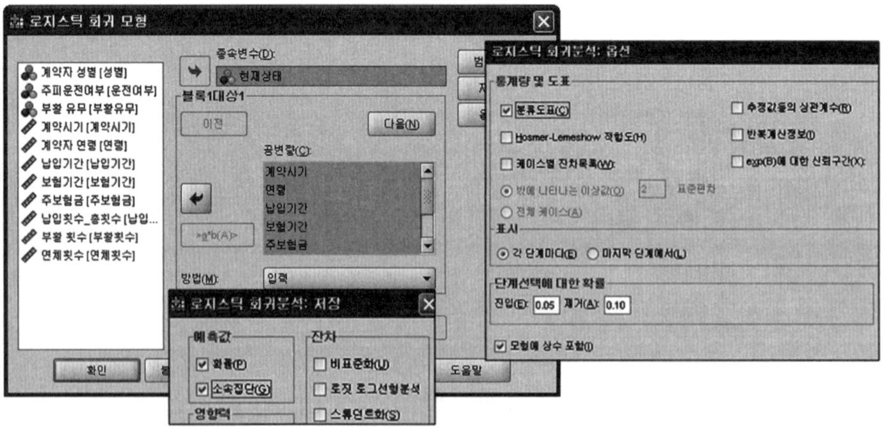

모형 계수 전체 테스트

		카이제곱	자유도	유의확률
1 단계	단계	32528,966	8	,000
	블록	32528,966	8	,000
	모형	32528,966	8	,000

모형 요약

단계	-2 Log 우도	Cox와 Snell 의 R-제곱	Nagelkerke R-제곱
1	29042,858[a]	,515	,691

a. 모수 추정값이 ,001보다 작게 변경되어 계산반복수 7에서 추정을 종료하였습니다.

• 계수값 선출

방정식에 포함된 변수

		B	S.E.	Wald	자유도	유의확률	Exp(B)
1 단계[a]	계약시기	,001	,000	9604,420	1	,000	1,001
	연령	,002	,002	1,640	1	,200	1,002
	납입기간	-,020	,003	38,674	1	,000	,980
	보험기간	-,004	,001	29,922	1	,000	,996
	주보험금	,000	,000	,070	1	,791	1,000
	납입횟수	,565	,005	10571,130	1	,000	1,759
	부활횟수	-1,296	,035	1333,173	1	,000	,274
	연체횟수	,118	,006	419,338	1	,000	1,126
	상수	-12284,940	125,351	9604,896	1	,000	,000

a. 변수가 1: 단계에 진입했습니다 계약시기, 연령, 납입기간, 보험기간, 주보험금, 납입횟수, 부활횟수, 연체횟수.

• 모형 예측도

분류표[a]

관측			예측값		
			현재상태		분류정확 %
			해지	유지	
1 단계	현재상태	해지	15512	4097	79,1
		유지	2918	22415	88,5
	전체 %				84,4

a. 절단값은 ,500입니다.

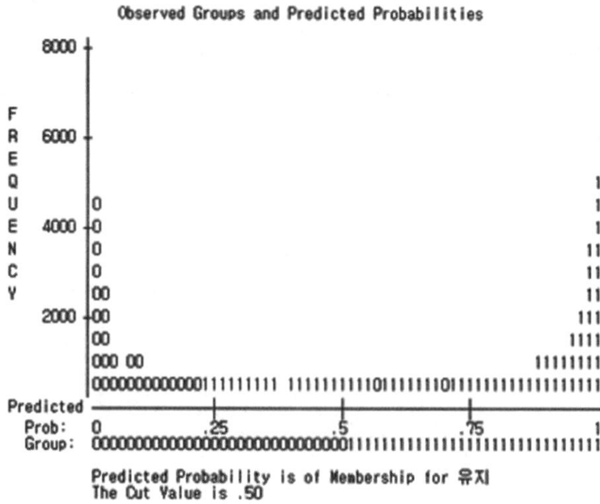

1.10. 실습(범주형 추가)

- Y = 현재상태
- X_j= 운전여부, 성별, 부활여부, 계약 시기, 연령, 납입기간, 보험기간, 주보험금, 납입횟수, 부활횟수, 연체횟수

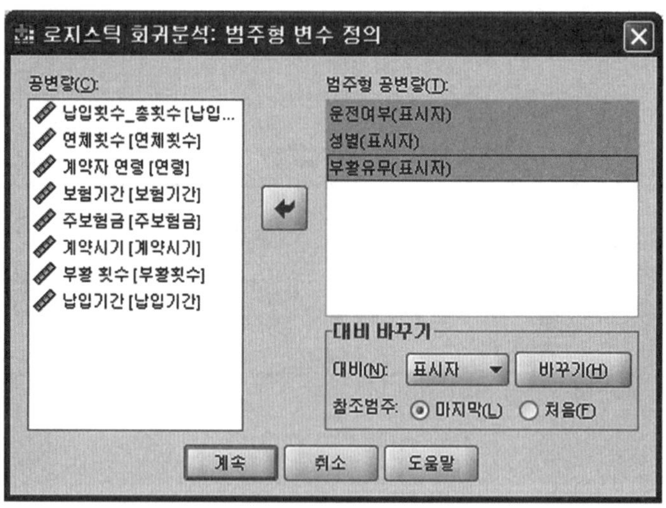

1.11. 중요성

- 최근 분류 및 예측에 대한 활용분야 확대
- 예를 들어 고객이 향후 어떠한 패턴으로 행동할 것인가에 대하여 예측 또는 분류에 대한 관심도 증가
- 이를 위하여 통계/데이터 마이닝 기법을 사용하여 모델을 생성하나 로지스틱 회귀분석에 대한 활용도가 가장 높음
- 활용
- 금융: 고객 신용도(우량,불량)에 따른 고객 가치 평가(CSS)
- 통신: 이탈/유지 가능성에 따른 고객 스코어 산출
- 제조: 재판매 등의 가능성에 따른 고객 스코어 산출

2. 다항 로지스틱 회귀분석

2.1. 다항 로지스틱 회귀분석

2.1.1. 다항 로지스틱 모형

종속변수가 다항형인 경우에 적용하는 방법은 다항 로지스틱 회귀분석(multinominal logistic regression), 또는 다항 로짓모형(multinominal logit model)이라고도 한다.

Ex) 3개 이상인 정당 중에서 지지정당의 예측, 상품의 선택에 대한 예측 등

다항 로지스틱 분석은 이항 로지스틱 분석의 단순한 확장이다. 이항 로지스틱 모형과 다항 로지스틱 모형을 비교해 보면, 이항 로지스틱 모형은

$$\ln\frac{p}{(1-p)} = b_o + b_1X_1 + \cdots + b_kX_k$$

다항 로지스틱 모형은

$$\ln\frac{p_j}{(p_R)} = b_{j0} + b_{j1}X_{j1} + \cdots + b_{jk}X_{jk}$$

이항 로지스틱 회귀분석 모형에서는 종속변수의 종류가 항상 2가지(A 또는 B)이므로, 승산을 정의할 때 A가 일어날 확률 P와 A가 일어나지 않을 확률 1-P를 대비시킨다. 즉, A의 확률과 B의 확률을 대비시킨 것이다.

다항 로지스틱 분석에서는 종속변수의 종류가 항상 3가지 이상이므로(예: A, B, C, D) 일어날 확률을 특정 사건과 대비시킨다. 이 특정 사건을 기준(reference)사건이라고 한다. 기준이 D라면 A와 D, B와 D, C와 D를 각각 대비시키는 식이 필요하다. 이 예를 위 식에 적용시키면 J는 A, B 또는 C가 되고 R은 기준인 D가 된다. 종속변수의 값이 A, B, C, D이고 D를 기준으로 설정하면 이때의 다항 로지스틱 분석은 다음의 식이 필요하다.

- A와 D를 대비시키는 식:

$$\ln\frac{p_A}{(p_D)} = b_{A0} + b_{A1}X_{A1} + \cdots + b_{Ak}X_{Ak}$$

- B와 D를 대비시키는 식:

$$\ln\frac{p_B}{(p_D)} = b_{B0} + b_{B1}X_{B1} + \cdots + b_{Bk}X_{Bk}$$

- C와 D를 대비시키는 식:

$$\ln\frac{p_C}{(p_D)} = b_{C0} + b_{C1}X_{C1} + \cdots + b_{Ck}X_{Ck}$$

이 때 D와 D를 대비시키는 식은 의미도 없을뿐더러 수학적으로도 $\ln(\frac{P_D}{P_D}) = \ln(1) = 0$ 이 되어 필요가 없다. 따라서 종속변수에 k개만큼의 종류가 있다면 k-1개의 식이 필요하다. 다항 로지스틱 분석에서는 각 식의 다항 로짓계수 b가 모두 미지수가 되며 이를 모두 추정해야 한다.

2.1.2. 특정 범주를 선택할 확률

다항 로지스틱 분석의 주 목적은 로짓계수를 추정하여 이를 바탕으로 특정 범주를 선택할 확률 또는 특정 범주에 속할 확률을 계산하는 것이다.

- 개념

: 로지스틱 회귀모형은 이분형 종속변수의 경우에 이용되는 모형이다. 이를 3범주 이상의 종속변수로 확장하여 분석을 하도록 고안된 방법이 다항 로지스틱 회귀분석이다.

$$\ln\left(\frac{p(Y=i)}{p(Y=J)}\right) = \beta_0 + \beta_{i1}\chi_1 + \cdots + \beta_{ip}\chi_p$$

- 종속변수 범주가 3개인 경우의 사례는

$$\ln\left(\frac{p(Y=1)}{p(Y=3)}\right) = \beta_0 + \beta_{11}\chi_1 + \cdots + \beta_{1p}\chi_p$$

$$\ln\left(\frac{p(Y=2)}{p(Y=3)}\right) = \beta_0 + \beta_{21}\chi_1 + \cdots + \beta_{2p}\chi_p$$

$$\ln\left(\frac{p(Y=1)}{p(Y=2)}\right) = \ln\left(\frac{p(Y=1)}{p(Y=3)}\right) = \ln\left(\frac{p(Y=2)}{p(Y=3)}\right)$$

2.2. 실습

- Y=대선92
- $X_{I=}$ 성별

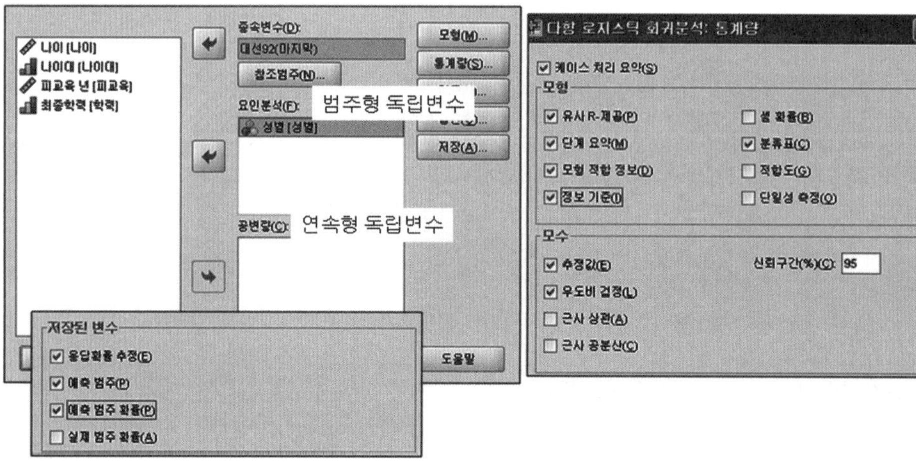

- Y=대선92
- $X_{I=}$ 성별

모형 적합 정보

모형	모델 맞춤 기준			우도비 검정		
	AIC	BIC	-2 로그 우도	카이제곱	자유도	유의확률
절편 만	65.209	76.251	61.209			
최종모형	35.343	57.428	27.343	33.866	2	.000

우도비 검정

효과	모델 맞춤 기준			우도비 검정		
	축소모형의 AIC	축소모형의 BIC	축소모형의 -2 Log 우도	카이제곱	자유도	유의확률
절편	35.343	57.428	27.343[a]	.000	0	.
성별	65.209	76.251	61.209	33.866	2	.000

Pseudo R-제곱

Cox 및 Snell	.018
Nagelkerke	.021
McFadden	.009

모수 추정값

92년 대선후보[a]		B	표준 오차 오류	Wald	자유도	유의확률	Exp(B)	Exp(B)에 대한 95% 신뢰구간	
								하한값	상한값
부시	절편	-.501	.068	54.067	1	.000			
	[성별=1]	.433	.104	17.422	1	.000	1.543	1.258	1.891
	[성별=2]	0^b	.	.	0	.	.	.	.
페롯	절편	-1.511	.098	235.703	1	.000			
	[성별=1]	.715	.139	26.572	1	.000	2.044	1.558	2.682
	[성별=2]	0^b	.	.	0	.	.	.	.

분류

감시됨	예측			
	부시	페롯	클링턴	정확도(%)
부시	0	0	661	.0%
페롯	0	0	278	.0%
클링턴	0	0	908	100.0%
전체 퍼센트	.0%	.0%	100.0%	49.2%

2.3. 분석결과

- 남 $\ln(\frac{p(부시)}{p(클린턴)}) = -0.50 + 0.433(male)$

- 여 $\ln(\frac{p(부시)}{p(클린턴)}) = -0.50 + 0.000(female)$

- 남 $\ln(\frac{p(페롯)}{p(클린턴)}) = -1.51 + 0.715(male)$

- 여 $\ln(\frac{p(페롯)}{p(클린턴)}) = -1.51 + 0.000(female)$

오즈비(odds ratio)

- 여 $\frac{p(부시)}{p(클린턴)} = e^{-0.5} = 0.606$

- 남 $\frac{p(부시)}{p(클린턴)} = e^{-0.5+0.433} = 0.935$

- 여 $\frac{p(페롯)}{p(클린턴)} = e^{-1.51} = 0.221$

- 남 $\frac{p(페롯)}{p(클린턴)} = e^{-1.51+0.715} = 0.452$

⇨ 남성이 여성에 비해 부시를 선택할 비율은
0.935/0.606=1.543

⇨ 남성이 여성에 비해 페롯를 선택할 비율은
0.452/0.0221=2.04

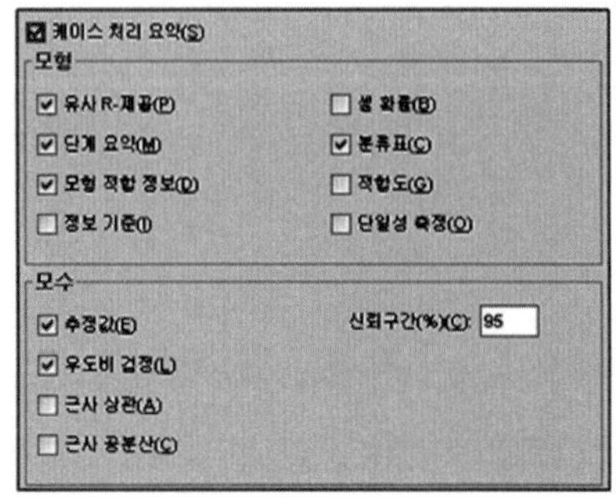

3. 프로빗 모형

- 개념: 로짓모형과 비슷한 모형으로 반응변수가 이항반응일 경우, 설명변수의 효과를 추정하고자 할 때 사용되는 모형
- 특정자극에 대하여 특정반응을 나타내는 케이스의 반응비율 간의 관계추정에 이용되는 분석방법을 프로빗(probit: probability unit)분석이라고 한다.
  프로빗 분석에는 프로빗 모형과 로짓 모형이 이용된다.

  - 프로빗 모형

$$\Phi(\beta_0+\beta_1\chi)=p(\chi)\Leftrightarrow\Phi^{-1}(p(\chi))=\beta_0+\beta_1\chi$$

$$\Phi^{-1}(p(\chi))$$

- 사례
  어떤 살충제가 어느 정도의 용량을 사용하였을 때, 해충에게 얼마만큼의 피해를 주는지에 대 효과를 검증하고 싶음
  살충제의 사용량과 실험의 대상이 된 해충의 수, 죽은 해충의 수를 조사함

3.1. 실습

반응변수=사망수, 관측변수=실험수
x_i=사용용량

예제 : 프로빗.sav

H_0 : 프로빗 모형을 따른다

H_0 do not reject

$$\Phi^{-1}(p(x))$$
$$=-1.7+0.318x$$

모수 추정값

	모수	추정값	표준 오차	Z	유의확률	95% 신뢰구간 하한	95% 신뢰구간 상한
PROBIT[a]	사용용량	.318	.037	8.514	.000	.245	.392
	절편	-1.700	.224	-7.588	.000	-1.924	-1.476

a. PROBIT 모형: PROBIT(p) = 절편 + BX

		카이제곱검정	자유도[a]	유의확률
PROBIT	Pearson 적합도 검정	7.258	3	.064[b]

a. 각 케이스를 기준으로 하는 통계량은 통합 케이스를 기준으로 하는 통계량과 다릅니다.
b. 유의수준이 .150보다 작기 때문에 이질성 요인이 신뢰한계 계산에 사용됩니다.

셀 빈도 및 잔차

	숫자	사용용량	개체의 수	관측응답	기대응답	잔차	확률
PROBIT	1	10.200	50	44	46.957	-2.957	.939
	2	7.700	49	42	37.919	4.081	.774
	3	5.100	46	24	21.602	2.398	.470
	4	3.800	48	16	14.976	1.024	.312
	5	2.600	50	6	9.576	-3.576	.192

7.7만큼 사용하면 77.36%를 죽일 수 있다

신뢰한계

	확률	사용용량에 대한 95% 신뢰한계 추정값	하한	상한
PROBIT[a]	.010	-1.967	-12.522	.997
	.020	-1.110	-10.505	1.568
	.030	-.567	-9.230	1.933
	.040	-.159	-8.273	2.211
	.050	.174	-7.497	2.439
	.060	.457	-6.838	2.635
	.070	.705	-6.261	2.808
	.080	.927	-5.747	2.964
	.090	1.129	-5.280	3.107
	.100	1.315	-4.851	3.241
	.150	2.084	-3.091	3.807
	.200	2.696	-1.717	4.281
	.250	3.221	-.564	4.713
	.300	3.693	.442	5.132
	.350	4.129	1.337	5.557
	.400	4.544	2.142	6.004
	.450	4.945	2.867	6.491
	.500	5.339	3.518	7.032
	.550	5.734	4.102	7.640
	.600	6.135	4.628	8.326
	.650	6.550	5.108	9.098
	.700	6.986	5.559	9.967
	.750	7.458	5.998	10.952
	.800	7.983	6.446	12.090
	.850	8.594	6.932	13.452
	.900	9.364	7.508	15.202
	.910	9.550	7.643	15.629
	.920	9.752	7.788	16.094
	.930	9.974	7.946	16.607
	.940	10.222	8.121	17.182
	.950	10.505	8.318	17.840
	.960	10.838	8.547	18.614
	.970	11.246	8.827	19.570
	.980	11.789	9.194	20.843
	.990	12.646	9.767	22.857

a. 이질성 요인이 사용되었습니다.

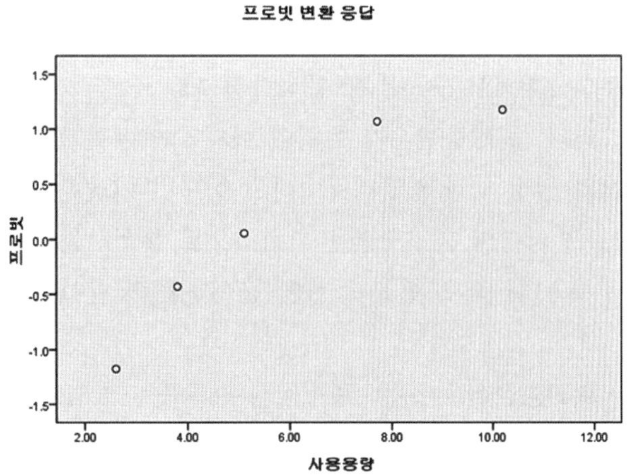

4. 2단계 회귀분석(Two-stage Regression Analysis)

4.1. 2단계 회귀분석(Two-stage Regression Analysis)의 개념

다수의 반응변수들의 회귀방정식으로 구성된 연립방정식 모형은 대부분 변수들 사이의 복잡한 상관으로 인해 각 모형내의 오차와 설명변수가 독립이 아니다. 이러한 모형의 분석방법이 2단계 최소제곱법이다.

4.2. 연립방정식 모형

일반적으로 다중 회귀분석에서 다루는 모형은 하나의 반응변수와 이와 관계가 있는 p개의 설명변수들의 선형식으로 구성됨

이러한 모형을 좀 더 일반화시켜 여러 개의 반응변수가 주어진 회귀모형을 예로 들면,

$$y_1 = \beta_{10} + \beta_{11}\chi_{11} + \varepsilon_1,$$

$$y_2 = \beta_{20} + \beta_{21}\chi_{21} + \varepsilon_2$$

이때 두 반응변수인 y_1 , y_2 가 독립이라면 이는 두 회귀모형을 동시에 표현했을 뿐이므로 두 회귀모형을 각각 분석하면 됨

그러나 두 반응변수가 독립이 아니라면(예를 들어 두 반응변수가 경쟁업체인 두 제조회사의 월별 냉장고 판매량이라고 한다면 이들은 독립이 아닌 음의 상관관계가 있을 것이므로) 각각의 회귀모형을 독립적으로 분석하는 것이 아니라 두 반응변수 사이의 관련성을 고려해 두 모형을 동시에 분석하는 방법이 필요할 것임

- **회귀방정식 시스템**: 계량경제 자료분석 방법 중에서 다수의 선형식으로 표현된 회귀모형

다수의 회귀모형을 분석하는 데 있어 각 모형에 대한 독립적인 접근도 가능하지만 실제로 자료에 내재되어 있는 변수들의 관련성을 고려한 모형을 통한 결론이나 예측이 현실에 더욱 적합함

한 모형에서 반응변수였던 변수가 다른 모형에서는 설명변수로 사용되는 두 회귀모형

$$y_1 = \alpha_2 y_2 + \beta_{10} + \beta_{11}\chi_{11} + \varepsilon_1,$$
$$y_2 = \alpha_1 y_1 + \beta_{20} + \beta_{21}\chi_{21} + \varepsilon_2$$

위의 두 회귀모형에서 반응변수와 설명변수를 구분하는 것은 모호하지만 다른 변수들에 의해 모형 내에서 정의되는 변수와 모형과 관계없이 정의되는 변수들은 구분이 가능함

① 내생변수(endogenous variable): 다른 변수들에 의해 모형 내에서 정의되는 변수

y_1, y_2

② 외생변수(exogenous variable): 모형과 관계없이 정의되는 변수

x_1, x_2

③ 연립방정식 모형(simultaneous equations model): 이러한 변수들로 정의된 다수의 방정식 형태로 구성된 모형

4.3. 2단계 최소제곱법(2SLS)

2단계 최소제곱법은 연립방정식 모형의 분석의 문제점을 해결하기 위한 분석기법

방정식의 추정에 있어 문제가 되는 내생변수 y_2를 대체하는 방법

이때 z_2라는 새로운 변수가 있어서 z_2는 y_2와 높은 상관관계가 있으며, 오차인 $\varepsilon_1, \varepsilon_2$와는 독립이라고 가정하면,

$$y_2 = \beta_{30} + \beta_{31} z_2 + \varepsilon_3$$

먼저 위와 같은 회귀식을 정의하고 단순 최소제곱법으로 회귀계수를 추정하여 아래와 같이 y_2의 추정치인 $\widehat{y_2}$를 얻음

$$\widehat{y_2} = \widehat{\beta_{30}} + \widehat{\beta_{31}} z_2$$

$\mathbf{z_2}$가 오차항들과 독립이므로 변수 z_2의 함수인 $\widehat{y_2}$은 오차항들과는 독립이 되고 따라서 아래의 식에 첫 번째 방정식($y_1 = \alpha_2 y_2 + \beta_{10} + \beta_{11} x_{11} + \varepsilon_1$)의 변수를 대체하면 첫 번째 방식에서의 오차와 예측에 사용하고자 하는 변수인 $\widehat{y_2}, \varepsilon_1$이 독립이 됨

$$y_1 = \alpha_2 y_2 + \beta_{10} + \beta_{11}\chi_{11} + \varepsilon_1$$

$$\downarrow$$

$$y_1 = \alpha_2 \widehat{y_2} + \beta_{10} + \beta_{11}\chi_{11} + \varepsilon_1$$

두 번째 방정식($y_2 = \alpha_1 y_1 + \beta_{20} + \beta_{21}x_{21} + \varepsilon_2$)의 추정에 있어서도 문제가 되는 내생변수 $\mathbf{y_1}$를 대체할 수 있는 적절한 z_1을 정의하면 동일한 과정을 통해 두 번째 회귀식에 대한 분석결과를 얻을 수 있음

연립방정식 모형을 구성하는 각각의 회귀식에 대한 전체적인 분석과정

① 회귀계수의 추정에 있어서 도구변수를 사용하는 단계
② 그 결과를 이용하는 단계

이렇게 두 단계를 거치게 되는 연립방정식 모형 추정방법을 2단계 최소제곱법이라고 함

- **도구변수**(instrumental variable): 2단계 최소제곱법을 적용하기 위해서는 '예측을 위해 사용되는 내생변수와 상관이 높으며', '모형의 오차항과 독립'을 갖는 새로운 변수 z_1과 z_2가 필요하게 되는데 이러한 변수는 분석을 위한 도구로 사용됨

✓ 도구변수의 선택

① 모형의 외생변수
② 연립방정식 모형이 주로 시계열 데이터인 계량경제 데이터에 적용됨을 고려해 볼 때, 동일한 변수의 몇 단계 과거 시점의 값이 현 시점의 값에 영향을 주는 경우가 많고 따라서 이러한 몇 시점 과거의 값을 가진 변수를 새롭게 정의하여 그를 도구변수로 이용하는 경우가 많음

4.4. 실습

✓ 데이터

① 1951년 3월부터 1953년 10월까지의 4주 단위 시계열 자료
② 평균소비량(consume, 원금에 대한 단위 소비량), 1파인트의 가격(price, \$), 가구소득(income, 10\$), 기온(temp, F)

Time	Consume	Price	Income	Temp	l_cons	l_price
1	37.4	28.2	7.9	56	38.6	27
2	39.3	27.7	8.1	63	37.4	28.2
3	42.5	28	8	68	39.3	27.7
4	40.6	27.2	7.6	69	42.5	28
5	34.4	26.2	7.8	65	40.6	27.2
6	32.7	27.5	8.2	61	34.4	26.2
7	28.8	26.7	7.9	47	32.7	27.5
8	26.9	26.5	7.6	32	28.8	26.7
9	25.6	27.7	7.9	24	26.9	26.5
10	28.6	28.2	8.2	28	25.6	27.7
11	29.8	27	8.5	26	28.6	28.2
12	32.9	27.2	8.6	32	29.8	27
13	31.8	28.7	8.3	40	32.9	27.2
14	38.1	27.7	8.4	55	31.8	28.7
15	38.1	28.7	8.2	63	38.1	27.7
16	47	28	8	72	38.1	28.7
17	44.3	27.7	7.8	72	47	28
18	38.6	27.7	8.4	67	44.3	27.7
19	34.2	27.7	8.6	60	38.6	27.7
20	31.9	29.2	8.5	44	34.2	27.7
21	30.7	28.7	8.7	40	31.9	29.2
22	28.4	27.7	9.4	32	30.7	28.7
23	32.6	28.5	9.2	27	28.4	27.7
24	30.9	28.2	9.5	28	32.6	28.5
25	35.9	26.5	9.6	33	30.9	28.2
26	37.6	26.5	9.4	41	35.9	26.5
27	41.6	26.5	9.6	52	37.6	26.5
28	43.7	26.8	9.1	64	41.6	26.5
29	54.8	26	9	71	43.7	26.8

아이스크림 소비량이 가격, 가구소득, 기온의 영향을 받을 것이라는 가정 하에서 다음의 모형을 고려해 봄

$$Consume = \beta_0 + \beta_1 price + \beta_2 income + \beta_3 temp + \varepsilon$$

일반적으로 가장 잘 알려진 고전적인 경제모형인 수요와 공급의 원칙은 수요와 공급에 따라 가격이 유동적으로 변화함을 가정함

분석 전 도구변수 선택: 시계열 데이터임으로 소비와 가격의 바로 한 시점 전 값으로 구성된 변수인 l_cons, l_price와 외생변수인 기온과 소득을 도구변수로 고려함

✓ 데이터 분석

① 분석(Statistics) → 회귀분석(Regression) → 2단계 최소제곱(2-Stage Least Squares)

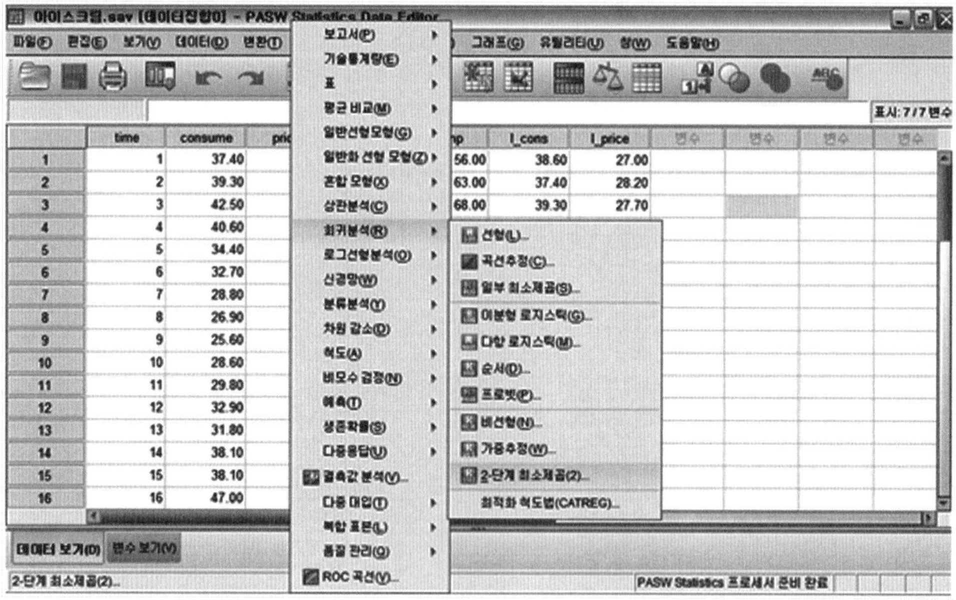

② 2단계 최소제곱 대화상자에 각 변수 삽입 및 옵션 버튼 선택

✓ 결과물 분석

[표 2-3] 분산분석

		제곱합	자유도	평균 제곱	F	유의확률
방정식 1	회귀분석	825.779	3	275.260	23.219	.000
	잔차	296.374	25	11.855		
	합계	1122.153	28			

유의확률 0.000으로 데이터가 모형에 의해 잘 적합되었음

[표 2-4] 계수

		비표준화 계수		베타	t	유의확률
		B	표준 오차			
방정식 1	(상수)	.332	55.255		.006	.995
	price	-.604	1.788	-.076	-.338	.738
	income	4.019	1.218	.375	3.301	.003
	temp	.366	.045	.911	8.088	.000

✓ 추정된 회귀식

$$\widehat{consume} = -0.332 - 0.604\widehat{price} + 4.012 \in come + 0.366temp$$

실제로 유의한 설명변수는 income과 temp임

여기서 $\widehat{price}$는 2단계 최소제곱 분석과정의 단계 1에서 추정된 내생변수 price의 도구변수를 이용한 다음과 같은 회귀식을 통한 최소제곱 적합지임

$$\widehat{price} = \widehat{\delta_0} + \widehat{\delta_1} \in come + \widehat{\delta_2} temp + \widehat{\delta_3} 1\_price + \widehat{\delta_4} 1\_cons$$

- 2단계 최고제곱법 1단계: 모형식 price= δ0+ δ_1 income+ δ_2 temp+ δ_3 price1+ δ_4 cons1+ ε_2 에 대한 선형 회귀분석을 수행한 후, 변수 price의 추정치를 새로운 변수로 저장

[표 2-5] 모형 요약

모형	R	R 제곱	수정된 R 제곱	추정값의 표준오차
1	.486a	.237	.109	.79550

a. 예측값: (상수), l_cons, l_price, income, temp

[표 2-6] 분산분석b

모형		제곱합	자유도	평균 제곱	F	유의확률
1	회귀 모형	4.705	4	1.176	1.859	.151a
	잔차	15.188	24	.633		
	합계	19.892	28			

a. 예측값: (상수),l_cons, l_price, income, temp

b. 종속변수: price

[표 2-7] 계수a

모형		비표준화 계수		표준화 계수	t	유의확률
		B	표준오차	베타		
1	(상수)	18.272	5.807		3.147	.004
	income	-.266	.280	-.197	-.952	.351
	temp	-.003	.024	-.065	-.137	.893
	l_price	.447	.191	.422	2.338	.028
	l_cons	-.018	.068	-.119	-.261	.797

a. 종속변수: price

new(price추정치) = 18.272 − 0.266income − 0.003temp + 0.447l_price − 0.018l_cons

"변환 → 변수계산"을 통해 price의 추정치를 계산하고 저장

- 2단계 최고제곱법 2단계: 새로운 변수명을 확인하고 이를 이용해 다음 모형에 대한 선형 회귀분석을 수행함

consume = $\beta 0 - \beta_1$ new + β_2 income + β_3 temp

[표 2-8] 모형 요약

모형	R	R 제곱	수정된 R 제곱	추정값의 표준오차
1	.870a	.756	.727	3.48792

a. 예측값: (상수), temp, new, income

[표 2-9] 분산분석b

모형		제곱합	자유도	평균 제곱	F	유의확률
1	회귀 모형	943.793	3	314.598	25.860	.000a
	잔차	304.139	25	12.166		
	합계	1247.932	28			

a. 예측값: (상수), temp, new, income

b. 종속변수: consume

[표 2-10] 계수a

모형		비표준화 계수		표준화 계수	t	유의확률
		B	표준오차	베타		
1	(상수)	.350	56.021		.006	.995
	new	−.604	1.812	−.037	−.333	.742
	income	4.019	1.235	.375	3.254	.003
	temp	.366	.046	.912	8.004	.000

a. 종속변수: consume

5. 가중 회귀분석

5.1. 가중 회귀분석의 개념

일반적으로 회귀분석에서 중요한 가정은 잔차(오차항)에 대한 가정이며, 추정된 회귀식을 받아들이기에 앞서 잔차에 대한 가정을 확인하는 과정이 반드시 필요하다. 좀 더 구체적으로 살펴보면, 회귀분석 모형의 타당성은 잔차 산점도를 통해 검토될 수 있으며, 이러한 잔차 산점도의 문제 발생여부를 통해 회귀모형의 기본 가정에 대한 수렴여부를 파악함으로써 회귀모형 타당성의 인정 또는 위협이 결정된다. 잔차 산점도로부터 검토할 수 있는 회귀모형의 기본 가정은 다음과 같다. 첫째, 회귀모형은 선형성(linearity)을 띄어야 하며, 둘째, 잔차는 독립성이 가정되어야 하고, 셋째, 잔차들의 정규성이 가정되며, 넷째, 잔차들의 등분산이 가정되어야 한다. 이때 잔차 산점도의 문제 발생으로 인해 위의 4가지 가정이 이루어지지 않으면, 적합된 회귀모형의 타당성이 위협받게 된다. 따라서 잔차 산점도로부터 문제점이 발생하는 경우에는 다양한 조치를 취하여 문제를 해결해야 한다.

가중회귀분석(weighted regression)은 이러한 4가지 가정 중 잔차의 등분산(homoscedasticity) 가정에 위배되며, 이분산성(variance heterogeneity)이 나타날 경우에 적용되는 방법이다. 독립변수의 측정값에 따라서 종속변수 측정값의 퍼짐정도의 분산이 달라지는 경우에는 등분산성이라는 가정이 위배되어 선형회귀분석으로 적용되기 어렵다. 즉, 잔차와 예측치 산점도를 확인했을 때, 그 모양이 나팔형태를 띄면 오차의 분산이 예측치가 커짐에 따라 커지거나 작아지고 있음을 의미하므로 등분산 가정이 무너지게 된다. 이러한 경우 분산의 변화를 고려하여 회귀계수를 추정하는 가중최소자승 추정치(Weighted Least Square)를 이용하거나 종속변수변환을 실시한다. 그러나 종속변수의 변수변환을 통한 분산의 안정화를 실시할 경우, 기울기의 추정량이 최소분산 특성을 갖지 않으며 추정값과 예측값이 변환된 척도로 얻어지므로 해석이 용이하지 않다. 따라서 설정된 회귀모형이 적절하고 잔차의 분산만 동일하지 않다면, 가중최소자승법을 사용하는 것이 바람직하다.

[그림 2-7] 잔차 산점도 유형

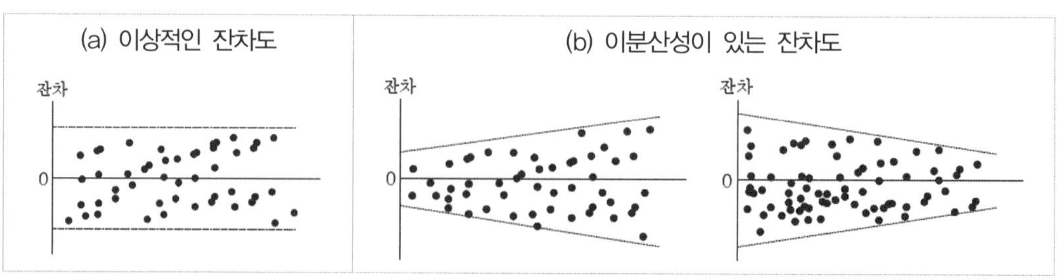

• 개념: 회귀분석의 잔차분석에서 등분산성의 가정이 위배될 경우, 특히 이분산성을 나타낼 경우 사용되는 방법
즉, 분산이 증가하거나 감소하는 경향을 보일 경우 최소제곱법에 의하여 회귀계수를 추정하는 것은 바람직하지 않다. 따라서 분산의 변화를 고려하여 회귀계수를 추정하는 방법을 고려하게 되는데 이를 가중 회귀분석이라고 한다.

• 기본가설

$$\varepsilon_i \sim N(0,\sigma^2) \ \rightarrow \ \varepsilon_i \sim N(0,\sigma_i^2)$$

• 분산

$$\sigma_i^2 \ \rightarrow \ w_i\sigma^2$$

를 전제하는 회귀모형은

$$y_i = \beta_0 + \beta_1\chi_{i1} + \cdots + \beta_p\chi_{ip} + \varepsilon_i$$

사전에 n개의

σ_i^2을 알고 있다면 $w_i = \sqrt{\sigma_i^2}$로 변환하여 적용시키면

$$y_i^* = \beta_0^* + \beta_1^*\chi_1 + \cdots + \beta_p^*\chi_p + \varepsilon_i^*$$

$y_i^* = w_i y_i$

$\beta_0^* = w_i\beta_0$

$\beta_p^* = w_i\beta_p$

$\varepsilon_i^* = w_i\varepsilon_i$

5.2. 가중회귀분석의 회귀모형 및 가중치 추정

선형회귀분석의 최소자승법에서는 모든 관측치에 대해 똑같은 가중치를 주어 파라미터를 추정했는데 반해, 이분산성이 있을 경우에 사용되는 가중회귀분석에서는 오차의 분산이 작은 관측치(X_i)에 더 많은 가중치를 주어 계산함으로써 잔차의 정확도가 떨어지는 값이 종속변수에 주는 영향력을 떨어뜨려 줄 수 있다. 이에 가중회귀분석의 회귀모형은 다음과 같이 나타낼 수 있다.

[표 2-11] 가중회귀분석의 회귀모형

$$Y_i = \beta_0 + \beta_1 x_{i1} + \ldots + \beta_p x_{ip} + \varepsilon_i$$

이러한 가중회귀모형에 대해 구체적으로 살펴보면, 가중회귀분석의 기본가정은 $\epsilon_i \sim N(0, \sigma_i^2)$ 이며, 잔차들(e_i)의 평균은 0이고, 분산은 σ_i^2인 정규분포를 따르고 있으며 각각 독립적임을 가정하고 있다. 이 때 분산은 $\sigma_i^2 => W_i \sigma^2$ 을 전제로 한다.

그렇다면 가중치는 어떻게 추정하며 적용되는 것일까? 일반적으로 가중치로는 종속변수의 역분산(inverse variance), $W_i = 1/y_i^2$, 혹은 독립변수의 역분산(inverse variance), $W_i = 1/x_i^2$이 사용된다. 그러나 가중치를 정함에 있어서 이미 n개의 분산(σ_i^2)을 알고 있는 경우와 분산을 모르는 경우에 따라 그 방법에 차이가 있다.

[표 2-12] 가중회귀분석의 가중치 적용 및 추정

(a) 분산을 알고 있을 경우, $w_i = \sqrt{\sigma_i^2}$ 로 변환하여 적용

$$y_i{}^* = \beta^{*0} + \beta_1^* x_{i1} + \ldots + \beta^{*p} x_{ip} + \varepsilon_i^*$$

$$y_i^* = w_i y_{i,}\ \beta_0^* = w_i \beta_{0,}\ \beta_p^* = w_i \beta_p,\ \varepsilon_i^* = w_i \varepsilon_i$$

(b) 분산을 모르고 있을 경우,
분산 변화와 관련이 있는 변수 z의 적절한 함수를 통한 분산의 가중치 추정이 필요

$w_i \propto z^{\delta_i}$의 관계로부터 가중치 계산을 위한 변환함수 선택

- δ를 선택하는 방법

로그가능도함수(log likelihood function)를 최대화시키는 값 선택
이 때 δ값을 바꿔가며 로그가능도함수를 최대로 하는 계수 δ를 가중치로 선택

$$L = \frac{1}{2}\left\{ -n\ln 2\Pi - n\ln\sigma^2 + \sum_{t=1}^{n} \ln w_i - \frac{\sum_{t=1}^{n} \ln w_i\ (y_i - \beta_0 - \beta_1 x_1 - \ldots - \beta_p x_p)^2}{\sigma^2} \right\}$$

먼저 분산을 알고 있을 경우에는 분산에 루트를 씌운 값을 가중치로 변환하여 사용하게 된다. 이때 상수를 포함한 모든 비표준화계수 값에는 가중치를 곱하여 적합한 회귀모형을 제시할 수 있다. 다음으로 분산을 모르고 있을 경우에는 분산 변화와 관련이 있는 변수 Z를 통해 가중치를 추정하며, 이는 가중치와 가중변수(Z)의 거듭제곱과 비례관계에 있다는 것으로부터 가중치계산을 위한 변환함수를 선택한다.

또한 로그로 변환하는 형식 외에 최소자승법의 식을 적용하여 가중회귀 추정치를 구하기도 한다. 이 때 종속변수는 y^{*i}이며, 독립변수는 $\frac{1}{x_i}$이다.

[표 2-13] 가중회귀 추징치 공식

$$\min_{\alpha,\beta}\Sigma\frac{1}{\chi_i^2}(y_i-\alpha-\beta\chi_i)^2=\min_{\alpha,\beta}\Sigma(\frac{y_i}{\chi_i}-\frac{\alpha}{\chi_i}-\beta)^2=\min_{\alpha,\beta}\Sigma(y_i^*-\frac{1}{\chi_i}\alpha-\beta)^2$$

5.3. 가중치의 추정

- 실제로 가중치를 모르므로 분산의 변화와 관련이 있는 변수 z의 적절한 함수를 통해 분산의 가중치 추정이 필요
- ω^{ι} $,\propto,Z_i^8$의 관계로부터 가중치계산을 위한 변환함수 선택
  δ를 선택하는 방법:
- 로그 가능도함수(og likelihood function)를 최대화시키는 값 선택

$$L=\frac{1}{2}\left\{-n\ln2\pi-n\ln\sigma^2+\sum_{i=1}^{n}\ln w_i-\frac{\sum_{i=1}^{n}\ln w_i(y_i-\beta_0-\beta_1\chi_1-\cdots-\beta_p\chi_p)^2}{\sigma^2}\right\}$$

즉, 여러 개의 δ를 바꿔가며 로그가능도함수를 최대로 하는 계수 δ를 선택

5.4. 실습

- Y = 세금
- X_{i} = 주택가격

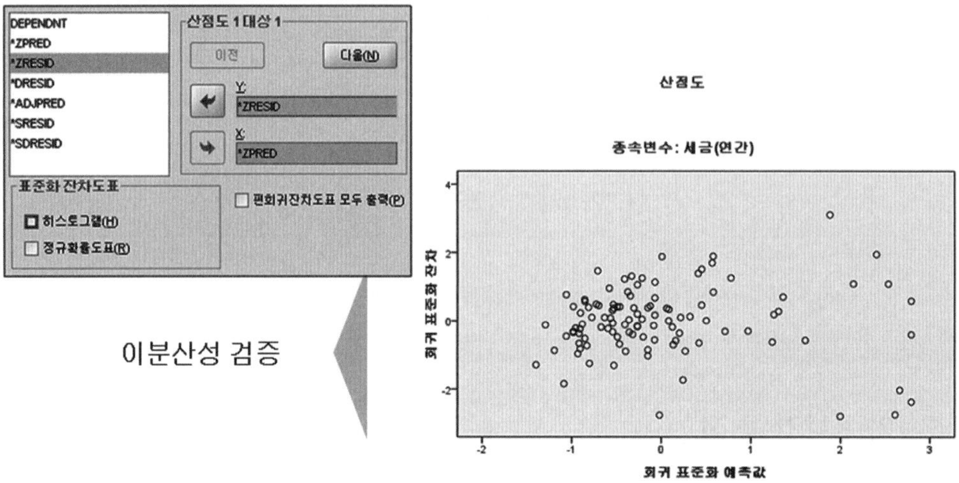

모형 설명

종속변수		tax
독립변수	1	price
가중값	소스	price
	검정력 값	1.900

모형: MOD_3.

→ 변환함수의 최적 승수

모형 요약

다중 R	.861
R 제곱	.741
수정된 R 제곱	.738
추정값의 표준오차	.186
로그-우도 함수 값	-674.934

→ 결정계수

분산분석

	제곱합	자유도	평균 제곱	F	유의확률
회귀분석	10.323	1	10.323	299.760	.000
잔차	3.616	105	.034		
합계	13.939	106			

→ 모형의 유의성

계수

	비표준화 계수		표준화 계수		t	유의확률
	B	표준 오차	베타	표준 오차		
(상수)	-48.127	42.843			-1.123	.264
price	.785	.045	.861	.050	17.314	.000

→ 추정계수

변수변환

WGT_1	price_w	tax_w
0.000006434	1.37	0.57
0.000005617	1.37	1.01
0.000004963	1.38	0.76
0.000004394	1.38	0.47
0.000004270	1.38	0.91
0.000004270	1.38	1.29
0.000003940	1.39	0.95
0.000003929	1.39	0.95
0.000003929	1.39	1.17
0.000003825	1.39	0.99
0.000003725	1.39	0.77

선형회귀분석

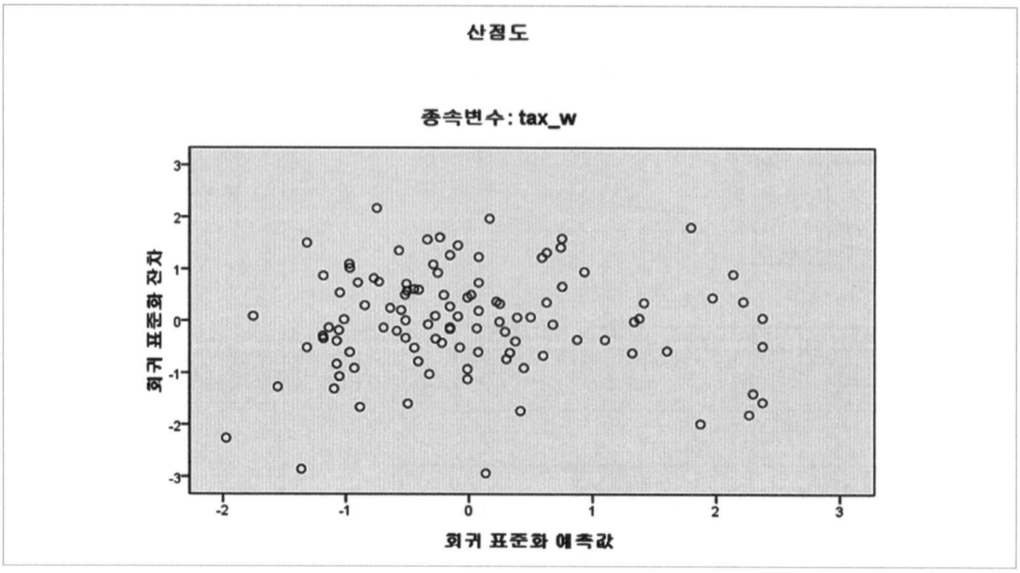
산점도
종속변수: tax_w
회귀 표준화 잔차
회귀 표준화 예측값
3
2
1
0
-1
-2
-3
-2
-1
0
1
2
3

주요학습용어

- 로지스틱 회귀분석(logistic regression)
- 로지스틱 회귀모형(logistic regression model)
- 일반화선형모형(generalized linear model)
- 다항 로지스틱 회귀분석
- 프로빗 모형(probit model)
- 가중 회귀분석

참고문헌

1. 2010년 SPSS 정기교육: SPSS Statistics 회귀분석
   SPSS Korea 정기교육 및 SPSS 실습세미나 자료집.
2. 허명회 (2003), 사회과학을 위한 다 변량 자료 분석, 자유아카데미.
3. 박종선 (2005), SAS/SPSS COOK BOOK, 박영사.
4. 송인섭 (2003), 통계학의 이해, 학지사.
5. 홍성열 (2003), 사회 과학도를 위한 기초통계, 학지사.
6. 오택섭 (2003), 사회과학 데이터분석법, 나남출판사.
7. Hinkle, D., Wiersma, W., & Jurs, S. (2003), Applied Statistics for the Behavioral Sciences, New York: Houghton Mifflin Co.
8. Andy Field (2005), Discovering Statistics Using SPSS, London: Thousand Oaks: New Delhi: Sage.

3장 자기회귀·시계열분석

1. 자기회귀분석 개요
2. 시계열분석(Time Series Analysis) 개요
3. 시계열 분석 기법

3장 자기회귀분석·시계열분석

1. 자기회귀분석 개요

자기회귀분석은 시계열 모형을 기반으로 한다. 자기회귀분석을 이해하기 위해서는 시계열 분석이 무엇인지에 대한 이해가 우선 필요하다. 시계열 모형에서 주가, 이자율, 환율 등과 같은 경제 시계열 자료에서는 시간의 추이에 따라 변동성이 매우 급격하게 변하므로 이분산성을 고려할 필요가 있다. 이러한 이분산성을 고려한 모형으로는 Engle(1982)에 의해 최초로 ARCH(Autoregressive Conditional Heteroskedasticity) 모형이 제시되었고, Bollerslev(1986)는 이를 일반화한 GARCH(Generalized Autoregressive Conditional Heteroskedasticity) 모형을 제시하였다. 한편, 이분산성 모형의 연구와 더불어 비대칭성(asymmetric) 이분산성 모형에 관한 연구도 활발하게 진행되었다. 대표적인 비대칭성 이분산성 모형으로는 Zakoian(1993)의 TARCH(Threshold GARCH) 모형과 Li와 Li(1996)의 TARCH(Threshold ARCH) 모형이 있다. 또한, Zakoian(1993)과 Li와 Li(1996)의 비대칭성 이분산성에서의 가장 큰 차이인 오차항의 차수를 일반화한 모형으로는 Kim과 Hwang(2005)의 이항 멱변환 TARCH(Binary Power-Transformation Threshold ARCH) 모형이 있다.

1.1. 예측모형의 종류

1.1.1. 정성적 예측기법(Forecast Based on Judgment and Opinion)

예측은 조직과 그 환경을 연결하는 수단으로써 환경이 점차 복잡해지고 동태적으로 변화해 감에 따라 미래 상황에 대한 예측은 조직에 있어 필수적인 것이다. 생산관리에서의 수요예측은 원하는 제품이나 서비스의 수량, 시기, 품질 및 입지 등에 대한 미래의 수요를 추정하는 과정으로 불확실하고 경쟁적인 환경하에서 적용해야 할 논리적인 기준을 제공하는 것이므로 경영관리에 있어 이는 매우 중요한 기능이라고 할 수 있다.

일반적으로 수요의 구성요소는 추세, 계절변동, 순환변동, 불규칙변동의 네 가지로 구성되어 있다. 추세변동은 시간의 경과에 따라 수요의 상향적, 또는 하향적 움직임을 나타내는 것으로 성장이나 쇠퇴 등과 같은 수요의 장기적인 패턴을 나타낸다. 순환변동은 추세선을 중심으로 수요가 상하로 움직이는 장기적인 변동으로, 이 변동은 여러 가지 상황이 복합되어 발생하기 때문에 그 순환주기가 일정하지 않아 수요의 구성요소 중 파악하기가 가장 힘든 변동요소이다. 계절변동은 단기적으로 일정한 시간간격을 두고 유사하거나 동일한 패턴이 반복되는 수요의 변동요소로 1년을 주기로 하여 월별 또는 분기별로 동일한 패턴이 나타나는 것이 일반적이다. 불규칙변동은 자연발생적인 사건에 의해 발생하는 변동으로, 파악이 가능한 수요의 구성요소를 공제할 경우에 남는 부분으로서 총 수요 중 변동의 원인이 규명되지 않는 부분이다.

이러한 수요의 변동을 예측하는 기법은 예측대상이나 목적 등에 따라서 여러 가지로 분류가 가능한데 일반적으로 정성적 기법과 정량적 기법으로 구분한다. 여기서는 정성적 기법에 대해 서술하고자 한다.

정성적 기법은 주로 경영자, 종업원 등 조직내외의 인간이 가진 경험과 이들의 견해에 의존하여 미래를 예측하는 기법으로, 새로운 제품이나 서비스의 도입 시와 같이 과거 자료와 시간이 불충분할 때 흔히 사용되는 장기 전략 계획의 일환으로 이 기법에는 시장조사법, 위원회 동의법, 델파이법, 판매원 평가법, 과거유추법 등이 있다. 위원회 동의법은 여러 전문가들이 전문위원회를 구성하고 전문가들이 자신의 의견을 자유롭게 전달하는 과정에서 일치된 예측결과를 얻는 기법으로 정확도에 있어 다른 정성적 기법들에 비해 뒤떨어지지만 단기간 내에 저렴한 비용으로 예측결과를 얻을 수 있는 이점이 있다. 델파이법은 예측대상과 관련이 있는 사람들의 주관적 견해를 모아, 이를 평가, 검토 및 해석하여 미래를 예측하는 방법으로 대부분의 전문가들이 인정하는 추정치를 비교적 쉽게 얻을 수 있으며 전문가들 간에 상호영향을 미치지 않고 정보를 교환할 수 있으므로 '밴드웨건' 효과를 배제할 수 있다. 하지만 다른 예측기법에 비해 큰 비용이 발생한다는 결점이 있다. 시장조사법은 제품 및 서비스에 대한 시장의 규모나 구조 등에 관한 예측을 하기 위해 우편설문, 전화조사나 면접 등의 기법들을 종합적으로 이용하는 방법으로, 검정결과를 토대로 정확한 수요의 예측이 가능하게 되나 비용과 시간이 많이 소요되는 단점이 있다. 판매원 평가법은 시장수요와 관계가 있는 판매원들에게 개별 담당지역에 대한 수요를 문의하여 총수요를 산출하는 방법으로 개별 예측이 객관적으로 수행된 것이라면 매우 효과적인 조사라고 할 수 있다. 하지만 예측에 많은 시간을 낭비한다면 판매기회가 상실되는 기회손실이 발생한다는 단점이 있고 최근의 판매실적에 지나치게 영향을 받을 가능성이 높다는 점도 문제로 지적된다. 과거 유추법은 예측에 필요한 자료가 불충분한 경우, 기존의 제품과 관련된 자료를 이용하여 신제품 도입의 성패여부를 예측하는 기법으로, 비용이 저렴하지만 기존제품이나 서비스에 관한 자료의 입수 가능성에 문제가 있고 단기보다는 중장기 계획기간을 갖는 예측에 더 적합하다.

1.1.2. 시계열 분석(time series analysis)

경기변동 등의 연구에 사용되고 있다. 통계숫자를 시간의 흐름에 따라 일정한 간격마다 기록한 통계계열을 시계열 데이터라고 하며, 이 계열의 시간적 변화에는 여러 원인에 기인한 변동이 포함되어 있다. 예를 들면, 돌연적인 사건을 원인으로 하는 것(우연변동 또는 불규칙변동), 해마다 똑같이 되풀이되는 계절변동, 또한 오랜 세월에 걸쳐 추세적으로 나타나는 구조변동, 1년 이상의 장기간에 걸쳐 규칙적으로 반복되는 순환변동 등이 있는데, 이들 변동이 복잡하게 혼합되어 하나의 시계열 데이터를 이루고 있다.

연구목적에 따라 특정한 원인에 의거하여 나타나는 변동부분만을 분리하여 추출하거나 또는 소거(消去)하는 일이 필요하게 된다. 이와 같은 통계기술을 사용하는 연구를 시계열분석이라고 한다.

1.2. 시계열 변화의 특성

시계열(time series)이란 일별, 월별, 분기별, 연별 등과 같이 일정한 시간 간격으로 자료를 수집하여 발생순으로 나열한 것을 의미한다.

시계열 변화에는 특성이 있는데, 기본적인 변화과정 패턴을 밟는다는 것이 그 첫 번째이다. 이는 시계열 모델의 예측 대상이 된다. 이에는 일정한 수준(level), 추세(trend), 계절적인 변화(seasonal variation), 경기 순환 변화(cyclic variation), 무작위적인 변화(random variation) 등을 예로 들 수 있다. 두 번째로 시계열은 기본적인 변화 과정의 변혁 패턴을 지닌다. 이는 일시적(transient) 혹은 충동적(impulse) 변화를 지니고 있다. 또한 계층적 변화(step change)와 일정한 수준을 유지하다가 갑작스러운 추세로 돌아서는 일종의 변혁 패턴을 지닌다. 또한 세 번째로 시계열 변화는 제품 수명주기와 예측 모형의 특징을 지닌다. 이는 세 단계의 순서를 거치는데, 우선 첫 번째로는 도입 및 성장단계이다. 이는 추세 모형으로 설명할 수 있고, 다음으로는 성숙기이다. 이는 일정한 수준 예측 모형이라 할 수 있다. 마지막으로 쇠퇴기는 추세 모형으로 설명할 수 있다. 즉, 이는 도입 및 성장단계, 성숙기, 쇠퇴기의 세 단계의 과정을 거치는 모형이라 할 수 있다.

1.3. 기본적 시계열 분석방법

기본적인 시계열 분석방법은 몇 가지가 있다. 첫 번째로는 ARIMA를 설명하고자 한다. 이는 시계열 모형 구축 과정에서 가장 많이 사용되고 있는 방법이다. 이에는 자귀회귀(AutoRegressive) 모형과 이동평균(MovingAverage) 모형이 있다. 우선, 자기회귀 모형은 과거 시점의 시계열 데이터가 앞선 시점에 영향을 미치는 모형이다. 시계열 자체에 대한 회귀 형태를 취하는 모형이기도 하다. 이동평균 모형은 현재와 과거의 백색잡음들에 의해 표현되는 모형이다. 이 두 가지 자기회귀와 이동평균 모형을 합쳤을 때, ARIMA 모형이 성립한다.

또 다른 모형으로는 오차항이 자기상관을 따르는 회귀모형도 있다. 회귀 모형은 가정이 있는데, 일반적인 회귀모형의 가정은 오차항은 항상 평균이 0이고, 분산은 일정하며 오차항들은 서로 독립이거나 상관 관계가 없다는 가정을 지닌다. 그러나 실제적인 시계열 자료의 형태는 위의 가정이 맞지 않는 경우가 많으며, 자료가 독립적으로 추출된다는 가정은 대부분 맞지 않는다. 즉, 관측값이 순차적으로 생성되는 경우 오차항의 상관계수를 자기상관계수라고 하며 오차항이 자기상관계수를 따르는 회귀모형을 적용한다.

세 번째로는 전이함수모형을 들 수 있다. 이는 하나의 시계열 데이터를 분석하기 위해 다른 시계열 데이터들을 이용하는 모형을 뜻한다. 실제 소비는 가격의 변화에 상당히 민감하다. 하나의 출력시계열은 다른 하나의 입력시계열에 의해 설명이 가능하다. 전이함수는 설명변수와 미래 시점의 종속 변수 간의 시간 차이에도 설명이 가능하다. 반면, 일반적인 선형회귀분석은 설명변수와 종속변수로 나뉜다. 두 변수 간의 관계를 설명할 때, 동일 시점의 경우만을 고려한다.

개입모형도 있다. 여기서 개입이란 파업, 자연재해, 정책 변화, 전쟁, 유가 인상 등의 외적인 요인으로 인해 예측하고자 하는 시계열이 받는 영향을 의미한다. 개입이 발생할 경우, 개입에 해당하는 시점의 관측 또는 개입이 일어나기 전후에 해당하는 관측 값들에 비해 월등히 큰 값 또는 작은 값을 갖는 경향이 있다. 개입이 시계열의 정상적인 패턴을 변화시켜 모형 설정을 어렵게 할 수도 있다. 개입에는 두 가지의 종류가 있는데, 그 중 하나는 펄스(pulse) 개입이다. 이는 출력 변수의 수준에 일시적으로 영향을 받는 개입의 형태를 의미하다. 또 다른 하나는 계단(Step) 개입이다. 이는 효과가 지속적으로 유지되는 개입의 형태를 의미한다.

벡터자기회귀모형(VAR)도 있다. 벡터자기회귀모형의 범위는 회귀분석과 유사한 방정식의 체계를 지닌다. 각 방정식은 자기 변수뿐만 아니라 모형 내 모든 다른 변수들의 시차변수도 포함한다. 이는 주로 경제 분야에서 많이 사용되며, 모형이 크지 않아 대부분의 경제 분석에 쉽게 적용 가능하다. 경제 변동의 분석에도 널리 이용된다. 이는 응용 가능성의 범위가 넓다. 시계열 간의 상관 관계와 변수의 외생성 및 인과성 검정에도 응용 가능하며, 이론으로부터 도출된 가설의 검정에도 이용된다. 충격반응함수와 예측오차의 분산분해를 통한 모형의 동태적 구조 및 정책분석에도 응용 가능하다.

구조벡터자기회귀모형(SVAR)은 경제 이론에 근거하지 않은 모형이다. 변수의 선정과 시차의 수가 자의적이다. 구조적인 의미를 갖기가 어려운 문제를 보완하고자 만들어진 모형이다.

1.4. 대칭적 변동성 모형

대칭적 변동성 모형에서의 이분산성 모형은 ARCH와 GARCH로 나뉜다. ARCH는 오차의 이분산성을 고려한 최초의 모형이다. Eagle이 1982년 제안하였다. 시점의 오차항의 분산이 이전 시점들의 오차 값의 선형 결합 식으로 표현을 전제한다. 반면, 기본적 시계열 예측 모형은 백색잡음이 등분산성을 가정한다. ARCH(Autoregressive Conditional Heteroskedasticity) 모형은 조건부 분산을 모형화하고 예측하기 위하여 Engle(1982)에 의해 제시되었다. 이는 오차의 이분산성을 고려한 최초의 모형으로 t시점의 오차항 ε_t의 분산이 이전 시점들의 오차값의 선형 결합 식으로 표현된다는 것으로 ARCH(q) 모형은 다음과 같이 표현한다.

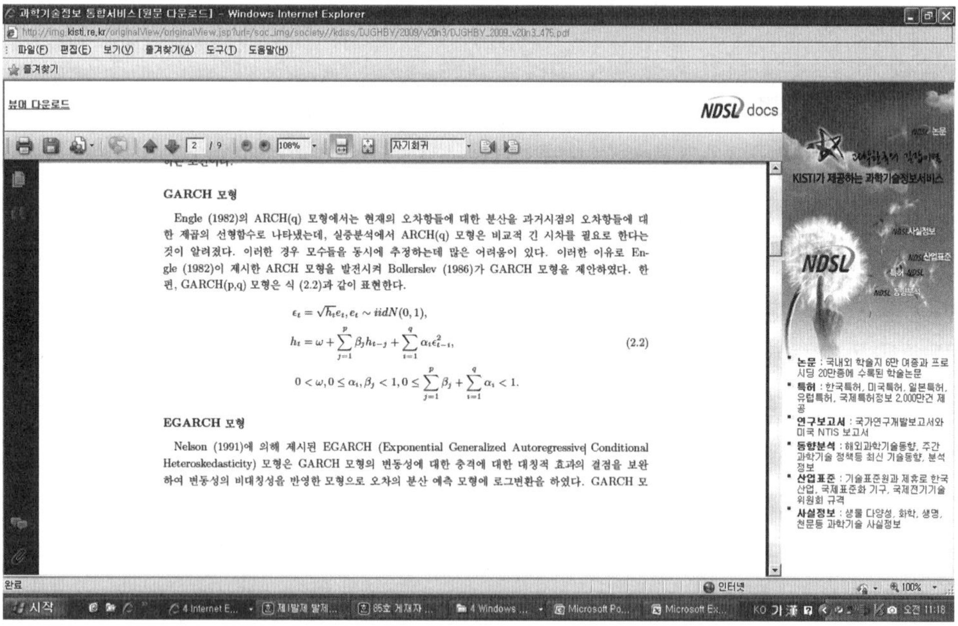

GARCH 모형

Engle (1982)의 ARCH(q) 모형에서는 현재의 오차항들에 대한 분산을 과거시점의 오차항들에 대한 제곱의 선형함수로 나타냈는데, 실증분석에서 ARCH(q) 모형은 비교적 긴 시차를 필요로 한다는 것이 알려졌다. 이러한 경우 모수들을 동시에 추정하는데 많은 어려움이 있다. 이러한 이유로 Engle (1982)이 제시한 ARCH 모형을 발전시켜 Bollerslev (1986)가 GARCH 모형을 제안하였다. 한편, GARCH(p,q) 모형은 식 (2.2)과 같이 표현한다.

$$\epsilon_t = \sqrt{h_t}e_t, e_t \sim iidN(0,1),$$
$$h_t = \omega + \sum_{j=1}^{p}\beta_j h_{t-j} + \sum_{i=1}^{q}\alpha_i\epsilon_{t-i}^2, \quad (2.2)$$
$$0 < \omega, 0 \le \alpha_i, \beta_j < 1, 0 \le \sum_{j=1}^{p}\beta_j + \sum_{i=1}^{q}\alpha_i < 1.$$

EGARCH 모형

Nelson (1991)에 의해 제시된 EGARCH (Exponential Generalized Autoregressive Conditional Heteroskedasticity) 모형은 GARCH 모형의 변동성에 대한 충격에 대한 대칭적 효과의 결점을 보완하여 변동성의 비대칭성을 반영한 모형으로 오차의 분산 예측 모형에 로그변환을 하였다. GARCH 모

GARCH는 Bollerslev가 1986년 ARCH 모형의 모수 추정의 어려움을 해결하기 위해 제안하였다. 경제 시계열에서 변동성 군집으로 잘 알려진 현상을 설명 가능한다. ARCH 모형에 비해 간단한 모수 함수를 제공한다. GARCH 모형은 Engle(1982)의 ARCH(q) 모형에서는 현재의 오차항들에 대한 분산을 과거시점의 오차항들에 대한 제곱의 선형함수로 나타냈는데, 실증분석에서 ARCH(q) 모형은 비교적 긴 시차를 필요로 한다는 것이 알려졌다. 이러한 경우 모수들을 동시에 추정하는데 많은 어려움이 있다. 이러한 이유로 Engle(1982)이 제시한 ARCH 모형을 발전시켜 Bollerslev(1986)가 GARCH 모형을 제안하였다. 한편, GARCH(p, q) 모형은 다음과 같이 표현한다.

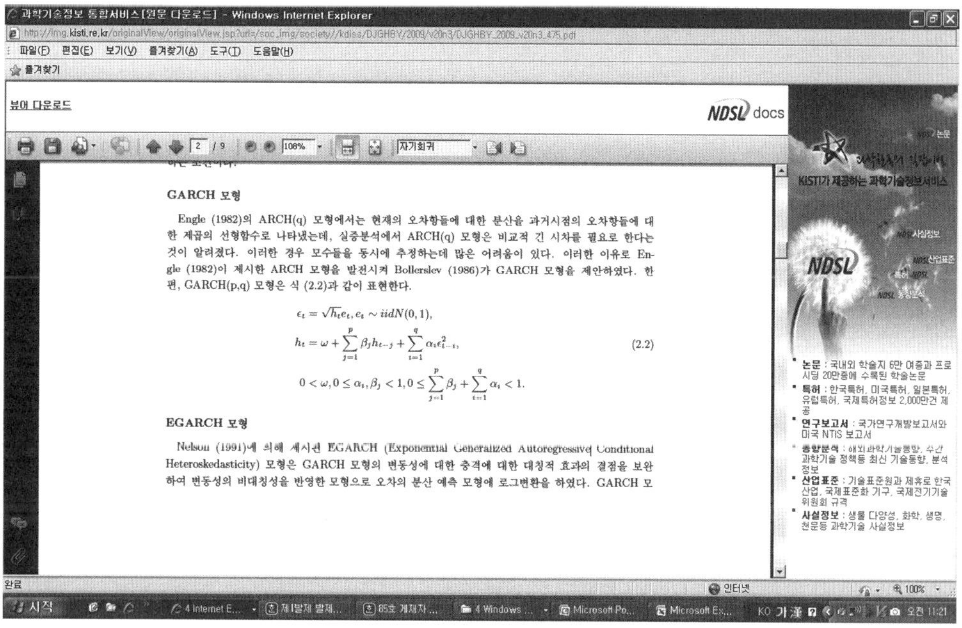

GARCH 모형

Engle (1982)의 ARCH(q) 모형에서는 현재의 오차항들에 대한 분산을 과거시점의 오차항들에 대한 제곱의 선형함수로 나타냈는데, 실증분석에서 ARCH(q) 모형은 비교적 긴 시차를 필요로 한다는 것이 알려졌다. 이러한 경우 모수들을 동시에 추정하는데 많은 어려움이 있다. 이러한 이유로 Engle (1982)이 제시한 ARCH 모형을 발전시켜 Bollerslev (1986)가 GARCH 모형을 제안하였다. 한편, GARCH(p,q) 모형은 식 (2.2)과 같이 표현한다.

$$\epsilon_t = \sqrt{h_t} e_t, e_t \sim iidN(0,1),$$
$$h_t = \omega + \sum_{j=1}^{p} \beta_j h_{t-j} + \sum_{i=1}^{q} \alpha_i \epsilon_{t-i}^2, \qquad (2.2)$$
$$0 < \omega, 0 \le \alpha_i, \beta_j < 1, 0 \le \sum_{j=1}^{p} \beta_j + \sum_{i=1}^{q} \alpha_i < 1.$$

EGARCH 모형

Nelson (1991)에 의해 제시된 EGARCH (Exponential Generalized Autoregressive Conditional Heteroskedasticity) 모형은 GARCH 모형의 변동성에 대한 충격에 대한 대칭적 효과의 결점을 보완하여 변동성의 비대칭성을 반영한 모형으로 오차의 분산 예측 모형에 로그변환을 하였다. GARCH 모

Stochastic Volatility(SV) 모형은 Black & Scholes(1973)가 제시한 잠재 벡터를 통해 관측치의 변동성을 예측한다. 이의 기본 가정은 관측치들의 변동성(분산)은 일정한 패턴을 가지고 있다는 것이다. 이런 패턴을 잠재 벡터를 이용해 표현하는 것을 기본 가정으로 한다. SV 모형과 이분산성 모형과의 가장 큰 차이점은 이분산성 모형이 현재의 관측치의 분산을 이전 관측치의 오차로 표현하는 반면, SV 모형은 관측치들 간의 숨은 패턴으로 표현된다는 점이다.

오차항이 자기상관을 따르는 회귀모형의 기본 식은 다음과 같다.

기본모형 AR(1)모형 $Y_t = \rho Y_{t-1} + \beta_0 + \beta_1 x_t + a_t$

Corchran-Orcutt 방법

$$Y_t = \beta_0 + \beta_1 x_t + \varepsilon_t \qquad \varepsilon_t = \rho\varepsilon_{t-1} + \delta_t \qquad \delta_t \sim N(0,\sigma_\delta^2),\ \mathrm{cov}(\delta_t,\delta_{t+i}) = 0$$

$$Y_t' = Y_t - \rho Y_{t-1} \quad = \beta_0 + \beta_1 x_t + \varepsilon_t - \rho(\beta_0 + \beta_1 x_{t-1} + \varepsilon_{t-1})$$

$$= \beta_0(1-\rho) + \beta_1(x_t - x_{t-1}) + (\varepsilon_t - \rho\varepsilon_{t-1})$$

$$= \beta_0' + \beta_1' x_t + \delta_t$$

2. 시계열분석(Time Series Analysis) 개요

2.1. 시계열분석의 의의

시계열(time series) 자료는 일정간격의 시점에서 변수의 움직임을 측정한 자료이다. 여기서 시점이란 년도(year), 년도 - 분기(year-quarter), 년도 - 월(year-month) 등으로 동일한 간격과 길이가 전제된다.

시계열 자료는 추세(trend), 계절성(seasonality), 특이점(outlier), 변화점(turning point) 등의 측면에서 관찰된다.

- 추세(trend): 추세는 장기간에 걸친 변화 양상을 말한다. 여기서 장기간(long term)이란 4~5년, 10년 내외 등 사례에 따라 다르게 정의된다.
- 계절성(seasonality): 1년을 이루는 자료 값들의 주기적 변동을 말한다. 이에 따라 년도 - 분기(year-quarter), 계열에서는 4개 분기 자료 값이 계절적 패턴을 나타낼 수 있고, 년도 - 월(year-month) 계열에서는 12개월 자료 값이 계절적 패턴을 나타낼 수 있다. 당연하게도, 년도(year) 계열에서는 계절적 패턴이 나타나지 않는다.
- 특이점(outlier): 자료 값의 돌출적 변화를 나타낸다. 특이점은 해당 변수가 외적 요인의 강한 충격을 받아 돌발적으로 움직임으로써 발생한다.

• **변화점**(change/turning point): 시계열 변수의 행태(behaviour)가 바뀌는 시점을 말한다. 시계열의 형태는 추세 또는 계절성 등의 측면에서 관찰되므로 추세의 변화 또는 계절적 패턴의 변화 등이 발생하는 시점을 일컫는다.

한 예를 들어보자. [그림 3-1]은 1970년부터 2004년까지의 분기별 가구당 평균 가계소비지출액을 플롯한 순서도(sequence chart)[1]이다 (파일명: 가계소비지출_Q.sav). 여기서 몇 가지 중요한 특징을 볼 수 있다.

• **추세**(trend): 35년 전체로 볼 때 가계의 소비 규모가 크게 증가하는 모습이다.
• **계절성**(seasonality): 분기별 자료이기 때문에 4를 주기로 변동하는 모습을 그래프에서 확인할 수 있다. 설날을 포함하고 신학기가 시작되는 1/4분기의 소비지출이 다른 분기에 비해 크다.
• **특이점**(outlier): 1997년 4/4분기 1999년 1/4분기까지 계열이 급격하게 내려앉은 모습을 보인다(IMF 외환위기).
• **변화점**(change/point): 2000년 1/4분기 이후 가계소비의 증가세는 둔화된 형태로 바뀌었다.

SPSS에서 순서도는 다음의 절차를 따른다.

[분석] → [예측] → [순서도] → 클릭

1) 순서도는 시계열도표(Time Plot)와 통용된다.

[그림 3-1]과 같이 실행하면 [그림 3-2]의 순서도 대화상자가 나타난다.

[그림 3-1] 순서도 절차

2.2. 시계열 변수 생성(Create Time Series)

[그림 3-2] 순서도 대화상자

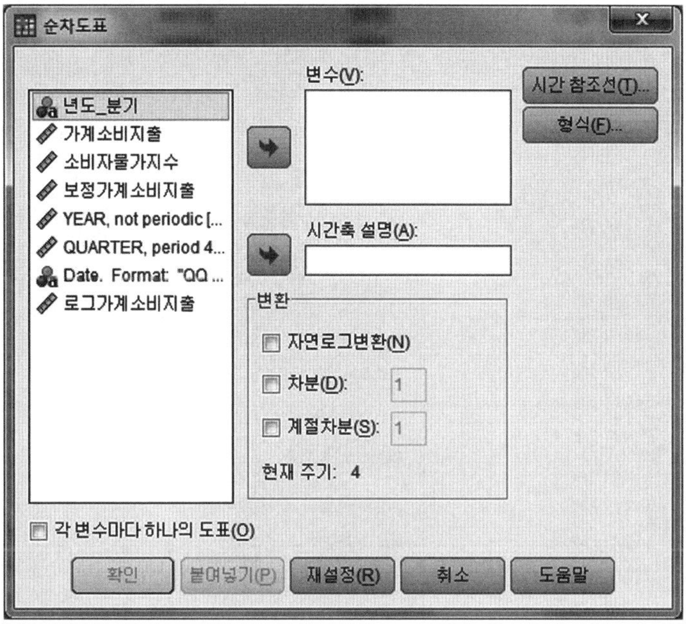

시계열 자료는 변환을 통하여 자료에 내재된 정보가 명확히 드러나는 경우가 많다. 시계열 자료값의 장기적 추세가 선형적이 아닌 경우 로그 변환이 선형적 추세를 보인다면 원 계열은 지수적 추세를 갖는다. 우리나라의 가계소비지출액 계열에 변환을 적용하여 보자(파일명: 가계소비지출_Q.sav).

SPSS에서 다음의 절차를 따른다.

[변환] → [변수 계산] → 클릭

[그림 3-3]과 같이 실행하면 [그림 3-4]의 순서도 대화상자가 나타난다.

[그림 3-3] 변수 계산 절차

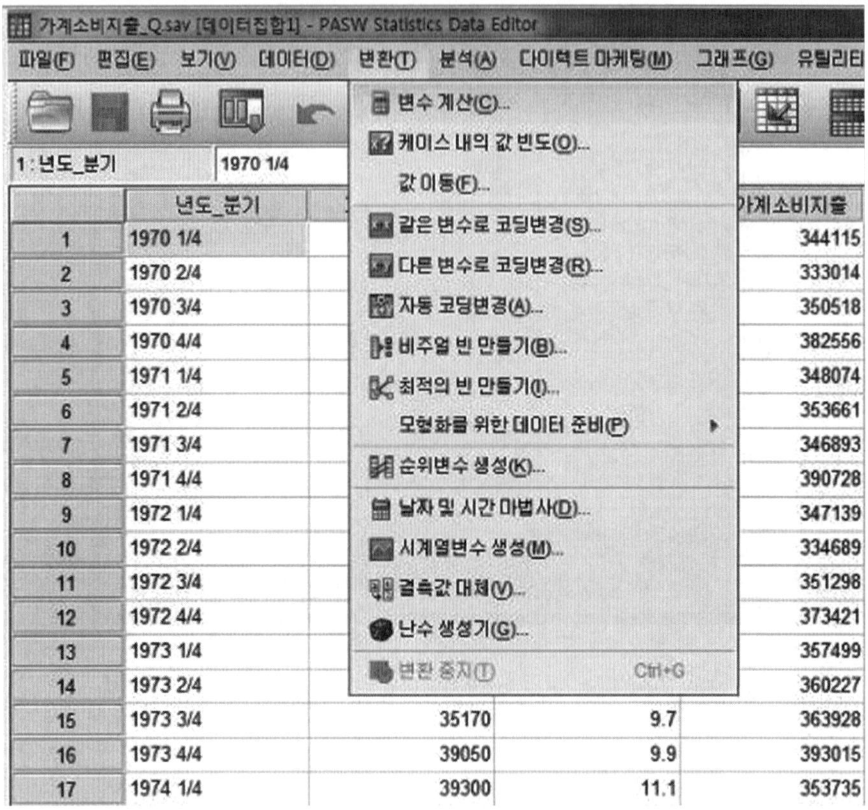

[그림 3-4]과 같이 [대상변수]에 로그가계소비지출을 입력하고, [숫자표현식]에는 LN(가계소비지출)을 선택한다.

[그림 3-4] 변수 계산 대화상자

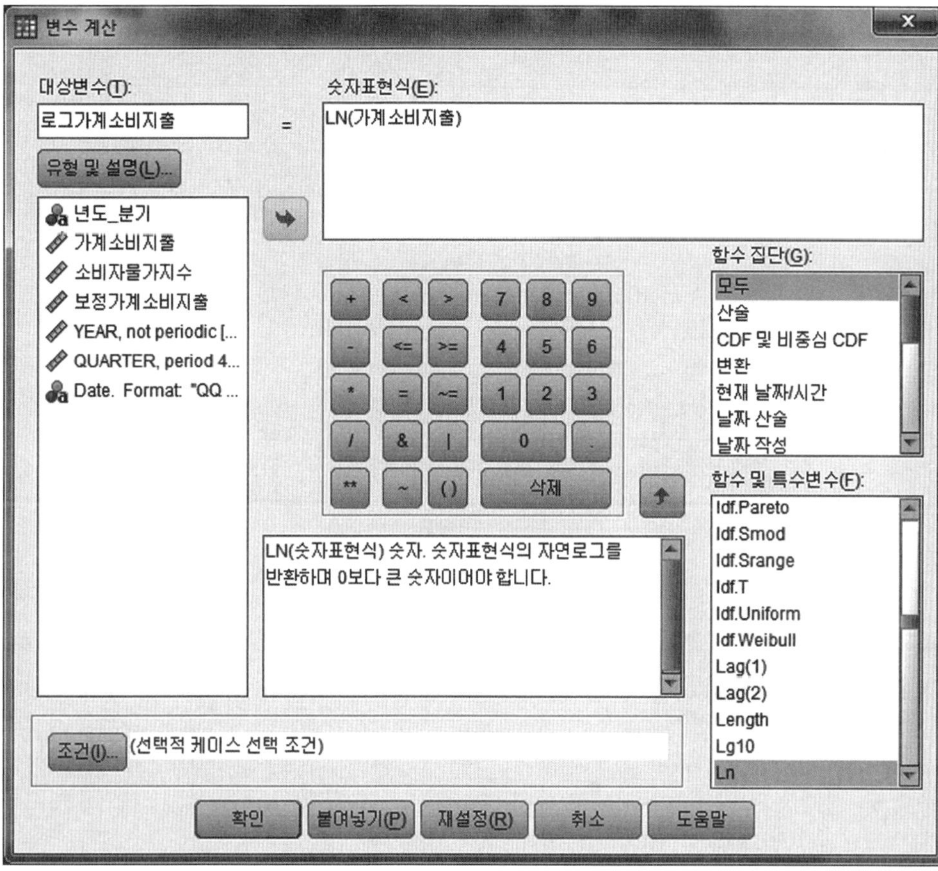

그리고 순서도로 로그가계소비지출을 플롯한다.
다음과 같은 결과를 얻을 수 있다.

[그림 3-5] 순차도표

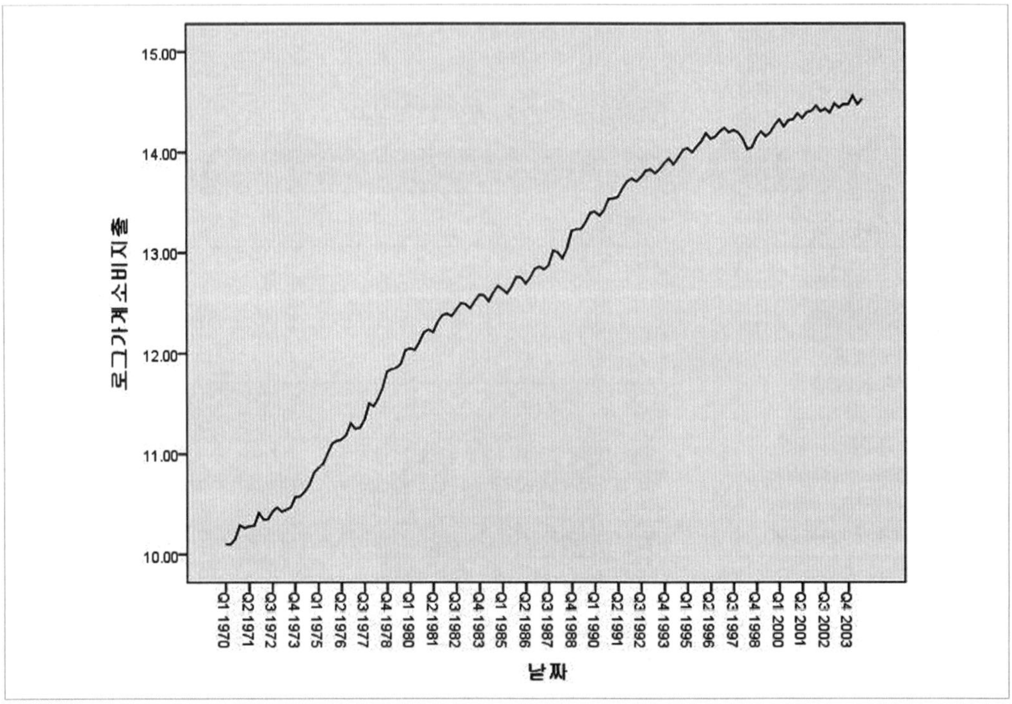

SPSS에서는 그래프의 순서도(Sequence Charts)에서 '자연로그변환(Natural log transform)'을 지정하면 실제 자료값 변환 없이도 로그변환변수의 시계열 플롯을 얻을 수 있다.

자연로그변환의 차분은 원계열의 상대적 변화량(relative change)과 같다. 왜냐하면

$$
\begin{aligned}
\triangle \log(X_t) &= \log(X_t) - (X_{t-1}) \\
&= \log(X_t / X_{t-1}) \\
&= \log\{1 + (X_t - X_{t-1}) / X_{t-1}\} \\
&\simeq (X_t - X_{t-1}) / X_{t-1} = \triangle X_t / X_{t-1}
\end{aligned}
$$

즉 상대적 변화량(relative change)의 의미가 된다. 따라서 자연로그 변환계열이 일정한 기울기를 갖는 직선적 형태를 보이는 경우, 원계열은 변화율(=퍼센트 변동)이 일정한 계열로 볼 수 있다. 때문에, 자연로그변환은 변화율의 추이를 보기 위한 목적으로 활용한다.

[그림 3-5]에서 1983-1985년과 1998년에 소비지출의 성장이 정체되거나 후퇴하였고 2000년 이후 상승세가 둔화되었음을 볼 수 있다.

이제부터 시계열 변환으로 자주 활용되는 몇 가지를 소개한다. 이들은 SPSS에서

[변환] → [시계열변수 생성] → 클릭

에 메뉴화되어 있다.

[그림 3-6] 시계열변수 생성 절차

2.2.1. 차분(Difference)

차분은 전(前)시점대비 증감을 의미하며 비계절형 시계열에 적용된다. 예로서 우리나라의 1인당 전력소비량(1967-2003)에 대한 차분계열을 구해보자(파일명: 전력소비량_1인당.sav). [그림 3-3]과 같이 차분(Difference) 함수를 선택하여 파생계열을 만든다. 파생계열의 변수명은 '전력소비량_1'이다.

2.2.2. 계절차분(Seasonal difference)

계절형 시계열의 경우 계절차분은 전년도 동(同) 분기/월 대비 증감을 의미한다. 예로서 앞에서 다루었던 로그 가구소비지출 계열에 대하여 계절차분을 하고 시계열도표(순서도)를 그려보자(파일명: 가계소비지출_Q.sav). [그림 3-4]는 이를 위한 시계열 변수 생성 대화상자이고 [그림 3-5]는 그 결과이다.

1975년, 1979년, 1989년이 소비지출이 활발하게 증가했던 해이고 1983-1985년에 소비지출의 증가가 둔화되었던 해이며 1998년 급격히 감소한 뒤 2000년 이후 상당히 완만한 증가를 하고 있음을 볼 수 있다.

2.2.3. 사전 이동평균(Prior moving average)

계열 Xt에 대한 너비 s의 사전 이동평균 Pt는 다음과 같이 정의된다.

$$P_t = (X_{t-1} + \cdots + X_{t-s})/s$$

즉 Pt는 시점 t의 가장 가까운 과거 s개 시점에서의 자료값 평균을 말한다.

[그림 3-6]은 KOSPI200 지수의 계산너비 10 사전 이동평균을 계산하기 위한 시계열 변수 생성 대화상자이고 (파일명: KOSPI200_2004)에서 KOSPI200 지수와 사전 이동평균의 시계열도표(순서도)를 확인할 수 있다. 두 계열 간 차이는 이 방법으로 다음 시점의 주가지수를 예측하는 경우 예측오차를 뜻한다. 너비 s가 클수록 변환 계열이 매끄러워지는 경향이 있으나 그 만큼 대상 계열을 후행(後行)하게 된다. 첫 s시점까지는 사전 이동평균이 산출되지 않는다.

2.2.4. 중심화된 이동평균(Moving average)

계열 Xt에 대한 너비 2s+1의 이동평균 Mt는 다음과 같이 정의된다.

$$M_t = (X_{t-s} + \cdots + X_{t-1} + X_t + X_{t+1} + \cdots + X_{t+s})/(2s+1)$$

따라서 Mt는 시점 t의 앞 s개 시점, 동(同) 시점, 뒤 s개 시점에서의 자료값 평균을 말한다.

KOSPI200 지수의 너비 21 이동평균을 계산하기 위한 시계열 변수 생성 대화상자를 열어 KOSPI200 지수와 이동평균의 시계열도표(순서도)를 보게 되면, 너비 2s+1이 클수록 변환 계열이 매끄러워지는 경향(덜 흔들리는 경향)이 있다. 중심화된 이동평균은 대상 계열과 동행(同行)하나 예측기능은 없다. 왜냐하면 처음과 마지막 s시점에서는 이동평균이 산출되지 않기 때문이다.

2.2.5. 이동 중위수(Running medians; 실행 중위수)

계열 Xt에 대한 너비 2s+1의 이동중위수 Rt는 다음과 같이 정의된다.

$$R_t = Median(X_{t-s}, \cdots X_{t-1}, X_t, X_{t+1}, \cdots X_{t+s})$$

따라서 Rt는 시점 t의 앞 s개 시점, 동(同)시점, 뒤 s개 시점에서의 자료값들로 부터 산출한 중위수(median)이다. 이동평균과 마찬가지로, 너비 2s+1이 클수록 변환 계열이 매끄러워지는 경향(덜 흔들리는 경향)이 있다. 이동 중위수는 대상 계열과 동행(同行)하나 예측기능은 없다.

2.2.6. 누적 합(Cumulative sum; 누적 합계)

주어진 계열이 각 시점에서 발생한 득실(gain/loss)의 성격을 갖는 경우 누적합을 구함으로써 순득실(net gain/loss)을 산출할 수 있다. 즉 주어진 계열이 { Xt }t=1,2,⋯ 인 경우 누적합 { St }t=1,2,⋯ 은 다음과 같이 정의된다.

$$S_t = X_1 + \cdots + X_t, \quad t = 1,2,\cdots.$$

2.2.7. 시차(Lag)

시점을 뒤로 움직인 후향(後向) 계열을 생성시킨다. 주어진 계열이 { Xt }t=1,2,⋯ 인 경우 차수(order)가 s 인 시차 계열 { Yt }t=1,2,⋯ 은 다음과 같이 만들어진다.

$$Y_t = X_{t-s}, \qquad t = s+1,\ s+2, \cdots.$$

첫 s 개 시점에서는 시차 값을 구할 수 없다.

2.2.8. 리드(Lead)

시점을 앞으로 움직인 전향(前向) 계열을 생성시킨다. { Xt }t=⋯,T−1, T에 대한 차수(order) s 의 리드 계열 { Yt }t=⋯,T−s−1, T−s은 다음과 같이 만들어진다.

$$Y_t = X_{t+s}, \qquad t = \cdots, T-s-1, T-s$$

마지막 s 개 시점에서는 리드 값을 구할 수 없다.

2.2.9. 평활(Smoothing)

T4253H라는 특수한 복합평활기법을 적용한다. 주어진 계열에 너비 4의 이동중위수를 적용하고 그 결과에 너비 2의 이동중위수를, 그 결과에 너비 5의 이동중위수를, 그 결과에 너비 3의 이동중위수를 적용하고 나서 해닝(hanning)이라는 가중이동평균(가중치=0.25, 0.50, 0.25)을 적용한다. 그리고 원계열과의 잔차를 구한 다음 잔차에 위 과정을 반복하여 최종 잔차 및 최종 평활값을 산출하는 방식의 평활방법이다. 특수한 끝값 처리를 통하여 처음 시점과 마지막 시점에서도 평활값이 산출된다. 평활계열은 대상계열과 동행(同行)한다. 평활계열은 특이점의 영향을 받지 않는다.

2.3. 기술 그래프(Descriptive Graphics)

시계열 자료를 이해하는 데 도움이 되는 몇 가지 기술 그래프(descriptive graphics)를 소개할 것이다. 자기상관(autocorrelation)과 편자기상관(partial autocorrelation), 교차상관(cross correlation), 스펙트럼(spectrum analysis) 등이 그것이다.

2.3.1. 자기상관(autocorrelation)과 편자기상관(partial autocorrelation)

(파일명: 품질특성점수.sav, 계열길이 100)에서 시계열도표(순서도)는 어느 공장에서 출하되는 제품 특성을 일(日)별로 측정한 자료를 플롯한 것이다. 추세가 없으므로 겉보기에는 임의 변동을 하는 것으로 보인다. 자기상관 및 편자기상관은 이와 같이 추세를 갖지 않는 시계열의 특성을 포착하기 위해서 활용된다. 만약 분석 시계열이 추세를 갖는 경우에는 추세를 제거한 잔차계열에 자기상관 및 편자기상관을 고려해야 한다.

시계열 자료 { Xt }t=1,2,⋯, T에 대한 시차 k의 자기상관 γk는 다음과 같이 정의된다.

$$\gamma_k = \frac{\sum_{i=1}^{T-k}(x_i - \bar{x})(x_{i+k} - \bar{x})}{\sum_{i=1}^{T}(x_i - \bar{x})^2}, \qquad k=1,2,3,\cdots.$$

이것은 시차가 k인 자체 계열값 쌍 { (χt, χt+k) }t=1,2,⋯,T-k가 갖는 상관계수이다.

각 계열에 대한 자기상관을 구해보자. SPSS에서

[분석] → [예측] → [자기상관] → 클릭

을 선택하면 자기상관 도표(Autocorrelations) 대화상자가 나온다.

'자기상관 도표 옵션(Options)'의 대화상자에서 자기상관이 0과 구별되는 유의성이 있는지 검정하는 방식을 사용자가 선택할 수 있다.

출력된 자기상관을 보면 시차 1 자기상관이 -0.488인데 이는 유의성 임계값을 벗어난다. 이것은 시차 1로 인접한 값들 { (χt, χt+1) }t=1,2,⋯,T−1이 유의한 음의 상관을 가짐을 말한다. 한편, 산점도는 시차 1 인접값 쌍의 산점도인데 음의 상관을 시각적으로 보여준다. 무엇이 이런 연관성을 초래하는지 탐구해 볼 필요가 있다.

한편, 시계열 자료 { (χt) }t=1,2,⋯,T에 대한 시차 k의 편자기상관(partial autocorrelation) qk는 (χt+1, ⋯, χt+k−1)에 조건화하여 시차가 k인 계열값의 쌍 (χt, χt+k)이 갖는 상관계수로 정의된다. 이것은 χt+k를 결정하는 데 있어 χt+1, ⋯, χt+k−1, χt가 주는 동시적 영향을 평가할 때 χt가 χt+k에 미치는 고유한 영향을 말한다. 시계열이 완전임의(iid) 계열인 경우 qk는 0을 중심으로 일정폭의 밴드 내에 있게 된다.

그리고 출력된 자기상관함수와 편자기상관함수 그래프에서 시차 1, 시차 2, 시차 4 등의 편자기상관이 0으로부터 벗어나 있음을 볼 수 있다.

2.3.2. 교차상관(Cross-correlation)

(파일명: 건설허가기성액.sav)의 두 시계열도표(순서도)는 우리나라 건축허가면적(1997년 7월-2004년 12월)과 같은 기간의 건설기성액(건설실적액)에 대한 것이다. 건축허가면적은 실제 건축에 앞서 허가를 받는 과정에서 나오므로 건설경기를 선행할 것이다. 반면, 건설기성액은 실제 건설경기에 동행할 것이다. 그렇다면 건축허가면적과 건설기성액 사이에는 어느 정도의 시차가 있을까?

한 쌍의 시계열 자료 { (χt,yt) }t=1,2,⋯,T에 대한 시차 k의 교차상관 ck는 다음과 같이 정의된다.

$$c_k = \frac{\sum_{i=1}^{T-k}(x_i-\bar{x})(y_{i+k}-\bar{y})}{\sqrt{\sum_{i=1}^{T}(x_i-\bar{x})^2}\sqrt{\sum_{i=1}^{T}(y_i-\bar{y})^2}}, \qquad k=0,1,2,3,\cdots$$

$$c_{-k} = \frac{\sum_{i=k+1}^{T}(x_i-\bar{x})(y_{i-k}-\bar{y})}{\sqrt{\sum_{i=1}^{T}(x_i-\bar{x})^2}\sqrt{\sum_{i=1}^{T}(y_i-\bar{y})^2}}, \qquad k=0,1,2,3,\cdots.$$

따라서 ck(k=0, 1, 2, 3, ⋯)가 크게 나온다면 이것은 χt와 yt+k가 연관되어 있음을,

c-k(k=0, 1, 2, 3, …)가 크게 나온다면 이것은 χt와 yt-k가 연관되어 있음을 말한다. 이는 SPSS 시계열도표의 교차상관(Cross-correlations) 대화상자를 통해 확인할 수 있다.

교차상관(Cross-correlations) 대화상자에서는 교차상관을 시차의 함수로 보여주고, 교차상관함수를 그래프로 보여준다. 시차 k=0과 6에서 비교적 큰 상관이 나타나므로 동시상관 외에 6개월의 시차를 두고 건축허가면적이 앞서고 건설기성액이 뒤지는 것을 알 수 있다.

2.3.3. 스펙트럼(Spectrum) 분석

스펙트럼 분석은 비추세, 비계절성 시계열에 내재된 주기를 찾아내는 데 목적이 있다. 만약 추세나 계절성을 갖는 시계열이라면 추세와 계절성을 제거한 잔차 계열에 스펙트럼 분석을 적용하게 된다.

예를 들어 보자. (1989년 1월부터 1998년 12월까지의 월별 자료, 파일명: catalog1.sav)의 시계열도표(순서도)는 어느 백화점의 남성복 판매액에 대한 것이다. 연도별로 완만한 상승세를 보이고 있고 동시에 월별 패턴을 나타내고 있다. 이런 경우에는 추세 및 계절효과를 제거한 잔차 계열에 스펙트럼 분석을 적용할 수 있다. 이를 위해 SPSS 시계열분석의 계절분해를 적용하여 잔차 계열을 만들 수 있다. 한편, 남성복 판매액에서 추세와 계절효과를 제거하여 얻은 잔차 계열에 대한 시계열도표(순서도)를 나타낼 수도 있다.

스펙트럼 분석을 하기 위해서는 SPSS에서

[분석] → [예측] → [스펙트럼 분석] → 클릭

을 선택한다. 스펙트럼 도표(Spectrum Plots) 대화상자를 확인할 수 있다.

주기도(periodogram)를 살펴보자. 주기도에서 높은 값을 갖는 주기가 바로 대상 시계열이 내보내는 주기 신호이다. 그런데 주기도는 변동성이 매우 심하므로 주기를 추정해 보기 어렵다. 스펙트럼 밀도함수(spectral density function)는 주기도를 평활한 것으로 주기를 안정적으로 추정할 수 있게 해준다. 그 방법에는 Tukey-Hamming, Tukey, Parzen 등의 방법이 있다. 한편, 스펙트럼 밀도함수를 보자. 대략 4 정도의 주기에서 큰 스펙트럼 값을 가짐을 볼 수 있다. 눈에 잘 보이지는 않지만, 남성판매액이 4년 정도의 주기를 갖는 것이다.

3. 시계열 분석 기법

SPSS는 지수평활, 자기회귀, ARIMA, 계절분해 등 4개의 시계열 분석 기법을 제공한다. 각 기법의 쓰임새는 다음과 같다.

- **지수평활**: 최근 계열 값에 큰 가중치를 부여하고 과거 계열 값에는 시차에 따라 지수적으로 감소하는 가중치를 붙여 최적 단기예측을 해낸다. 추세가 있는 경우와 없는 경우, 추세와 계절성이 모두 있는 경우를 다룰 수 있다.
- **자기회귀**: 시계열 자료로부터 회귀모형을 만드는 경우 오차항의 자기상관에 유의해야 한다. 이에 따라 통상적으로 선형회귀에 쓰이는 보통최소제곱(Ordinary Least Squares) 방법보다는 정확 최대가능도(Exact Maximum Likelihood) 추정, 코크란-오커트(Chochran-Orcutt) 추정, 프레-윈스튼(Prais-Winsten) 추정 등을 활용해야 한다.
- **ARIMA**: 박스-젠킨스(Box-Jenkin)의 자기회귀누적이동평균(AutoRegressive Integrated Moving Average, ARIMA) 모형은 비계절형 및 계절형 시계열, 개입분석 등에 폭넓게 활용되는 강력한 시계열 모형이다.
- **계절분해**: 관측된 계절형 시계열에서 계절성 인수를 추출하고 이를 활용하여 계절성 수정계열을 만드는 데 활용된다.

주요학습용어

- 시계열분석(time series analysis)
- 추세(trend),
- 계절성(seasonality)
- 특이점(outlier)
- 변화점(turning point)
- 시계열 변수 생성(create time series)
- 차분(difference)
- 계절차분(seasonal difference)
- 사전 이동평균(prior moving average)
- 중심화된 이동평균(moving average)
- 이동 중위수(running medians)
- 누적 합(cumulative sum)
- 시차(lag)
- 리드(lead)
- 평활(smoothing)
- 기술 그래프(descriptive graphics)
- 자기상관(autocorrelation)
- 편자기상관(partial autocorrelation)
- 교차상관(cross-correlation)
- 스펙트럼 분석(spectrum analysis)
- 지수평활(exponential smoothing)
- 자기회귀 모형(autoregressive model)
- ARIMA 모형(autoregressive integrated moving average model)

참고문헌

1. SPSS Korea 정기교육 및 SPSS 실습세미나 자료집.
2. 허명회 (2003), 사회과학을 위한 다 변량 자료 분석, 자유아카데미.
3. 박종선 (2005), SAS/SPSS COOK BOOK, 박영사.
4. 송인섭 (2003), 통계학의 이해, 학지사.
5. 홍성열 (2003), 사회 과학도를 위한 기초통계, 학지사.
6. 오댁섭 (2003), 사회과학 데이터분석법, 나남출판시.
7. 정동빈 (2010), SPSS 시계열 수요예측(Ⅰ, Ⅱ), 한나래 아카데미.
8. SPSS 시계열분석(SPSS Time Series Analysis)(허명회, 2009), SPSS Korea (주)데이타솔루션.

4장 요인분석

1. 요인분석(Factor Analysis) 개요
2. 다중집단 요인분석(Multiple Group Factor Analysis)의 개요

4장 요인분석

1. 요인분석(Factor Analysis) 개요

1.1. 요인분석의 의의

요인분석은 여러 변수들 사이의 상관관계를 기초로 정보의 손실을 최소화하면서 변수의 개수보다 적은 수의 요인(factor)으로 자료 변동을 설명하는 다변량 분석기법이다. 연구자의 관심 있는 연구와 관련된 요인이 어떠한 항목으로 구성되어 있는지 잘 모르는 경우에 행하는 분석방법으로서, 요인분석의 요인은 여러 변수들이 공통적으로 가지고 있는 개념적 특징(분산분석의 요인: 단일 변수)과 독립변수와 종속변수가 지정되지 않고 변수들 간의 상호의존 관계를 분석한다.

요인 분석의 목적은 다음과 같다.

① 자료의 양을 줄여 정보를 요약하는 경우
② 변수들을 적절히 조합하는 방법을 찾아내는데 있음
③ 요인으로 묶여지지 않는 중요도가 낮은 변수를 제거하려는 경우
④ 동일한 개념을 측정하는 변수들이 동일한 요인으로 묶여지는지를 확인 (측정도구의 타당성검정)하려는 경우
⑤ 회귀분석이나 판별순석에서 변수로 활용하려는 경우의 예비적 단계

요인분석 시 표본의 수는 적어도 변수 개수의 4~5배가 적당하며, 대체로 50개 이상이 바람직하다. 또한, 분석 데이터는 등간척도나 비율척도 등의 정량적인 자료로 측정된 것이어야 한다.

요인 분석에서 주로 쓰이는 용어는 다음과 같다.

① Barlett의 단위행렬 검정: 모집단에서 변수의 관련성 여부, 즉, '모상관행렬은 단위행렬이다'라는 귀무가설을 검정(단위행렬: 대각선의 모든 원소는 1이고 그 이외의 원소는 0)
② 상관행렬: 행렬형태로 상관정도를 나타내며, 대각선은 모두 1로 나타냄
③ 공통분산(communality): 요인들에 의해 설명되어질 수 있는 변수의 분산의 양을 백분율로 나타낸 것
④ 고유치(Eigenvalue): 각 요인에 의해서 설명되어지는 총분산의 양, 고유치는 각 요인별로 모든 변수의 요인 부하량을 제곱하여 더한 값
⑤ 요인부하량(Factor loading): 변수와 요인사인의 단순상관정도
⑥ 요인행렬(Factor Matrix): 모든 요인과 모든 변수와의 상관관계를 보여주는 행렬
⑦ 요인점수(Factor Score): 추출된 요인에 변수별 응답자별로 선형조합에 대입하여 얻은 값
⑧ Kaiser-Meyer-Olkin(KMO)의 표준적합도(measure of sampling adequacy): 요인분석의 적합성을 검정하는 지수, 높은 값(0.5~1)의 값은 요인분석이 적합한 것을 나타냄

1.2. 요인분석의 절차

1.2.1. 연구문제 확인

연구문제 확인이란 연구문제의 목적을 판단하는 단계이다.

1.2.2. 요인분석 방법선택

변수 간 상관관계를 계산하여 몇 개 차원으로 묶어내는 경우를 R-유형, 응답자들 간의 상관관계를 계산하는 경우를 Q-유형이라 한다. Q-유형은 군집분석과 유사하며 응답자들 간의 관계를 파악하기 위한 분석기법(동질 집단으로 묶어내는 방식)을 의미하며, 반면, R-유형은 변수들을 통해서 쉽게 발견되지 않은 잠재요인을 발견하는 분석(보통 사회과학분야에서의 요인유형), 변수들 간 관계를 파악하기 위해 사용되는 분석기법이다.

1.2.3. 요인분석의 가정

• 자료가 요인분석에 적합한가에 대한 검토방법

① 상관행렬의 상관계수 확인: 0.3이상을 보이는 변수군에서 요인분석이 가능, spss에는 잔영상관행렬(anti-image correlation matrix)에서 각 변수간에 공통분산을 제거한 후 변수의 고유분산과 오차분산만을 대상으로 계산한 편상관행렬을 의미하는데 큰 잔영상관행렬값은 요인분석

에 적합하지 않은 정도를 나타냄

② 바틀렛의 단위행렬 점검: 요인분석에 사용될 모상관행렬이 KMO의 단위행렬인지를 검정해보아야 함 이를 위해서 바틀렛 검정과 표본적합도를 이용함, 바틀렛은 변수들이 서로 독립적인지 아닌지를 파악하는 가장 편리한 방법, '모상관행렬은 단위행렬이다'라는 귀무가설을 검정할 수 있음, 통계적으로 유의하면 요인분석을 시도해 볼 가치가 있음을 나타냄 전체변수에 대한 표본적합도는 KMO통계량을 이용하여 이 귀무가설이 기각되어야 변수들의 상관관계가 통계적으로 유의하다고 볼 수 있어 요인분석을 적용할 수 있음

표본적합도는 0.6이상이어야 이상적이며 0.9이상이 매우 이상적임

③ 최초요인 추출단계에서 얻은 고유치(eigen value)를 스크리차트(scree chart)에 표시하였을 때, 지수함수분포와 같은 곡석이 나타나면 요인분석에 적합하지 않고, 반대로 한 곳이상에서 크게 꺾이는 곳이 있어야 요인 분석에 적합함

1.2.4. 요인추출모형 선택

요인추출모형에는 PCA(principle component analysis), CFA(common factor analysis), ML(maximum likelihood), GLS(generalized least square) 등이 있으나 PCA(주성분분석)방식이나 CFA(공통요인분석)방식이 널이 이용되고 있다. PCA와 CFA의 차이점은 측정결과 얻어진 자료에 나타난 분산구성요소 가운데 어떤 분산을 분석의 기초로 이용하는가에 있다. 분산은 다른 변수들과 공통으로 변하는 공통분산(common variable), 변수자체에 의해서 일어나는 특정분산(specific variable), 그리고 자료 수집과정에서의 신뢰성 부족, 기타의 외생변수나 측정오류에 의하여 발생하는 오류분산(error variance)으로 나뉜다.

PCA방식은 정보의 손실을 최소화하면서 보다 적은 수의 요인을 구하고자 할 때 주로 이용되며, 자료의 총분산을 분석한다. 한편, CFA방식은 변수들 간에 내재하는 차원을 찾아냄으로써 변수들 간의 구조를 파악하고자 하는데 목적이 있다. 총분산에서 공통분산이 차지하는 비율이 크거나, 자료의 특성에 대하여 아는 바가 없으면 CFA방식을 선택하는 것이 좋다.

1.2.5. 요인회전 방법 선택

변수들이 여러 요인에 대하여 비슷한 요인부하량을 나타낼 경우, 변수들이 어느 요인에 속하는지를 분류하기 힘들기 때문에 변수들의 요인부하량이 어느 한 요인에 높게 나타나도록 하기 위하여 요인축을 회전시킨다. 회전방식은 크게 직각회전과 비직각회전으로 나뉘며, 회전 후 변수들이 두 집단으로 나뉘는 형태는 회전 전보다 더 명확하다.

1.2.6. 요인의 타당성 확인

요인의 타당성 확인에서는 최초요인을 추출한 뒤 회전시키지 않은 요인행렬로부터 몇 개의 요인을 추출해야 할 것인가를 결정한다. 요인수를 결정하는 방법에는 연구자가 임의로 요인의 수를 미리 정하는 것 이외에 세 가지 정도로 설명할 수 있다.

① 고유치 기준
② 공통분산의 총분산에 대한 비율
③ 스크리 검정
④ 요인부하량 산출

1.2.7. 요인 결정과 종합 척도 개발

요인이 결정되면 연구자는 요인에 대한 명칭을 부여하고 회귀분석이나 판별분석 등 사후분석을 실시할 수 있다.

• 변수와 요인을 처리하는 3가지 방법

① 대리변수 : 요인행렬표에서 가장 큰 요인부하량을 보이는 변수, 즉 요인을 대표하는 변수를 대리변수(surrogate variable)화하여 이용할 수 있음, 대리변수를 사용할 경우 변수에 대한 사전적인 지식이 충분히 있어야 함. 대리변수를 사용할 경우 복잡한 결과의 연관성을 설명하기에 하나의 대리변수로는 역부족인 경우가 발생할 수 있음. 만약 여러 개의 변수가 높은 부하량을 보이는 경우 일방적으로 하나의 변수를 대리변수화하는 경우 정보의 손실을 감수해야만 함.

② 요인점수 계산 : 각 표본대상자의 변수별 응답을 요인들의 선형결합으로 표현한 값.

③ 총합척도 : 여러 개의 개별 변수들을 단일 합성수치(composite measure)화하는 것. 측정된 모든 변수의 고유 측정오차를 극복하기 위한 방법을 제공하며 단일측정치로 개념에 대한 다차원적인 측면을 대표할 수 있게 함.

• 총합척도 개발에 있어서 고려할 점

① 개념적 정의: 연구의도를 적절하게 나타내는 개념으로 정의

② 차원성: 어떤 개념을 나타내는 각 항목들이 단일차원을 보이며 각각의 변수는 서로 밀접하게 관련되어 있어 단일개념으로 표현할 수 있어야 함

③ 신뢰성: 타당성에 앞서 신뢰성을 만족시켜야함

④ 타당성

2. 다중집단 요인분석(Multiple Group Factor Analysis)의 개요

최근 심리학, 광고, 의료, 스포츠, 경영분야에서 조절효과(moderate effect)를 확인하거나 교차타당성 여부를 제시하기 위한 방법으로 집단분석을 통한 분석결과를 제시하는 경우가 많다.

다중집단 분석에는 다중집단 요인분석과 다중집단 구조방정식 분석 등이 있는데 요인분석 과정에서 집단별로 요인분석을 하는 것을 다중집단 요인분석(Multiple group factor analysis) 이라 한다. 실제로, 여러 집단이 섞여있는 응답결과를 요인분석하다 보면 실제 결과와 전혀 다른 방향으로 해석될 가능성이 커 각 집단별 분석이 보다 정확한 방법이 될 수 있는 것이다.

다중집단 요인분석에서는 일반적으로 카이스퀘어 검정, 비교적합지수를 통해 모형을 비교한다. 그리고 다중집단 요인분석을 위해서는 제한조건을 모수나 요인점수가 집단마다 동일하다는 제한조건을 설정할 수 있다.

2.1. 다중집단 요인분석의 예제

수업시간에 사용한 CFA 데이터를 남자 데이터와 여자 데이터로 나눈 다음에 모델을 그리고 두 데이터를 사용해 집단을 지정한 다음 아래에 기술된 단계에 다중집단 요인분석을 실행한다.

이때, [표 4-1]에 나타난 대로 다중집단 분석 대화상자에서 모델 유형을 지정해야 한다.

[표 4-1] 다중집단 요인분석의 모델 유형

모델 유형	설명
모델 1. Measurement Weight (측정가중치)	측정모형에서 회귀계수 또는 요인분석에서 요인 부하량이 동일하다고 제한
모델 2. Structural Covariance (구조공분산)	모델 1의 내용을 포함(측정가중치가 동일) 하고 구조 공분산이 동일하다고 제한
모델 3. Measurement Residual (측정잔차)	모델 1, 2에 표시된 것을 포함해서 측정모형의 잔차가 집단간에 동일함을 제한

즉, 모델 1부터 모델 3까지 이전의 모델에서 제한한 것을 다음 모델에서도 제한하는 둥지 모델을 만든다. 첫째, 요인 부하량은 모든 집단에 동일하고 요인분산과 공분산 또한 동일하다. 마지막으로 잔차 분산이 동일함을 나타내는 것이다.

이러한 과정을 거치면 앞서 그린 모델이 다음과 같이 표시된다.

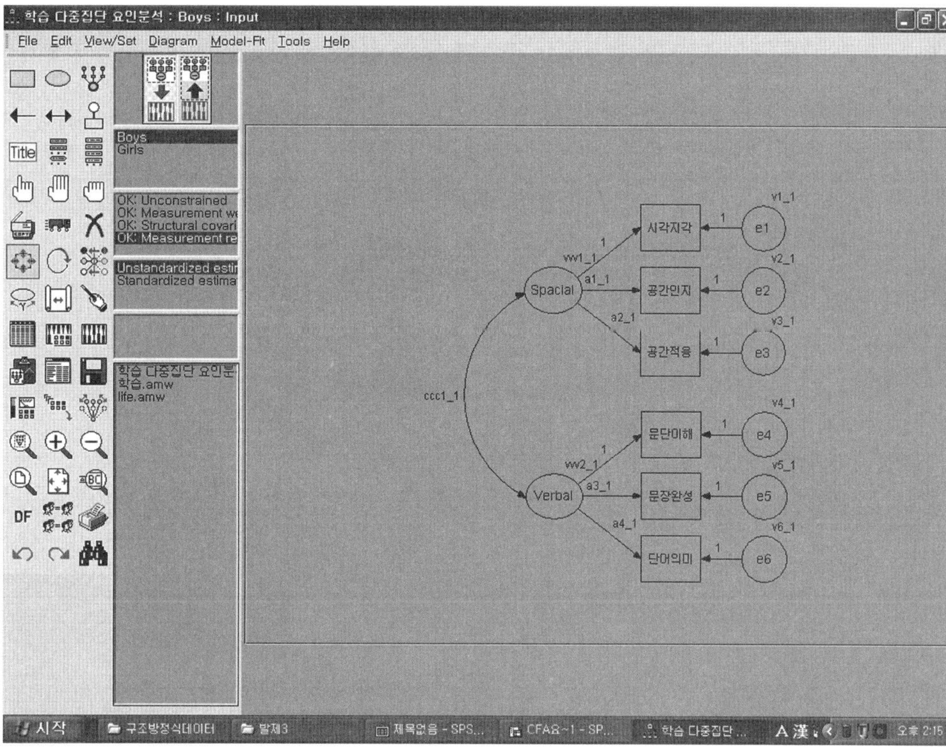

그리고 다음 실행을 하면 다음과 같은 결과를 얻게 된다.

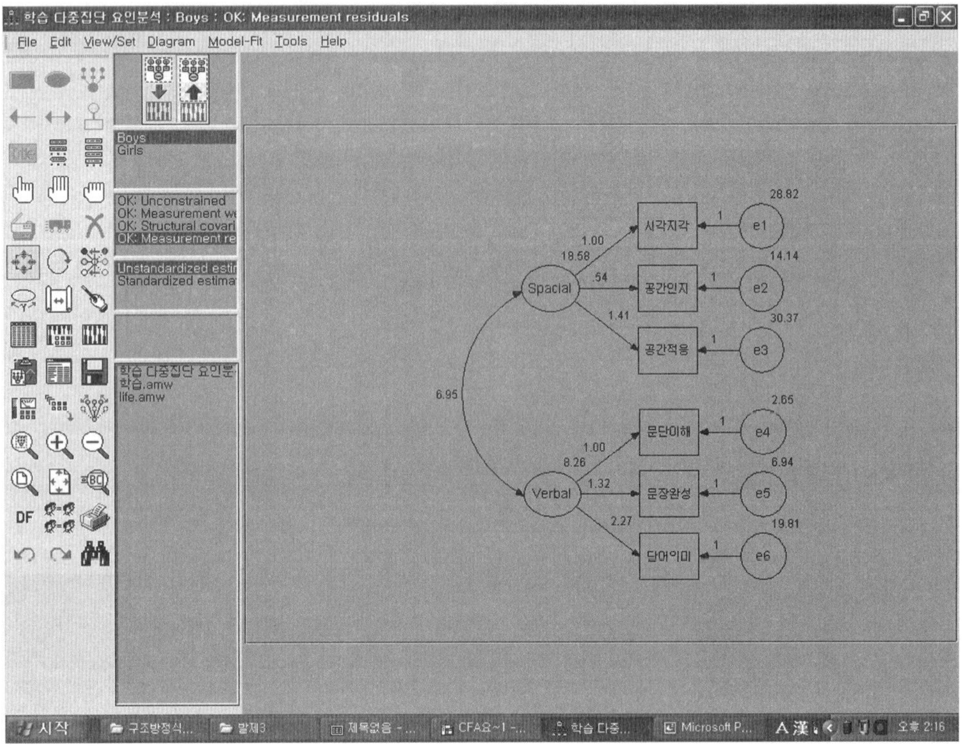

2.2. 다중집단 요인분석의 결과해석

앞서 제약을 한 세 가지 모형 즉, 요인 부하량이 남녀 집단에 동일하고 요인분산/공분산 및 잔차 분산 또한 동일하다고 가정한 귀무가설이 채택됨을 알 수 있다.

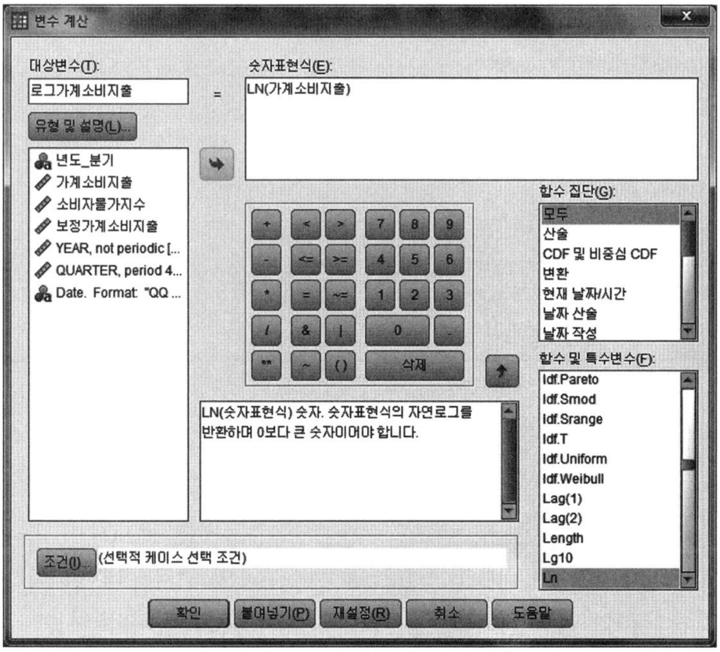

적합도 지수(GFI, Goodness of Fit Index)와 조정된 적합도 지수(AGFI, Adjusted GFI)가 0.9이상임을 볼 때 모델의 전반적인 부합도를 평가하는 지수는 높다.

그러나 모형의 복잡성과 객관성의 차이를 비교하는 간명적합지수; PGFI(Parsimonious GFI, 0.6이상이어야 우수한 모형), RMR(Root Mean-square Residual, 원소 간 평균차이, 0.05이하가 최적의 모형)을 볼 때 모형이 적합하지 않음을 알 수 있다.

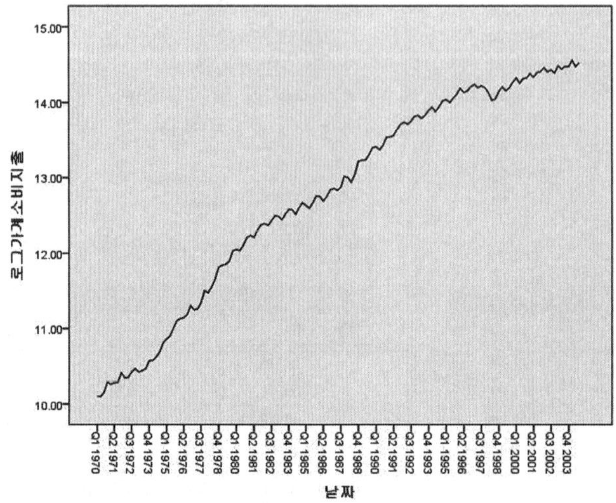

AIC(Akaike Information Criterion)와 BCC수치를 볼 때 최적 모델이 아니라는 매우 강한 증거가 있음을 알 수 있다(0~2일 때 최적모형, 10 이상이면 매우 강하게 최적모형이 아님).

주요학습용어

- 요인분석(factor analysis)
- 요인(factor)
- Barlett의 단위행렬 검정
- 공통분산(communality)
- 교유치(eigenvalue)
- 요인부하량(factor loading)
- 요인행렬(factor matrix)
- 요인점수(factor score)
- Kaiser-Meyer-Olkin(KMO)의 표준적합도(measure of sampling adequacy)
- 잔영상관행렬(anti-image correlation matrix)
- PCA(principle component analysis)
- CFA(common factor analysis)
- ML(maximum likelihood)
- 대리변수(surrogate variable)
- 합성수치(composite measure)
- 조절효과(moderate effect)
- 적합도 지수(GFI, Goodness of Fit Index)
- 조정된 적합도 지수(AGFI, Adjusted GFI)

참고문헌

1. SPSS Korea 정기교육 및 SPSS 실습세미나 자료집.
2. 허명회 (2003), 사회과학을 위한 다 변량 자료 분석, 자유아카데미.
3. 박종선 (2005), SAS/SPSS COOK BOOK, 박영사.
4. 송인섭 (2003), 통계학의 이해, 학지사.
5. 홍성열 (2003), 사회 과학도를 위한 기초통계, 학지사.
6. 오택섭 (2003), 사회과학 데이터분석법, 나남출판사.

5장 군집분석·판별분석

1. 군집분석(Cluster Analysis) 개요

2. 판별분석(Discriminant Analysis)의 개요

5장 군집분석·판별분석

1. 군집분석(Cluster Analysis) 개요

1.1. 군집분석의 의의

관찰이나 실험들을 통해 얻은 개체들을 분류한다는 것은 과학적 연구의 가장 기본이 되는 목표중의 하나이다. 각각의 개체들이 어떤 의미의 조밀성을 가지고 군집(cluster)을 이루고 있는지에 대한 정보는 다변량 자료의 구조를 이해하는데 매우 중요한 의미를 가지게 된다.

여기서 같은 군집에 속한 개체들 사이에는 어떤 종류의 상사성(相似性, 가까움)이 존재하는 것을 상정하고, 서로 다른 군집에 속한 개체들 사이에는 비상사성(非相似性, 거리감)이 존재하는 것을 상정하게 된다.

- 같은 군집 – 상사성 상정
- 다른 군집 – 비상사성 상정

군집분석이란 군집의 개수, 내용, 구조 등이 완전히 알려지지 않은 상태에서 개체 사이의 상사성 또는 비상사성(거리)에 근거하여 군집을 형성하고 형성된 군집의 특성을 파악하여 군집들 간의 관계를 분석하는 것으로 일종의 탐색적 통계분석이다.

군집분석(Cluster analysis)은 다수의 대상들(소비자, 제품, 기타)을 그들이 소유하는 특성을 토대로 유사한 대상들끼리 그룹핑하는 다변량 통계기법이다. 군집분석에 의해 두 개 이상의 그룹이 형성되며 각 그룹을 군집(cluster)이라 부른다. 군집분석의 핵심은 군집내의 구성원들은 가급적 유사하게 그리고 군집들 간에는 가급적 상이하게 대상들을 그룹핑하는 데 있다.

1.2. 군집분석의 유형

군집의 유형에는 다음의 몇 가지로 나눌 수 있다.

① 상호배타적 군집 : 각 개체가 상호배반적인 여러 군집들 중 하나에 속함
② 계보적 군집 : 한 군집에 다른 군집에 포함되나 군집간의 중복이 허용되지 않고 계보형식의 나뭇가지와 같은 구조를 취한다.
③ 중복군집 : 한 개체가 두 개 이상의 군집에 속함
④ 퍼지(fussy)군집 : 각 개체가 어떤 군집에 속할 확률을 자료로 표시

1.3. 군집분석의 어려운 점

군집분석에 있어 어려운 문제 중의 하나는 다음 그림에서처럼 군집의 형태가 다양하다는 점이다.

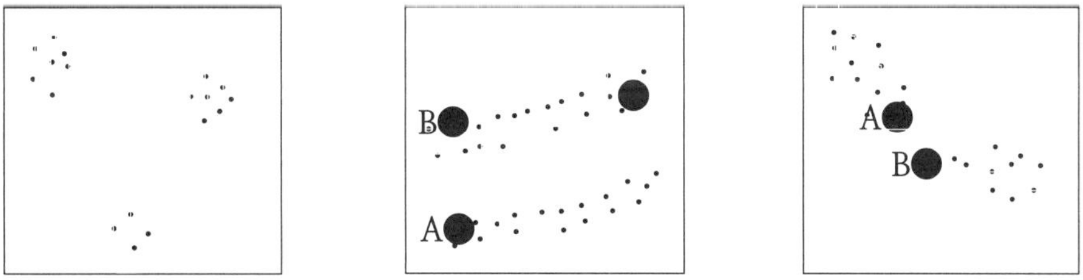

(a) (b) (c)

(a) 군집이 구형인 경우	군집방법이 만족할 만한 결과 제공
(b) 군집모양이 긴 경우	개사이의 거리를 단순 유클리드거리로 측정하면 잘못된 결과 제공. B는 C와 같은 군집에 속하는 데에도 A와 가깝다고 판정할 수도 있음.
(c) 군집모양이 연결되는 경우	A와 B는 서로 다른 군집이지만 두 군집 사이의 고리역할을 하므로 하나의 군집으로 판정할 수도 있음.

1.4. 상사성의 척도

군집분석을 수행하기 위해서는 우선 개체들 사이의 상사성 혹은 비상사성의 정도를 재는 기준척도가 필요하다. 대부분의 군집방법들은 주어진 개체들 사의 상사나 비상사의 관계를 개체들 간의 '거리'를 활용하여 측정한다. 거리가 가까우면 상사성이 큰 것을 의미한다.

두 개의 p-차원 관찰벡터 $X_i = (X_{i1}, X_{i2}, \ldots X_{ip})$

$X_j = (X_{j1}, X_{j2}, \ldots X_{jp})$

사이의 거리를 $d_{ij} = d(X_i, X_j)$

Minkowski거리 $d_{ij} = d(X_i, X_j) = [\sum_{k=1}^{p} X_{ik}-X_{jk}{}^{m}]^{1/m}$

1.5. 계보적 군집방법

N개의 다변량 관찰값들로부터 얻은 거리행렬 D를 가지고 시작하는 계보적 군집방법은 두 방법이 있다.

- 병합적 군집방법: 가까운 개체들끼리 묶어가는 방법.
- 분할적 군집방법: 먼 개체들을 나누어가는 방법.

두 군집 C1, C2 사이의 거리를 연결하는 데는 다음과 같은 방법이 있다.

- 최단연결법: 고립된 군집을 찾는데 유용하며 수리적인 면이 우수하며 컴퓨터 처리시간이 빠른 장점을 갖는다.
  d{(C1)(C2)}=min{d(x, y) x∈C1, y∈C2}
- 최장연결법: 군집들의 응집성에 중점을 두는 연결법
  d{(C1)(C2)}=max{d(x, y) x∈C1, y∈C2}
- 중심연결법: 두 군집의 중심(평균)간의 거리를 사용하는 연결법
  d{(C1)(C2)}=P(X1,X2)

1.6. 최적거리 군집방법

계보적인 방법으로 군집을 형성하지 않고 관찰값들을 몇 개의 군집으로 구분시키는 방법이다. 이와 관련된 방법들은 통상적으로 미리 규정된 판정기준을 최적화시키도록 시도하고 있으며 많은 연구자에 의해 군집의 개수가 미리 결정되어 있다. 이 방법은 크게 다음과 같은 두 가지 절차를 따르고 있다.

첫째, 군집의 초기값을 규정하여 결정된 초기군집에 개체들을 할당한다.
둘째, 군집의 일부 또는 전부 개체를 최적분리에 이를 때까지 재할당한다.

W를 군집내 산포행렬, B를 군집간 산포행렬, T를 전체산포행렬 하면,

$$W = \sum_{j=1}^{g}\sum_{j=1}^{N}(X_{ij}-X_i)(X_{ij}-X_i)$$

$$B = \sum_{j=1}^{g}N_i(X_{ij}-X_i)(X_{ij}-X_i)$$

$$T = W + B = \sum_{j=1}^{g}\sum_{j=1}^{Ni}(X_{ij}-X_i)(X_{ij}-X_i) + \sum_{j=1}^{g}N_i(X_{ij}-X_i)(X_{ij}-X_i)$$

T는 고정되므로 B와 W의 관계로부터 집단내 산포행렬에 비해서 집단간 산포행렬의 흩어짐이 크도록 하는 판정기준을 생각할 수 있다. 초기값이 결정된 후에 군집내 산포도의 합이 최소가 되도록 주어진 개체들을 재할당하는 과정을 통해 구해진다.

$$\psi(a) = (1/N)\sum_{j=i}^{N}\min\{(X_j-a_i)(X_j-a_i);1\leq i\leq g\}$$

1.7. 중복군집방법

군집의 형태 중에는 군집들이 상호배반적이지 않고 서로 겹치는 부분이 있어 한 개체가 두 개 이상의 군집에 속함을 허용하는 것이 더욱 타당한 경우들이 있다. 예를 들어 언어학에서 어떤 단어들은 여러 가지 의미들을 가지고 있고 몇 개의 어원집단에 동시에 속할 수 있는 경우가 있다. 이와 같은 경우에 개체들에게 소속집단의 중복을 허용하는 중복(clump)군집방법들 중 대표적인 방법으로 Jardine & Sibson의 B_{k}_중복군집방법이 있다.

수준이 h이고 개수가 k인 경우 MCS(Maximal Complete Subgraph)가 중복의 핵(nuclei of clumps)이 된다.

MCS는 $d_{ij} = d(X_i, X_j) \le h$인 개체 X_i와 X_j들을 연결하여 꼭짓점과 변으로 이루어진 그래프를 의미한다.

1.8. 퍼지군집방법

주어진 개체들을 몇 개의 집단으로 분리하는 군집방법에서는 각 개체가 오직 하나의 집단에만 소속된다. 그러나 이러한 방법은 지나치게 문제를 단순하게 취급하는 경향이 있다. 개체들 중에는 어떤 특정집단에 소속되는 것들이 분명한 것들도 있고 불분명한 것들도 있을 수 있다. 따라서 이는 개체들에 대하여 소속 함수(membership function)를 대응시켜 특정집단에 소속하는 수준을 나타내는 형식으로 군집하는 방법이다. 따라서 이와 같은 군집은 상호배반적, 계보적, 중복형식 등의 어떤 형태를 취할 수 있을 것이다.

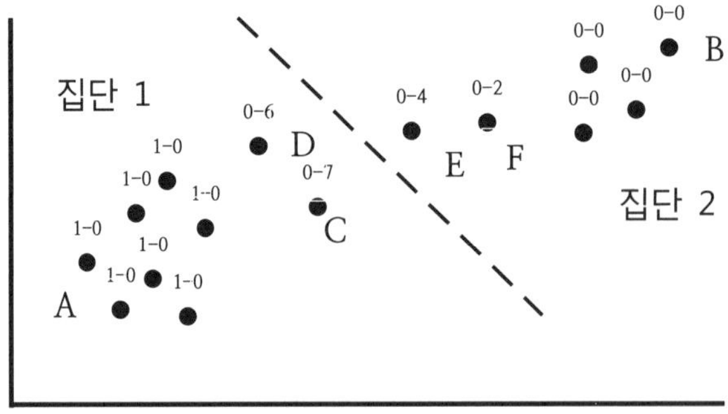

위 그림에서 각 개체에 부여된 숫자들은 집단 1에 대한 소속확률을 나타낸다. 여기에서 개체 A나 B는 각각 확률 1.0과 0.0을 가지므로 소속집단이 분명하나, 개체 C, D, F는 불분명한 경우로써 C, D는 집단 1로 구분되었으며 E, F는 집단 2로 구분되고 있다.

1.9. 군집분석의 자료

군집분석을 위해 가장 흔히 사용하는 자료는 간격척도 혹은 비율척도로 측정된 거리값(distance measures)이다.

대부분의 군집분석은 거리로 나타낸 값들을 대상으로 이루어진다. 거리의 종류에는 Euclidean 거리, 제곱 Euclidean 거리, 도시블럭 거리, Minkowski 거리 등이 있다.

Euclidean거리는 두 지점간의 거리를 계산할 때 직각 삼각형의 원리를 이용하는 것이다. (단일결합법, 완전결합법 혹은 평균결합법, Ward법)

Euclidean 거리 = $\sqrt{(x_2 - x_1)^2 + (y_2 - y_1)^2}$

제곱 Euclidean거리 = $(x_2 - x_1)^2 + (y_2 - y_1)^2$

1.10. 군집의 추출방식

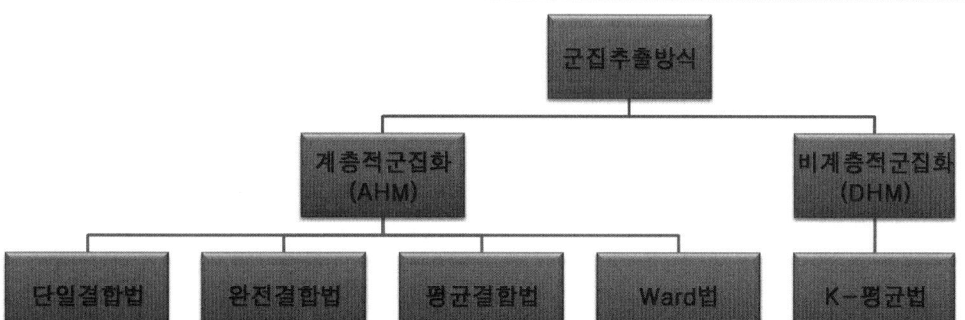

1.10.1. 계층적군집화

(1) AHM(agglomerative hierarchical method): 가까운 대상끼리 순차적으로 묶어가는 방법

(2) DHM(devisive hierarchical method): 전체 대상을 하나의 군집으로 출발하여 개체들을 분할해 나가는 방법

• AHM(agglomerative hierarchical method): 단일결합법, 완전결합법, 평균결합법

가까운 군집들이 차례로 군집화된다는 점에서는 같으나 군집의 거리를 계산할 때 어느 점을 기준으로 하는가에 차이가 있다.

① 단일결합법: 최단거리를 기준B와 c가 결합하여 BC군집 형성 → BC군집과 최단거리 기준으로 BC군집으로부터 A까지의 거리는 2, 한편 D와 E의 거리는 1.5, 따라서 두 번째로 D와 E가 결합되며 DE의 군집이 이루어짐 → BC군집과 A의 거리는 2이나 BC군집과 DE군집의 거리는 2.5, 따라서 BCA 군집 형성 → BCA의 군집과 DE의 군집 형성

② 완전결합법: 최장거리를 기준, BC군집과 A의 거리는 3이며 BC군집과 DE군집의 거리는 5이다.

③ 평균결합법: 한 군집의 모든 구성원들로부터 다른 군집의 모든 구성원들까지 거리의 평균을 기준, BC군집과 A의 거리는 2.5(=2+3/2)이며, BC군집과 DE군집의 거리는 3.75(=3.5+5+2.5+4/4)이다

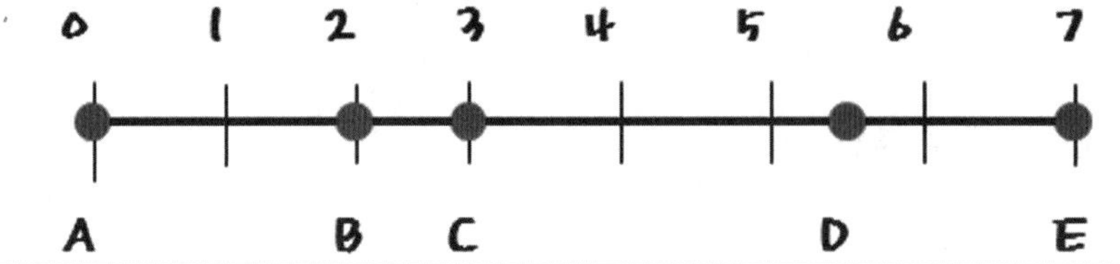

	A	B	C	D
B	2.0			
C	3.0	1.0		
D	5.5	3.5	2.5	
E	7.0	5.0	4.0	1.5

④ Ward법: 최단거리 기준으로 군집화하는 것은 세 방법과 동일하나 군집간의 거리를 계산하는 방식이 다르다. 두 군집간의 거리는 '두 군집에 속한 각 구성원(대상)이 평균으로부터 떨어진 정도, 즉 "편차"의 제곱을 그 군집을 구성하는 대상들에 걸쳐 합한 것'이다.

4개에서 두 개씩 추출할 수 있는 조합의 수는 6개이다. 6개에 조합 각각에 대한 편차의 제곱값의 합계를 계산하면 다음과 같다.

AB=(0-1)2+(2-1)2=2

AC=(0-1.5)2+(3-1.5)2=4.5

AD=(0-2.75)2+(5.5-2.75)2=15.125

BC= .... BD=.... CD=....

편차 제곱값의 합계 6개 중 가장 짧은 거리를 갖는 B와 C가 결합하여 BC의 군집 형성된다. BC는 하나의 군집이 되었으므로 다음과 같이 새로운 군집들에 대해 편차의 제곱값의 합계가 계산된다.

ABC=(0-1.67)2+(2-1.67)2=4.667

BCD=(2-3.5)2+(3-3.5)2+(5.5-3,5)2=6.5

따라서, BC군집에 가장 가까운 거리를 갖는 A가 결합되어 ABC군집 형성되며, ABC군집에 D가 결합되어 ABCD군집이 형성된다.

1.10.2. 비계층적 군집분석

일반적으로 사용되는 계층적 군집분석과 달리 군집화 과정이 순차적으로 이루어지지 않는 군집분석법을 일컫는다. 비계층적 군집화 방법을 실행하기 위해서는 중심을 기준으로 군집의 수와 최초의 시작점을 지정해야 한다.
K-평균 군집분석법을 가장 많이 사용한다. 이 방법은 군집화의 각 단계가 끝나면서 발생하는 오류를 계산하여 오류가 발생하지 않는 방법으로 군집화를 계속해 나가는 것이 특징이다.

1.11. 군집방법의 타당성

군집분석은 다음 단계의 통계분석을 위한 탐색적 측면을 지닌 고급통계로써 다양한 분석방법이 존재하나 연구자 입장에서는 군집방법의 선택과 결과의 해석에 어려움에 봉착하는 경우가 많다. 일반적으로 계보적 군집방법은 생물표본의 분류에서 종-류-과-목 등과 같이 자료전체가 어떤 계보를 지니고 있을 때 유용하다. 최적분리방법은 여러 가지 이점이 있지만 비교적 큰 자료를 처리할 수 있는 대형컴퓨터를 필요로 한다.

군집분석의 타당성검토는 어렵지만 다음과 같은 직관적방법도 유용하다.

첫째, 동일한 자료에 다른 가정에 기초를 둔 여러 가지 군집방법을 적용하였을 때 대부분의 방법에서 제공된 결과가 유사한가를 살펴보는 것이다.

둘째, 주어진 자료를 임의적으로 두 부분으로 나누고 각 부분을 독립적으로 군집시키는 방법이다. 이때 만약 군집들이 안정되어 있다면 그 결과는 유사할 것이다.

1.12. 계층적 군집분석의 실례

• 연구문제: 10명의 판매원들을 사교성과 직무성적을 토대로 몇 개의 군집으로 의미 있게 분류할 수 있는가? 그리고 각각의 군집에 속하는 판매원(케이스)들은 누구인가?

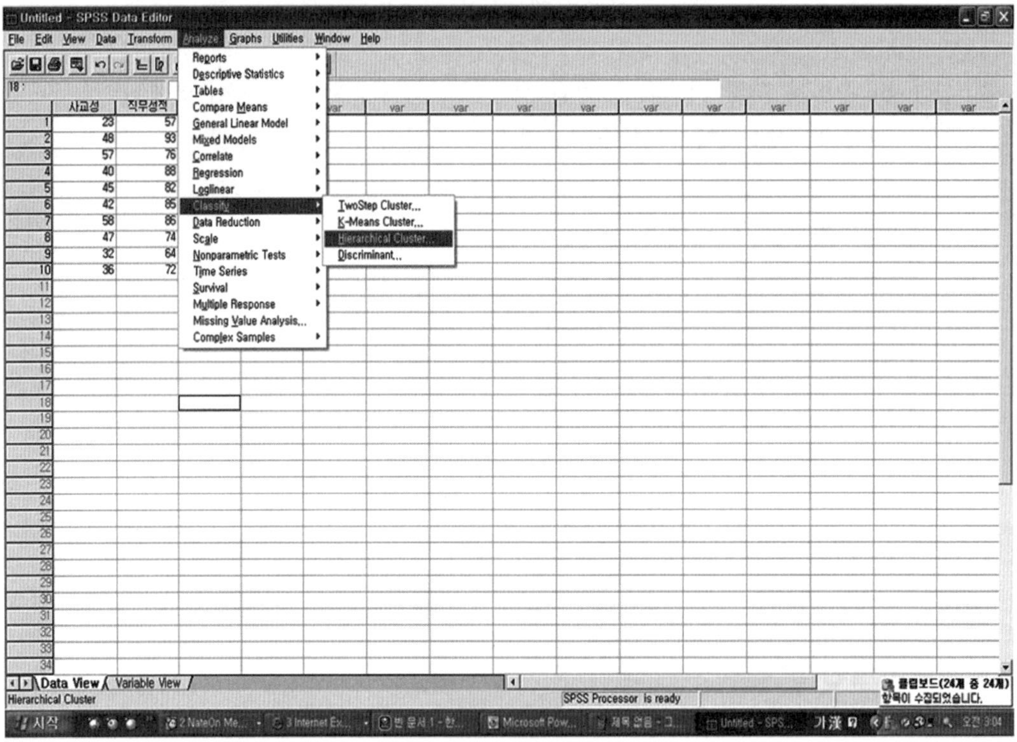

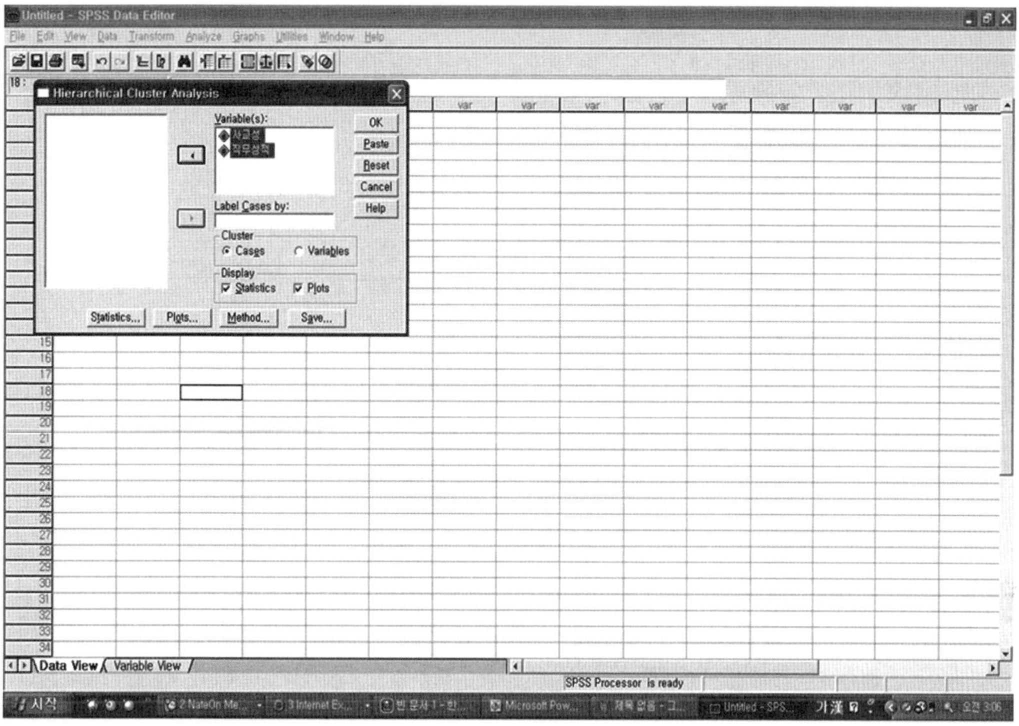

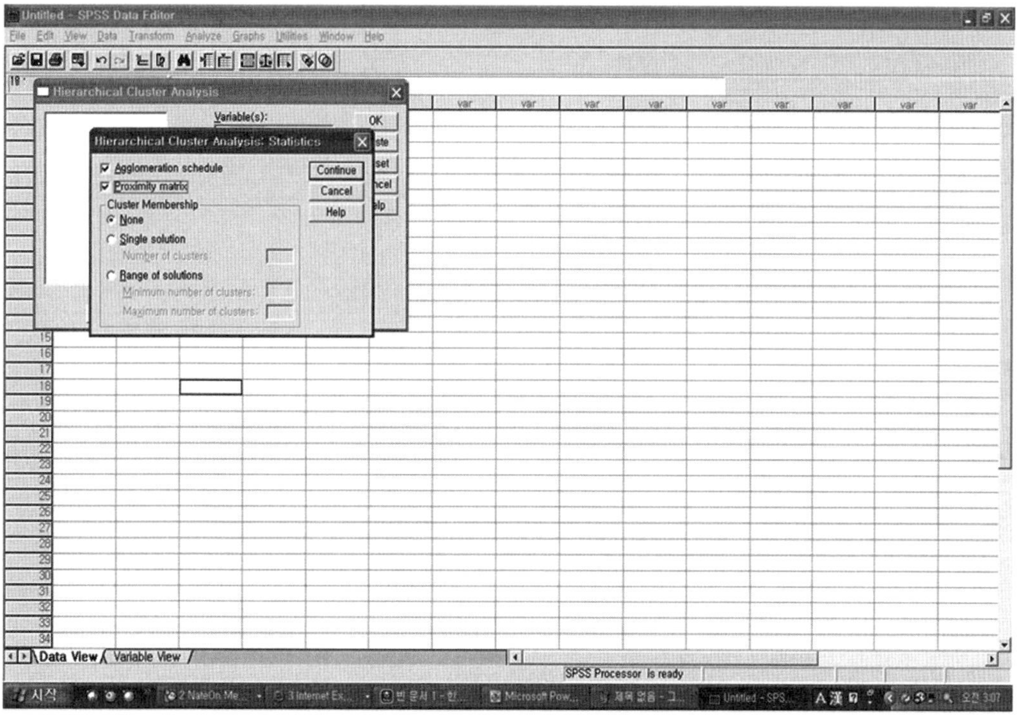

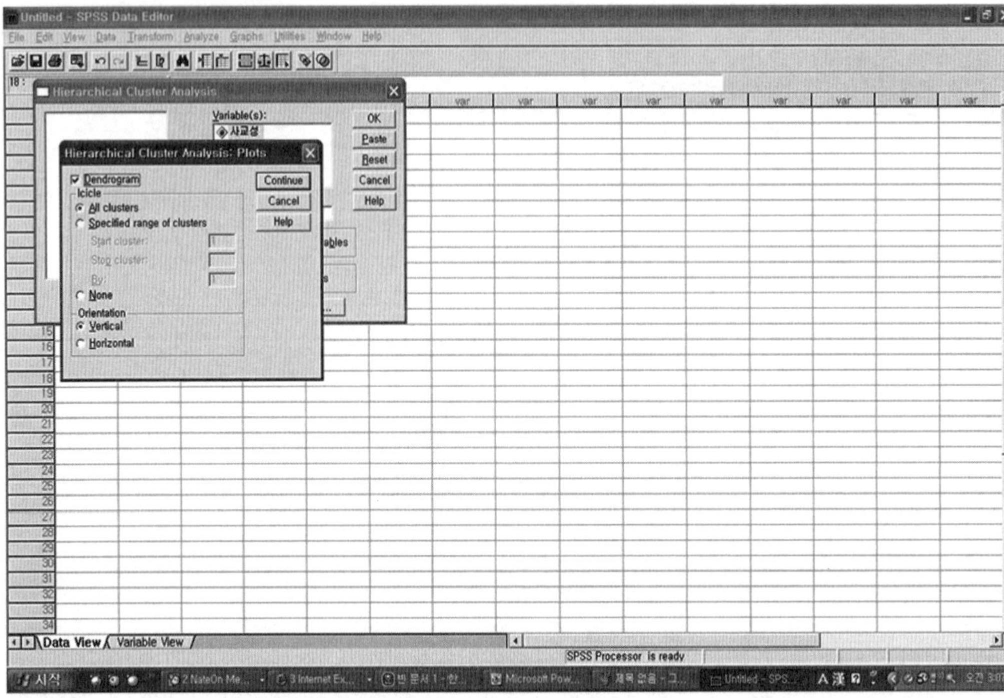
Untitled - SPSS Data Editor
Hierarchical Cluster Analysis
Variable(s):
OK
Paste
Reset
Cancel
Help
Hierarchical Cluster Analysis: Plots
Dendrogram
Icicle
All clusters
Specified range of clusters
Start cluster:
Stop cluster:
By:
None
Orientation
Vertical
Horizontal
Continue
Cancel
Help
Data View
Variable View
SPSS Processor is ready

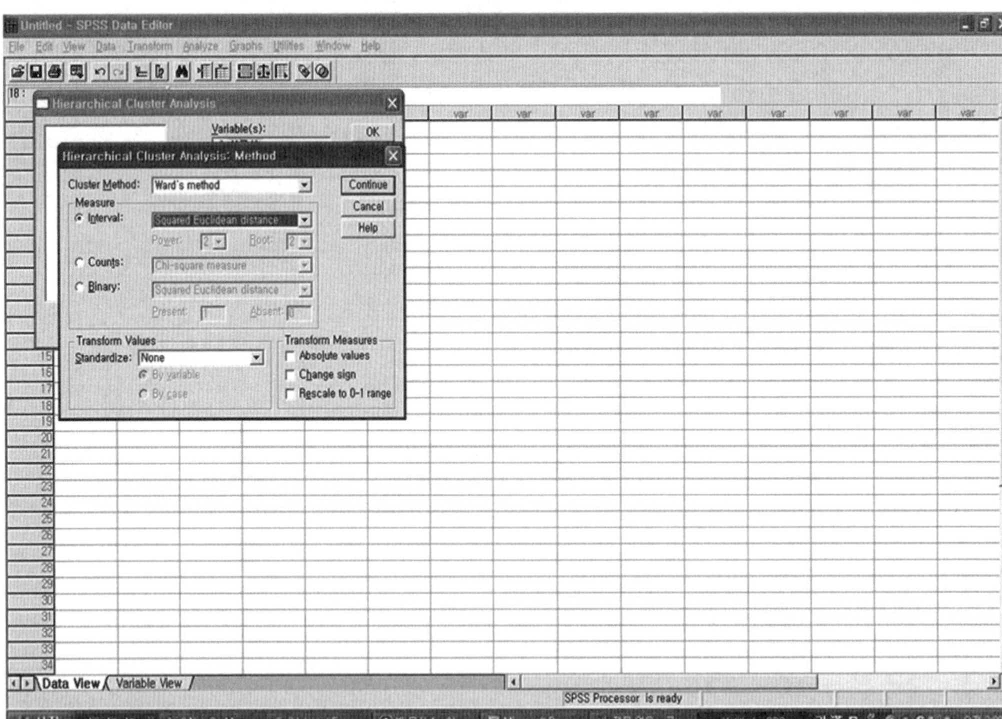
Untitled - SPSS Data Editor
Hierarchical Cluster Analysis
Variable(s):
OK
Hierarchical Cluster Analysis: Method
Cluster Method: Ward's method
Measure
Interval: Squared Euclidean distance
Power: 2
Root: 2
Counts: Chi-square measure
Binary: Squared Euclidean distance
Present: 1
Absent: 0
Continue
Cancel
Help
Transform Values
Standardize: None
By variable
By case
Transform Measures
Absolute values
Change sign
Rescale to 0-1 range
Data View
Variable View
SPSS Processor is ready

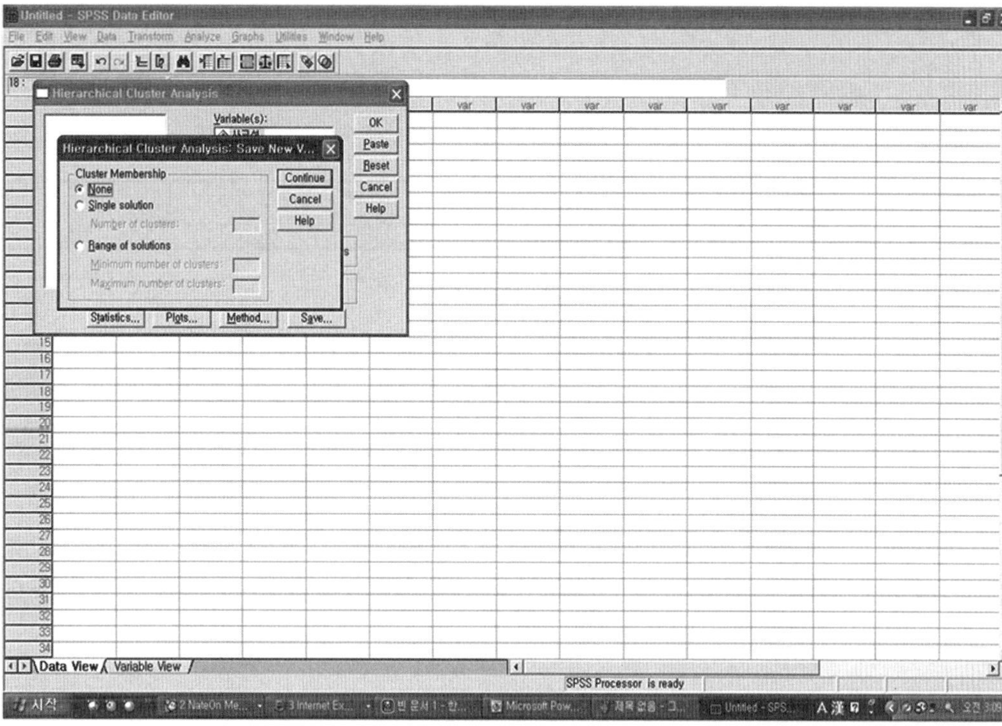

Case Processing Summary[a]

Cases					
Valid		Missing		Total	
N	Percent	N	Percent	N	Percent
10	100.0	0	.0	10	100.0

a. Ward Linkage

- 전체 10개의 케이스들에 대해 Ward법에 의해 군집분석을 실시했음을 보여준다.

Proximity Matrix

	Squared Euclidean Distance									
Case	1	2	3	4	5	6	7	8	9	10
1	.000	1921.000	1517.000	1250.000	1109.000	1145.000	2066.000	865.000	130.000	394.000
2	1921.000	.000	370.000	89.000	130.000	100.000	149.000	362.000	1097.000	585.000
3	1517.000	370.000	.000	433.000	180.000	306.000	101.000	104.000	769.000	457.000
4	1250.000	89.000	433.000	.000	61.000	13.000	328.000	245.000	640.000	272.000
5	1109.000	130.000	180.000	61.000	.000	18.000	185.000	68.000	493.000	181.000
6	1145.000	100.000	306.000	13.000	18.000	.000	257.000	146.000	541.000	205.000
7	2066.000	149.000	101.000	328.000	185.000	257.000	.000	265.000	1160.000	680.000
8	865.000	362.000	104.000	245.000	68.000	146.000	265.000	.000	325.000	125.000
9	130.000	1097.000	769.000	640.000	493.000	541.000	1160.000	325.000	.000	80.000
10	394.000	585.000	457.000	272.000	181.000	205.000	680.000	125.000	80.000	.000

This is a dissimilarity matrix

• 근접성행렬: 관측대상간의 제곱 Euclidean거리 행렬을 보여준다. 이 매트릭스상의 값들은 상이성(dissimilarity)자료이므로 작은 값을 가질수록 유사성이 높음을 의미한다.

Agglomeration Schedule

Stage	Cluster Combined		Coefficients	Stage Cluster First Appears		Next Stage
	Cluster 1	Cluster 2		Cluster 1	Cluster 2	
1	4	6	6.500	0	0	2
2	4	5	30.667	1	0	5
3	9	10	70.667	0	0	7
4	3	7	121.167	0	0	6
5	2	4	193.250	0	2	8
6	3	8	299.417	4	0	8
7	1	9	460.750	0	3	9
8	2	3	759.905	5	6	9
9	1	2	2191.700	7	8	0

• 군집화 일정표: 계수값이 클수록 비유사한 관계에 있으므로 군집화가 늦어진다. 첫 단계에서, case4와 case6이 군집화되었으며, 두 번째 단계에서 case 4와 case 5가 군집화되어 4,5,6의 군집이 형성되었다.

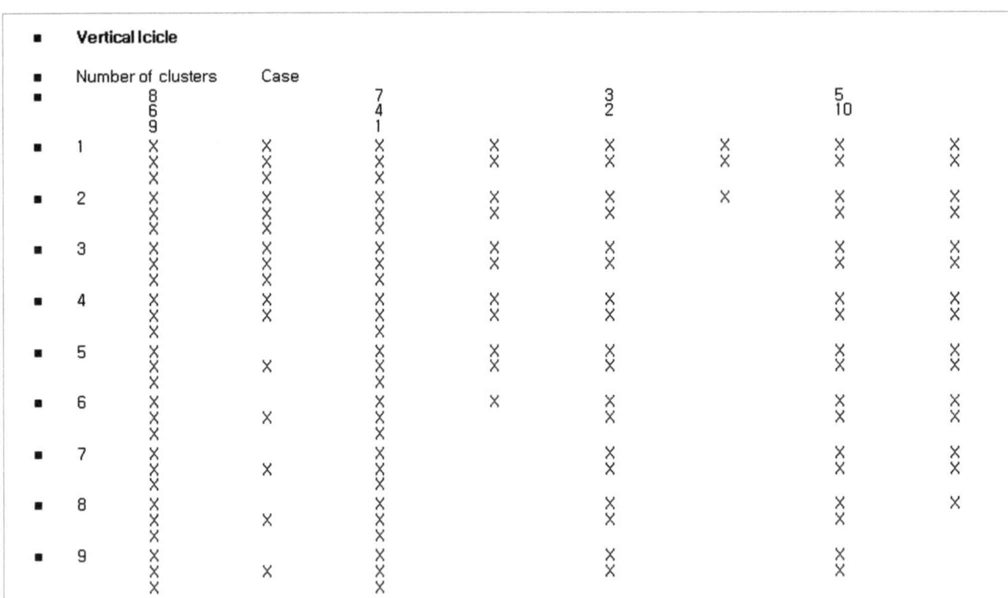

• 수직 고드름도표: 군집의 수를 3개로 한 경우 cases 8,7,3; 5,6,4,2,; 10,9,1이 각각 군집화되었음을 알 수 있다.

```
■   ******HIERARCHICAL CLUSTER ANALYSIS******

■   Dendrogram using Ward Method

■                  Rescaled Distance Cluster Combine

■    C A S E  0       5       10       15       20       25
■    Label  Num  +---------+---------+---------+---------+---------+

■           4  òø
■           6  òôòø
■           5  ò÷ ùòòòòòòòø
■           2  òòò÷        ùòòòòòòòòòòòòòòòòòòòòòòòòòòòòòòòòòòòòòòòø
■           3  òûòø      ó                         ó
■           7  ò÷ ùòòòòòòò÷                              ó
■           8  òòò÷                                ó
```

• 덴드로그램: 군집화되는 과정을 그림으로 보여주는 것이다.

1.13. 비계층적 군집분석 실례

• 연구문제: 10명의 판매원들을 사교성과 직무성적을 토대로 세 개의 군집으로 분류한다면 군집에 속하는 판매원(케이스)들은 누구인가?

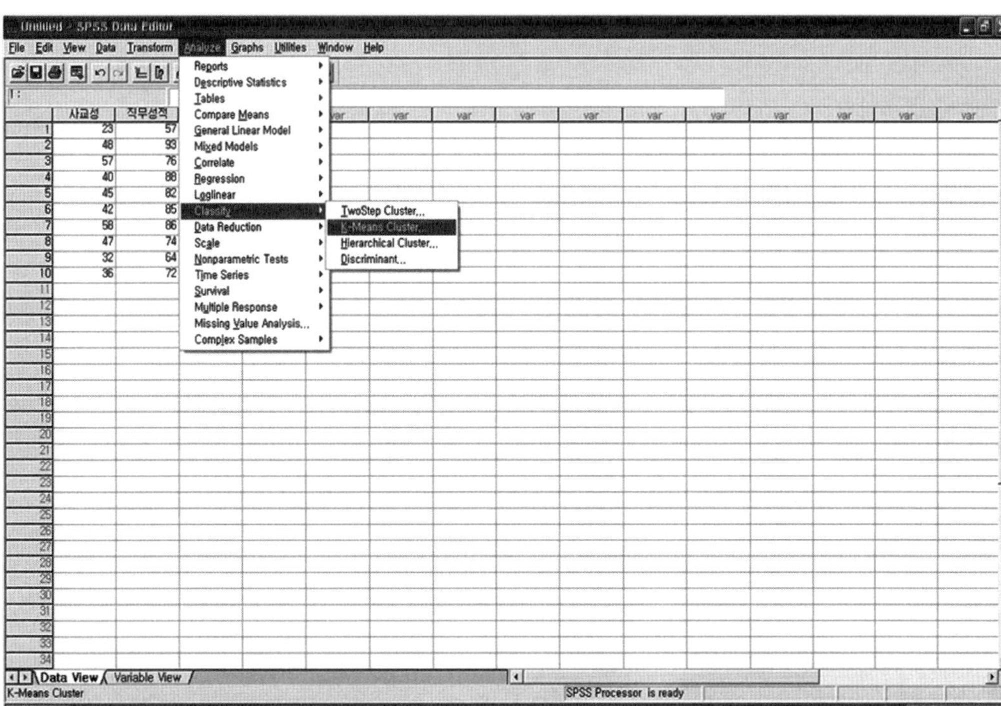

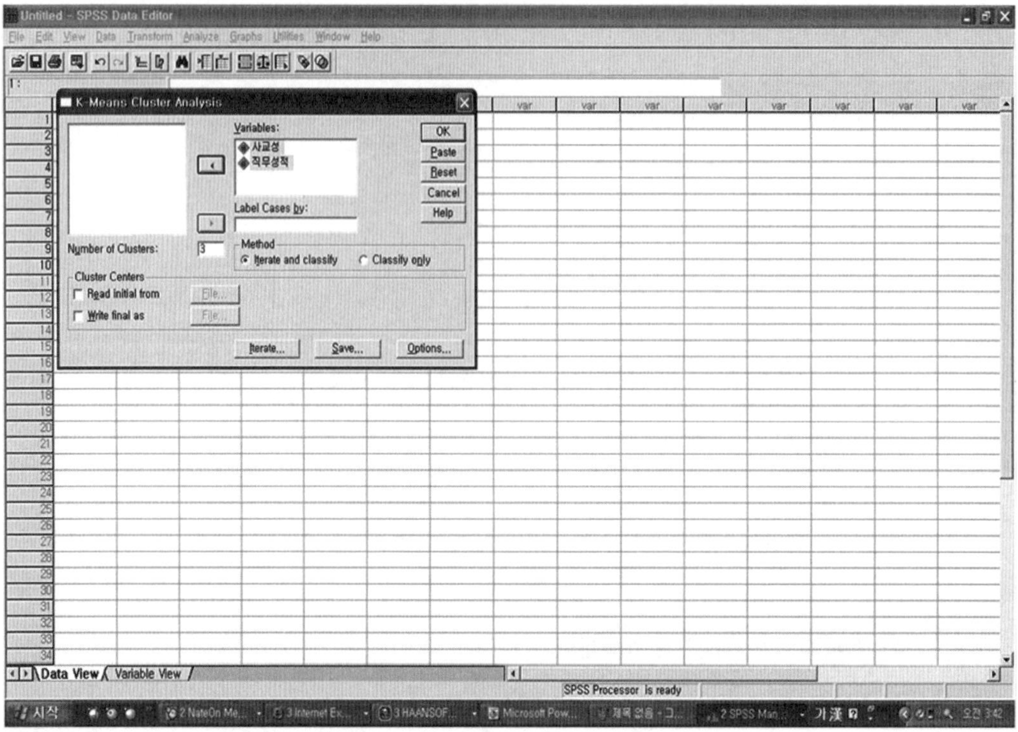
Untitled - SPSS Data Editor
K-Means Cluster Analysis
Variables:
사교성
직무성적
OK
Paste
Reset
Cancel
Help
Label Cases by:
Number of Clusters: 3
Method
Iterate and classify
Classify only
Cluster Centers
Read initial from
Write final as
File...
Iterate...
Save...
Options...
Data View
Variable View
SPSS Processor is ready

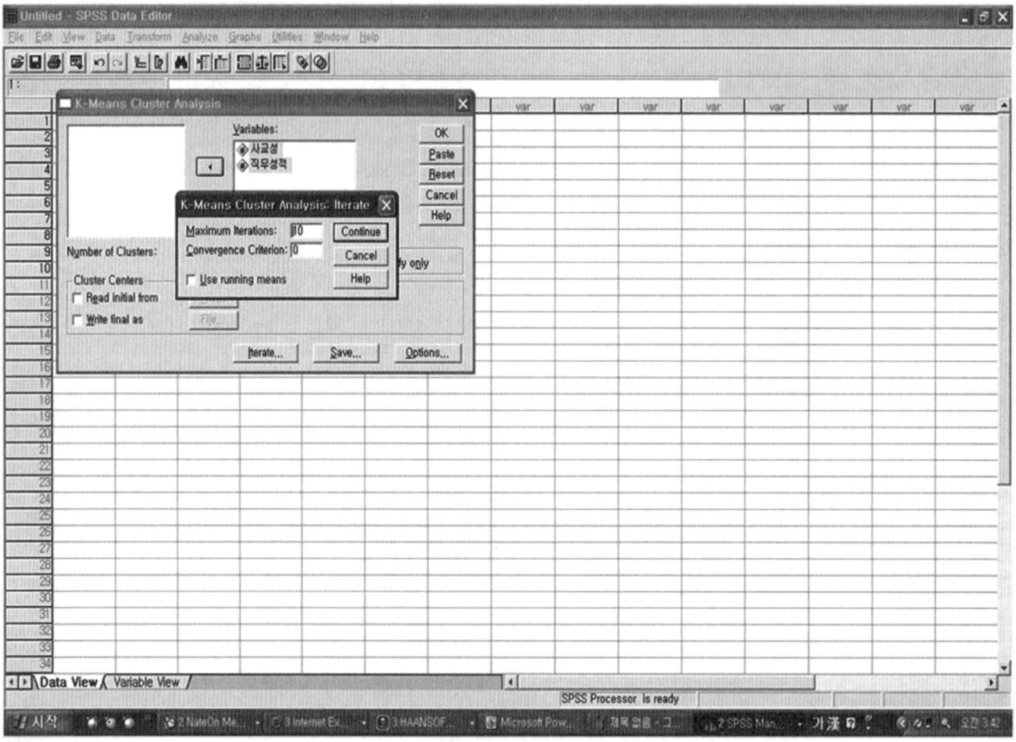
Untitled - SPSS Data Editor
K-Means Cluster Analysis
Variables:
사교성
직무성적
K-Means Cluster Analysis: Iterate
Maximum Iterations: 10
Convergence Criterion: 0
Use running means
Continue
Cancel
Help
Number of Clusters:
Cluster Centers
Read initial from
Write final as
Iterate...
Save...
Options...
Data View
Variable View
SPSS Processor is ready

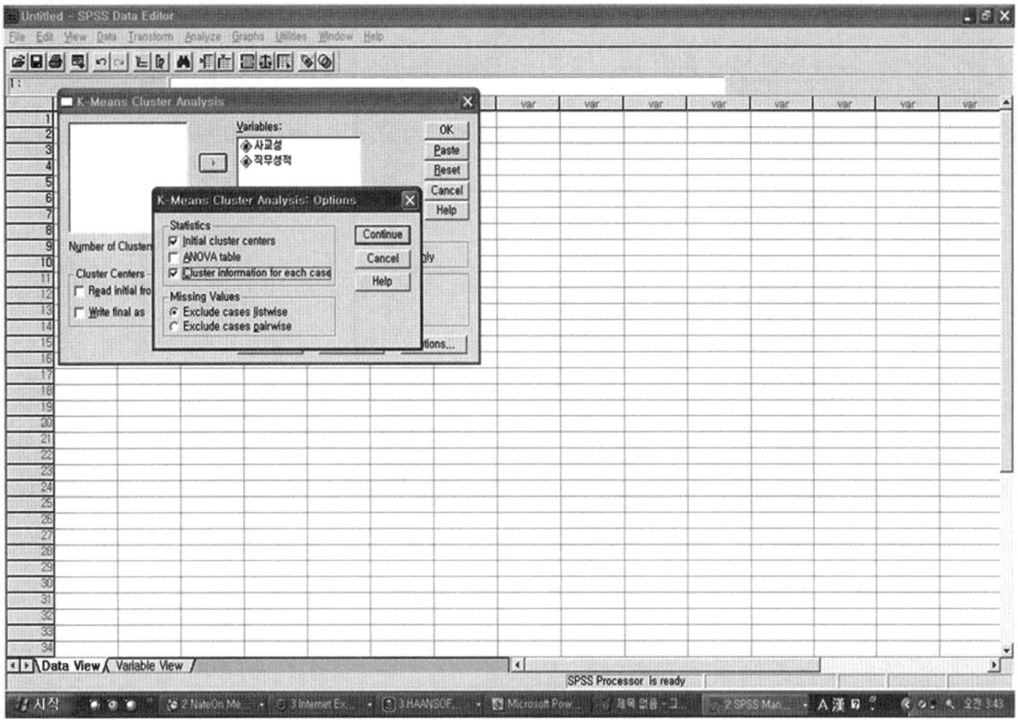

Initial Cluster Centers

	Cluster		
	1	2	3
사교성	23	40	57
직무성적	57	88	76

- 초기군집 중심: 변수에 대한 3개 군집의 초기중심값, 즉 군집씨앗이 나타나있다. 이 초기 군집중심값을 기준으로 각 케이스와 각 구집의 중심점과의 거리를 계한하여 거리가 가장 가까운 군집에 케이스를 할당한다.

Cluster Membership

Case Number	Cluster	Distance
1	1	5.701
2	2	10.707
3	3	4.014
4	2	4.565
5	2	3.441
6	2	1.020
7	3	8.353
8	3	8.413
9	1	5.701
10	2	13.507

• 소속군집: 각 케이스가 속하는 군집을 보여주고, 각 케이스와 해당군집의 중심점간의 거리를 나타낸다. 군집 1에 1,9, 군집 2에 2,3,4,5,10, 그리고 군집 3에 3,7,8,이 소속됨을 보여준다.

Final Cluster Centers

	Cluster		
	1	2	3
사교성	28	42	54
직무성적	61	84	79

Distances between Final Cluster Centers

Cluster	1	2	3
1		27.719	32.129
2	27.719		12.949
3	32.129	12.949	

초기 중심점을 이용하여 군집분석을 하는 과정에서 각 군집에 새로운 케이스가 추가되기 때문에 평균이 달라지고, 따라서 군집중심도 변하게 된다. 예를 들어 군집 1에 속한 케이스 1,9의 사교성 중심값은 27.5=((23+32)/2)인데, 이를 반올림하여 28로 나타나 있다.

2. 판별분석(Discriminant Analysis)의 개요

2.1. 판별분석(Discriminant Analysis)의 의의

판별분석은 실용적인 목적으로도 많이 사용되는 다변량 통제기법으로서, 자료를 분석한 근거를 가지고 의사를 결정해야 할 때 널리 사용한다. 판별분석은 또한 여러 차원의 변인의 속성을 분석하여 단일한 차원의 속성으로 정리하는 기능을 한다. 판별분석은 독립변수는 간격척도 비율척도로 측정되었으나 종속변수는 명목척도로 측정된 경우 독립변수와 종속변수의 관계를 조사하는 분석방법이다.

판별분석은 사회현상의 여러 특성을 토대로 하여 주어진 상황에서 응답자들이 어떻게 행동할 것인지 예측하는데 사용된다. 즉 기존의 사례들을 몇 개의 집단으로 구분할 때 중요한 역할을 했던 독립변수의 선형결합(linear combination)인 판별함수(discriminant)를 만들어 이 판별함수에 아직 결과를 알 수 없는 새로운 사례의 특성을 대입하여 어떤 집단에 속할지를 판별하는 것이다.

판별분석은 마케팅에서 매우 유용하게 이용될 수 있다. 예를 들어, 은행의 신용카드 발급을 신청했을 때 그 고객의 특성으로부터 발급여부를 결정할 수 있다. 자동차 제조회사의 마케팅부서에서는 mini-van 소유자, SUV 소유자, 그리고 일반 승용차 소유자의 특성 간에 어떤 차이가 있는지를 알 수 있다면 각각의 유형에 맞는 고객들을 표적고객으로 하여 차별적 마케팅을 할 수 있다.

판별분석에서는 이미 구분된 집단, 즉 종속변수는 범주형 변수(categorical variable)이어야 한다. 그러나 연속형 변수가 아닌 범주형 변수가 판별변수로 사용되기도 한다.

판별분석에서 집단의 수나 판별변수의 수가 많으면 판별함수의 수도 많아진다. 추정 판별함수의 수는 (집단의 수-1)와 독립변수의 수 둘 중에서 적은 값보다 같거나 작아야 한다. 예를 들면 집단이 세 집단이고 독립변수가 네 개라면, (3-1)과 4중에서 적은 값 2보다 적은 수의 판별함수가 있게 된다. 즉, 1 혹은 2개의 판별함수가 추정된다.

종속범주의 범주가 두 개인 경우의 판별분석을 두 집단 판별분석(two-group discriminant analysis)이라 하고 세 개 이상인 경우 다중판별분석(multiple discriminant analysis)이라고 한다. 판별분석을 할 때 가장 기본적인 과업은 집단 내 분산에 비하여 집단 간 분산의 차이를 최대화하는 독립변수들의 계수를 찾아내는 것이다. 이 때 독립변수들의 선형결합을 판별함수(discriminant function; 판별식이라고도 함)라고 하며 판별함수의 일반식은 다음과 같다.

$$
\begin{aligned}
&Z = W_1X_1 + W_2X_2 + \ldots + W_nX_n \\
&Z = \text{판별점수} \\
&W_i = \text{변수 } i\text{에 대한 판별계수}(discriminant\ coefficient) \\
&X_i = \text{독립변수 } i
\end{aligned}
$$

2.2. 판별분석의 원리

판별분석은 여러 개의 독립변인이 지닌 특성들을 파악하여 그 표본이 어느 집단에 속하는 가를 판별하는 방법을 말한다. 판별분석을 통해 미지의 사례가 어떤 집단에 속할 것 인지를 분석할 수 있을 뿐만 아니라, 어떤 변인이 종속변인에 가장 큰 영향을 미칠 것인가도 알 수 있다.

판별분석은 복잡한 계산을 필요로 하지만 그 기본개념은 비교적 간단하다. 분석의 대상이 되는 사례집단은 처음부터 어떤 독립변인의 속성에 따라 부분집합으로 구별될 수 있다고 가정한다. 이에 집합을 판별할 수 있는 독립변인을 판별변인으로 선정하고 이 판별변인들이 선형조합을 이루게 되면 이것은 사례를 몇 개의 집합으로 분류하는데 사용할 수 있다는 것이다.

[그림 5-1] 두 집단 간 판별분석의 도해

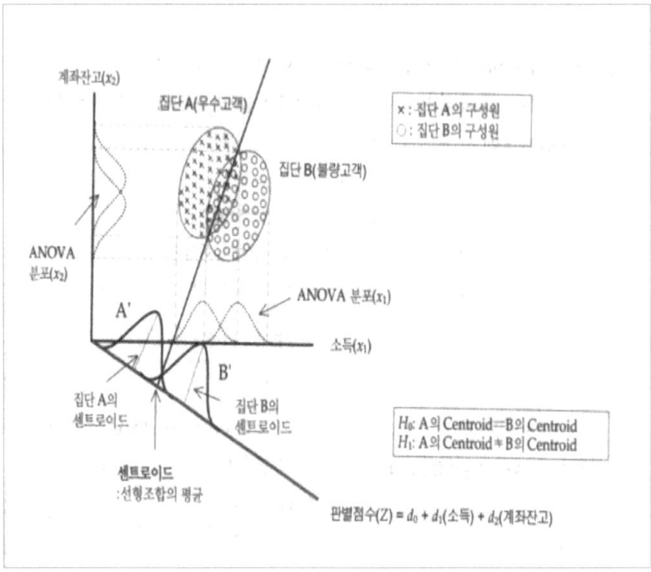

집단 A와 B의 구성원을 예측하기 위해 새로운 판별축이 만들어지고 함수식이 얻어졌음을 주목하라. 만일, 다변량 통계방법을 사용한다면 집단(A/B)에 대해 소득(x_1)과 계좌잔

고(x_2)를 각각 분석해야 하지만(예, 두 개의 변량분석모델), 이를 두 변수(x_1과x_2)의 결합에 의해 설명하고 있다.

즉 새로운 판별함수식 Z=$d_0 + d_1$(소득)$+ d_2$(계좌잔고)에 의해 집단 A와 B의 집단구성원을 분류하는 판별모델을 만든다. 또한 판별분석의 결과, 정확하게 분류된 사례뿐만 아니라 집단 A의 구성원이 B로 분류되거나 B의 구성원이 A로 잘못된 사례를 찾아준다. 판별점수는 판별가중치(d)에 의해 집단 간 차이를 극대화시키고 집단 내변량을 최소화시키는 규칙(간변량÷내변량)에 의해 구해지기 때문에, 만일 집단 내변량에 비해 간변량이 상대적으로 크다면 판별함수가 집단을 잘 설명해 준다고 말한다(즉 판별함수의 예측력이 있음). 즉 쉽게 말해, 위 그림의 집단 A의 센트로이드와 집단 B의 센트로이드 간의 거리가 멀어질수록 집단 A와 집단 B의 구분이 명확하고 판별함수의 판별력은 커진다고 할 수 있다.

또한 앞서 언급했듯이 [그림 1]에서 각 x_1과 x_2축을 기준으로 각 집단의 분포를 나타내는 두 개의 분포가 있음을 주목하라. 만일 집단 A와 B를 독립변수(고객집단)로 하고 수입과 계좌잔고를 종속변수로 한다면, 두 개의 변량분석 분포가 형성된다. 그래서 새롭게 만들어진 판별함수의 분포는 수입과 계좌잔고의 분포가 선형적으로 결합하여 만든 분포가 되는 것이다.

2.3. 판별분석의 기본가정

① 판별함수의 도출에 사용된 사례들이 다변량 정규분포(multivariate normal distribution)를 갖는 모집단으로부터 추출된 표본이여야 한다.
② 각 부분집단들의 모집단 분포가 동일한 공분산행렬(covariance matrix)을 가지고 있어야 한다.

2.4. 판별분석의 자료

종속변수는 범주를 나타내는 명목척도를 나타내는데 정수(integer)로 표현된다. 독립변수는 간격척도 혹은 비율척도로 구성된다.

2.5. 판별함수의 수와 적정표본 크기

판별분석에서는 "종속변수 집단의 수 -1"과 "독립변수의 수" 중에서 작은 값만큼의 판별함수가 만들어진다. 예를 들어, 집단의 수가 3이고 독립변수의 수가 5이면 두 개의 판별함수가 도출된다. 판별분석을 위해서는 관측지의 개수(표본의 크기)가 독립변수 수의 20배 이상이 되는 것이 요구되며, 또한 종속변수의 각 범주에 최소한 20개의 관측치가 요구된다. 표본의 크기가 이를 충족시키지 못하면 분석결과는 불안정(unstable)하다. 여기서 불안정하다는 것은 판별식을 구성하는 각 독립변수와 전체 판별식의 설명력과 예측력을 그리 신뢰할 수 없다는 의미이다.

2.6. 판별식 추정방식과 적합도 평가

다중회귀식을 발견하는 방식으로 동시입력방식(enter)과 단계입력방식(stepwise)이 있듯이, 판별함수를 발견하는 과정에도 동시입력방식과 단계입력방식이 있다.

동시입력방식(simultaneous estimation)을 이용하면 판별력이 높은 순서대로 입력되어 추정이 이루어진다. 판별함수가 계산되면 판별함수의 판별력(discriminatory power)의 통계적 유의성을 점검해야 하는데, 가장 흔히 사용되는 값은 Wilk's lambda이며 x^2검증을 실시한다. 다음으로 판별함수의 전반적인 적합도(overall fit)를 점검해야 한다. 이는 다중회귀분석에서 F-검증에 의해 회귀식이 유의적인 것으로 판명되었다 하더라도 R^2에 해당하는 값은 판별분석에서 hit ratio이다. hit ratio는 정확히 분류된 대상의 수를 전체대상의 수로 나눈 값으로 0과 1 사이의 값을 갖는다.

[표 5-1] 판별분석방법

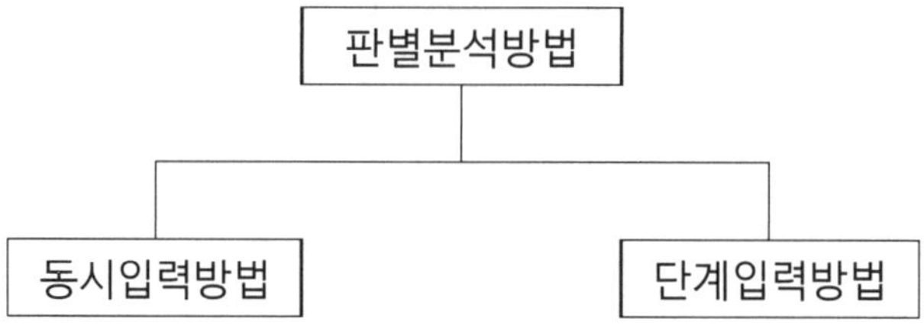

2.7. 판별분석의 구분

판별분석은 두 집단 판별분석과 다중판별분석으로 크게 나누어진다.

두 집단 판별분석을 실시하는 방법에는

① 마하라노비스(Mahalanobis)의 거리에 의한 방법
② 선형 판별함수에 의한 방법

③ 중회귀분석에 의한 방법
④ 로지스틱 모델(logistic model)에 의한 방법

등이 있다. 위의 ①에서 ③까지는 같은 결과가 얻어진다.

2.7.1. 마하라노비스의 거리에 의한 판별

다음 데이터는 관측대상의 수가 20개인 2변량 데이터이다.

[표 5-2] 데이터 표

No.	x_1	x_2	소속그룹
1	31	213	A
2	43	244	A
3	42	238	A
4	53	254	A
5	55	256	A
6	40	237	A
7	48	252	A
8	55	254	A
9	59	270	A
10	56	257	A
11	40	99	B
12	50	120	B
13	56	113	B
14	26	67	B
15	41	95	B
16	62	137	B
17	49	108	B
18	50	112	B
19	67	152	B
20	42	92	B

20개의 대상은 A와 B의 두 그룹으로 나누어져 있다. 여기에서 그룹이 불분명한 새로운 관측대상 No.21과 22의 데이터가 얻어졌다고 하자.

No.	x_1	x_2	소속그룹
21	55	150	?
22	40	200	?

No.21과 22는 x_1과 x_2의 산포도 상에서 다음과 같은 위치에 존재하고 있다.

[그림 5-2] X1과 X2의 산포도

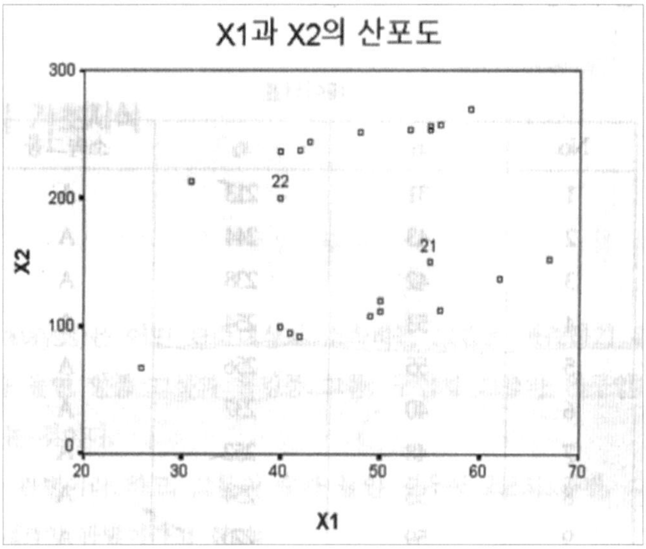

시각적 판단을 수치적 판단으로 대치해서 실행하려면 거리의 개념을 도입하면 된다. 먼저 각 그룹의 중심의 위치를 구한다. 중심은 x_1과 x_2의 평균을 좌표로 하는 점이 된다. 여기에서 No.21의 위치에서 각 그룹의 중심까지의 거리를 구하여, 거리가 짧은 쪽의 그룹에 속한다고 판정하고자 하는 것이 거리를 이용한 판별분석의 사고방식이다. 일반적으로 개개의 대상으로부터 A그룹 중심까지의 마하라노비스 거리를 $D_A{}^2$, B그룹 중심까지의 마하라노비스 거리를 $D_B{}^2$이라 하고 다음과 같은 규칙에 따라서 판별한다.

$D_A^2 < D_B^2$이면 관측대상은 그룹 A에 속한다고 판정한다.
$D_A^2 > D_B^2$이면 관측대상은 그룹 B에 속한다고 판정한다.
($D_A^2 = D_B^2$이면 판정은 보류한다)

2.7.2. 선형 판별함수에 의한 판별

마하라노비스의 거리에 의한 2군의 판별규칙은 다음과 같이 쓸 수 있다.

$D_A^2 - D_B^2 < 0$이면 관측대상은 그룹 A에 속한다고 판정한다.
$D_A^2 - D_B^2 > 0$이면 관측대상은 그룹 B에 속한다고 판정한다.

여기에서, z= $D_A^2 - D_B^2$라고 놓으면 이 판별 규칙은 z의 값이 플러스인가 마이너스인가에 의해서 판별하는 것과 같다. 이 식을 판별함수라 한다. 판별에 사용하는 변수를 $x_1, x_2, x_3, \cdots x_p$라고 하면, 각 변수의 분산과 변수간의 상관계수가 두 그룹 사이에 같을 때에 z는 다음과 같은 1차식으로 나타내진다.

$$z = b_0 + b_1x_1 + b_2x_2 + b_3x_3 + \dots + b_px_p$$

변수의 1차식으로 나타내지는 이와 같이 판별함수를 선형 판별함수라 하고, z의 값이 플러스인가 마이너스인가에 의해서 판별하는 것을 선형 판별함수에 의한 2군의 판별이라고 한다.

2.7.3. 판별분석과 중회귀분석

판별분석은 목적변수가 질적변수로 되어 있는 점이 중회귀분석과의 차이이기 때문에, 목적변수의 데이터를 수치화하면 판별의 문제를 중회귀분석으로도 처리하는 것이 가능케 된다.

판별분석에 있어서의 목적변수 y는 개개의 관측대상이 소속하는 그룹을 표시하는 변수이기 때문에, 그룹명을 다음과 같이 수치로 대치한다.

A그룹 → 목적변수 y = 1
B그룹 → 목적변수 y = 0

이렇게 해서 중회귀분석을 적용하면

$$y = b_0 + b_1 x_1 + b_2 x_2 + b_3 x_3 + \dots + b_p x_3$$

라고 하는 회귀식이 구해지므로 이 회귀식에 의해서 계산되는 y의 값을 사용해서 2군의 판별을 실시할 수 있다. 판별의 규칙은 다음과 같이 된다.

y 〉 c이면 관측대상은 그룹 A에 속한다고 판정한다.
y 〈 c이면 관측대상은 그룹 B에 속한다고 판정한다.

c는,

$$c = \frac{n_1}{n_1 + n_2}$$

여기에서 A그룹의 관측대상 수를 n_1, B그룹의 관측대상의 수를 n_2라 한다.

주요학습용어

- 군집분석(cluster analysis)
- 판별분석(discriminant analysis)
- 측정된 거리값(distance measures)
- Euclidean 거리
- 도시블럭 거리
- Minkowski 거리
- 계층적 군집화(AHM, agglomerative hierarchical method)
- 비계층적 군집화(DHM, devisive hierarchical method)
- 단일결합법
- 완전결합법
- 평균결합법
- Ward법

참고문헌

1. SPSS Korea 정기교육 및 SPSS 실습세미나 자료집.
2. 허명회 (2003), 사회과학을 위한 다 변량 자료 분석, 자유아카데미.
3. 박종선 (2005), SAS/SPSS COOK BOOK, 박영사.
4. 송인섭 (2003), 통계학의 이해, 학지사.
5. 홍성열 (2003), 사회 과학도를 위한 기초통계, 학지사.
6. 오택섭 (2003), 사회과학 데이터분석법, 나남출판사.

6장 다차원척도분석

1. 다차원척도분석(MDS, Multidimensional Scaling) 개요
2. 개인차 다차원 척도법(INDSCAL)
3. 다차원 확장
4. 예제

6장 다차원척도분석

1. 다차원척도분석(MDS, Multidimensional Scaling) 개요

1.1. 다차원척도분석의 의의

다차원척도법(MDS, Multidimensional Scaling)은 변인의 수를 감소하거나 변인 간 상호 관계의 구조를 파악하여, 변인 간의 관계를 밝히고, 해석하기 쉽도록 공간적인 좌표에 변인들을 위치시키는 것을 목적으로 하는 통계적 연구방법이며, 지각적 도면화(perceptual mapping)라 불린다.

다시 말해, 다차원척도법은 대상들 간의 관련 이미지의 복잡한 관계를 적은 수의 차원의 공간에서 단순한 구도로 시각화하여 주는 통계분석 기법으로, 대상물이 위치하는 지점을 시각적 구도 속에서 알려준다는 점에서 유용하게 사용된다.

다차원 척도법은 객체 간 근접성 자료를 시각화하기 위한 통계적 기법으로 다음과 같은 단계를 통해 지각적 도면화를 실시한다.

- 객체(objects)는 상품 브랜드와 같은 심리적 자극
- 주어진 객체들의 쌍이 사람들에게 얼마나 다르게 인지되고 있는가를 측정하여 근접성 자료를 만들고
- 이 자료를 분석하여 지도(map)의 형태로 보여주는 것

이러한 다차원 척도법은 주로 마케팅 분야에서 많이 사용된다.

- 중요고객과 일반 고객 사이의 회사에 대한 이미지 측정
- 선거후보자들에 대한 이미지 분석
- 소비자들이 인지하고 있는 브랜드 및 상품 속성에 대한 분석
- 소비자들이 중요하게 생각하는 제품의 특성 파악
- 신제품 개발
- 광고 효과 측정

[표 6-1] 척도 유형에 따른 MDS

MDS	계량형 MDS	비율척도 $\delta ij \sim c \cdot d(xi, xj)$
		구간척도 $\delta ij \sim b + c \cdot d(xi, xj)$
	비계량형 MDS	순서척도 $\delta ij \sim d(xi, xj)$의 단조변환

1.2. 다차원척도법의 용도

다양한 변인들 간의 상호관계를 분석하는 다변량 통계기법으로, 요인분석과 유사한 점이 많으며, 변인 간 관계를 설명하는 기준인 차원(dimension)을 결정하는데 요인(factor)을 분석하는 방법과 동일한 논리를 가진다.

그러나 요인분석과 다른 것은 요인분석에서는 개체들 사이의 유사성을 상관관계를 통해 분석하지만, 다차원 척도법에서는 상관관계와 더불어 개체들 사이의 유사성 또는 비유사성 자료의 행렬을 분석한다는 것이 다르다.

다차원 척도법은 심리학 분야에서 성격, 인성 등 복잡한 변인들 간의 관계를 분석하기 위해 발달되었으나, 최근 소비자분석, 상품선호도조사 등 마케팅과 관련된 사전전략의 수립을 위하여, 그리고 제반 사회과학 영역의 문제를 해결하기 위하여 널리 사용된다.

[예제 6-1]

우리나라의 도시를 표시하고 있는 지도가 주어졌다 하자. 이러한 경우 이 지도를 이용하여 도시 간의 거리들을 쉽게 파악할 수 있을 것이다. 반면에 도시 간의 거리가 다음 표와 같이 주어진 경우, 이 거리들을 이용하여 도시들의 위치를 나타내는 지도를 그려본다고 하자.

우리나라 도시 간 거리

	서울	인천	부산	대구	대전	청주	춘천	광주	전주
서울	0								
인천	28	0							
부산	306	315	0						
대구	213	224	94	0					
대전	128	130	187	104	0				
청주	100	107	208	118	31	0			
춘천	91	119	295	202	158	128	0		
광주	240	232	177	154	126	156	284	0	
전주	173	169	178	118	57	87	215	69	0

이와 같은 경우, 각 개체 간의 상대적인 거리를 이용한 다차원척도법을 이용하여 공간상에 표현하면 다음 그림과 같이 표현할 수 있다.

MDS를 이용한 도시 거리 지도

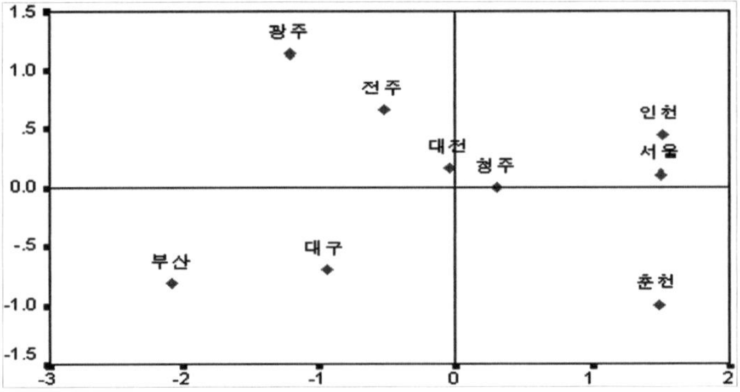

이와 같이 각 개체 간의 거리 또는 비유사성이 주어졌을 때, 이를 이용하여 공간상에 표현하여 데이터의 구조를 파악하고, 이를 이용하여 각 개체의 상대적인 위치에 대한 유사성을 파악하기 위한 방법이 다차원척도법이다.

1.3. 분석자료의 유형

다차원척도법은 사용되는 자료가 계량적인가 비계량적인가에 따라 분석방법과 계산방법이 달라진다. 계량적 다차원 측정법에서는 입력자료가 등간척도나 비율척도로 측정된 자료를 사용해야 하며 비계량적 방법에서는 입력자료가 명목척도나 서열척도로 측정된 자료를 이용한다. 비계량적 방법은 통계적 기초가정이나 제한 요인이 덜 엄격하지만 분석 결과에 대한 신뢰도는 떨어진다.

1.4. 다차원척도법의 수학적 원리

다차원척도법은 분석 개체들 간의 유사성 혹은 비유사성(dissimilarities)의 정도를 수량화한 자료를 다차원 도면 위에서의 거리(distance) 개념으로 바꿀 수 있음을 전제로 한다.

따라서 여러 개체들 사이의 비유사성을 나타낸 측정치의 집합을 이에 대응하는 거리값의 집합으로 나타내기 위해 측정치와 거리값의 행렬을 이용한다.

조사 연구에서 개체들 사이의 유사성 혹은 비유사성을 평가하는 측정방법은 직접적인 측정방법과 간접적인 측정방법이 있다. 직접 측정방법은 개체들을 두개씩 짝지우고, 피조사자로 하여금 가능한 모든 짝에 대해 유사성을 기준으로 일련번호를 부여하거나, 혹은 두 개체의 유사성의 정도를 리커드 척도로 측정한다.

간접적 측정법은 피조사자에게 비교하고자 하는 개체의 여러 속성을 평가하게 한 다음 간접적으로 제품들의 유사성(즉 속성)을 순위나 리커드 척도로 평가하게 하는 것이다.

1.4.1. 거리계산

일반적으로 다차원척도법에서 이용되는 데이터는 메트릭 데이터와(등간척도나 비율척도로 측정하여 구한 데이터)와 비매트릭 데이터(명목척도와 서열척도로 구한 데이터)의 두 가지가 있다. 메트릭 데이터들은 유클리디안을 이용하여 유사성에 대한 거리 행렬을 계산하는데, 대상들은 대응비교를 통해 유사성이나 비유사성에 따라 순위나 번호를 할당한다. 비매트릭 데이터들은 각 요소에 대한 유사성의 크기보다는 순서만을 고려하여 거리 행렬을 계산한다.

여기서 유클리디안이란 두 점(자극) 간의 거리를 계산하는데 있어, 자극 1에 대한 좌표가 (X11,X12)이며, 자극 2에 대한 좌표가 (X21,X22)라고하자. 이때 이들 두 자극 간의 위치는 다음 그림과 같으며, 공간상에서 두 자극 간의 거리는 다음 수식에 의해 구할 수 있다.

$$\text{d12} = [(X_{11} - X_{21})^2 + (X_{12} - X_{22})^2]^{1/2} \quad zzxx$$

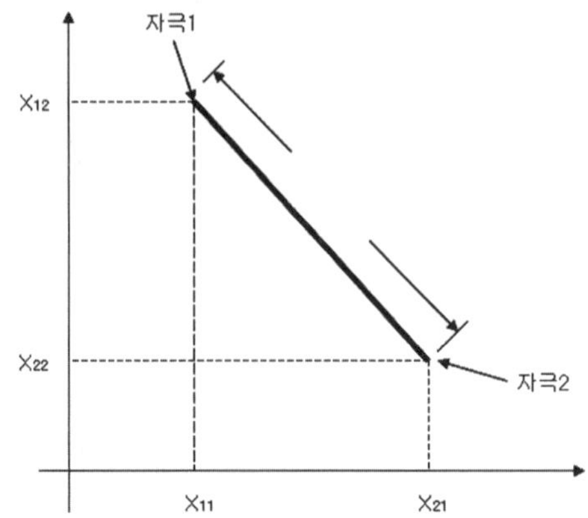

1.5. 적합성 지표: 스트레스(Stress Value or Lack of Fit Index)

스트레스값은 실제 거리와 적합된 거리 사이의 오차 정도를 나타내는 것으로, 불일치의 정도로 볼 수 있다.

스트레스값이란 다차원 공간상에서 대상들 간의 상대적인 거리의 정확도를 높이기 위해 공간상에서 적합화시키는 과정이 더 이상의 개선이 없을 때까지 반복적으로 계속되는데 이 같이 적합화시키는 과정의 정도를 나타내는 값이나 기준치를 의미한다.

$$S = \sqrt{\frac{\sum_{1=i, i \neq j}^{n} (d_{ij} - \hat{d}_{ij})^2}{\sum_{1=i, i \neq j}^{n} (d_{ij})^2}}$$

d_{ij} =관측대상 i부터 j까지의 실제거리

$\widehat{d_{ij}}$ = 프로그램에 의해서 추정된 거리

[표 6-2] Stress에 대한 Kruscal의 기준치

스트레스 값	적합 정도
0.20	나쁨(Poor)
0.1	보통(Fair)
0.05	좋은(Good)
0.02	아주 좋음(Excellent)

스트레스는 데이터 내의 오차수준, 자극수 등의 증가와 더불어 증가하는 것으로 알려져 있지만, 3차원 이상으로 차원수를 증가할지라도 적합도는 그리 증가하지 않는다. 스트레스값을 구하는 공식은 다음과 같다.

$$S = \sqrt{\frac{\sum_{1=i,i \neq j}^{n} (d_{ij} - \widehat{d_{ij}})^2}{\sum_{1=i.i \neq j}^{n} (d_{ij})^2} zzzzZz}$$

여기서 d_{ij}= 자극 i와 j간의 거리, $\widehat{d_{ij}}$ = 프로그램에 의해서 추정된 거리를 의미한다. 만일 입력 데이터가 일관성이 있고, 정확도가 높으며, 그리고 프로그램에 의해 추정된 거리와 실제가 일치하면 $(d_{ij}-\widehat{d_{ij}})=0$이 된다. 즉 S=0으로 완벽한 추정을 의미한다.

1.6. 다차원 척도법의 실행 절차

다차원 척도법을 실행하려면, 데이터를 적합한 형태로 수집하고, 좌표 평면에서 차원수를 몇 개로 할 것인지를 정해야 한다. 차원의 이름을 결정하는 것도 중요하다.

1.6.1. 문제의 정의

문제의 정의를 위해서 다차원 척도법의 결과가 어디에 사용될 것인지 정확히 파악해야 한다.

1.6.2. 데이터의 수집

입력 데이터는 유사성 또는 선호도의 데이터가 이용된다. 정량적 데이터는 유사성이나 선호도가 간격척도나 비율척도로 측정된 데이터이며, 정성적 데이터는 순서척도에 의해 얻어진 데이터이다.

1.6.3. 다차원 척도법의 선택

다차원척도법은 주로사람들의 심리상에 위치한 관측대상들의 상대적인 위치를 도표화하여 나타내는 기법이다. 종류에는 전통적 다차원척도법(classical MDS), 반복 다차원 척도법(replicated MDS), 가중다차원척도법(weighted MDS) 등이 있다.

전통적 다차원 척도법은 비유사성 데이터 행렬이 단 한개인 경우로 가장 간단하다. 반복 다차원 척도법은 두 개 이상의 데이터 행렬을 분석하는 경우에 사용된다. 가중다차원척도법은 개인별 또는 세부적인 집단별 평가가 가능한 다차원 척도법으로 INDISCAL(individual difference scaling)이라고 한다.

1.6.4. 차원수 결정

다차원척도법은 입력 데이터를 이용하여 공간상에서 관측대상들 간의 상대적인 거리를 정확히 자리매김하여 다차원 평가공간을 형성한다. 관측대상들의 상대적인 거리의 정확도를 높이기 위해 다차원공간에서의 적합(fitting)은 더 이상 개선이 안될 때가지 반복적으로 계속된다. 이 적합의 정도를 스트레스값(stress value)으로 나타낸다. 즉 스트레스값은 불일치의 정도(badness of fits)로 볼수 있다. 스트레스값의 크기에 따라 차원수 결정이 적절한지 어떤지를 판단하게 된다.

스트레스값은 실제 거리와 추정된 거리 사이의 오차정도를 나타내는 것으로 다음과 같은 공식에 의해서 계산된다.

$$S = \sqrt{\frac{\sum_{1=i,i\neq j}^{n}(d_{ij}-\widehat{d_{ij}})^2}{\sum_{1=i.i\neq j}^{n}(d_{ij})^2}}$$

d_{ij} =관측대상 i부터 j까지의 실제거리

$\widehat{d_{ij}}$ = 프로그램에 의해서 추정된 거리

분석프로그램에 의해 추정된 거리가 실제 거리와 일치하면, (d_{ij} $-\widehat{d_{ij}}$)는 0이 되어 스트레스값은 0이 된다. 이것은 곧 추정이 완벽함을 의미한다. 크러스컬(Kruscal)은 추정이 잘 되었는지의 여부를 나타내는 적합정도를 다음과 같은 표로 제시하고 있다. 스트레스값이 줄어드는 방향으로 분석과정을 반복해 가면 관측대상들의 좌표가 변한다.

[표 6-3] Stress에 대한 Kruscal의 기준치

스트레스값	적합 정도
0.20	나쁨(Poor)
0.1	보통(Fair)
0.05	좋은(Good)
0.02	아주 좋음(Excellent)

1.6.5. 차원의 이름과 포지셔닝맵

차원의 수가 정해지면, 차원의 이름을 결정한다. 요인분석에서 요인의 이름을 결정하는 것과 같은 원리에 의해서 다차원 척도법에서도 각 차원의 이름을 결정한다. 차원의 이름은 관측대상들에 대해 잘 알고 있는 전문가에 의한 방법, 회귀분석을 통한 방법, 점수 간의 상관계수가 큰 속성을 차원의 이름으로 정하는 방법 등이 있다. 각 차원의 이름을 정하고 나면 포지셔닝맵을 얻을 수 있다. 포지셔닝맵이란 소비자들이 특정 대상에 대해서 느끼는 심리적 공간상의 위치를 말한다. 포지셔닝맵은 시장과 경쟁구조에 대한 기초적인 진단을 통해 소비자들의 인지, 선호, 선택에 이르는 일련의 과정을 일관성 있게 이해할 수 있도록 해 준다.

1.6.6. 신뢰성과 타당성 검증

다차원 척도법의 분석 결과에 대해 신뢰성과 타당성 검정을 위해서는 모형의 적합도 지수(index of fit)를 알아보아야 한다. 모형의 적합도 지수는 회귀분석에서의 결정계수 R^2과 유사한 개념이다. 적합도 지수는 0과 1 사이의 값을 가지며, 보통 0.6 이상이면 설명력이 높다고 할 수 있다.

1.7. 다차원 척도분석 결과의 해석

다차원 분석법의 해석은 다소 자의적인 판단에 근거한다.

같은 연구결과에 대한 차원의 결정은 연구자의 주관에 따라 다르게 나타날 수 있다.

다차원 척도분석에 의해 2차원 평면의 산점도를 나타냈을 때, 두 축(axes)은 그 자체로는 의미가 없으며, 단지 척도법에 적용받는 모든 개체들의 '유사성' 혹은 '비유사성'과 그에 대해 출력된 '거리' 관계를 나타내 줄 뿐이다.

따라서 다차원 척도법의 도면에서 가장 중요한 것은 표시된 어떤 개체들 간의 가깝고 먼 위치를 살펴보는 것이다.

1.7.1. 군집과 차원

군집은 일군의 개체들이 다른 개체들과 거리를 유지하면서 집중되어 있는 분포이다. 예를 들어 동물들 간의 유사성을 평가한 다차원 척도분석의 산점도에서, 소 말 돼지 등 가축이 하나의 군집을 형성하고, 호랑이 사자 등의 맹금류가 하나의 무리를 형성하는 것을 볼 수 있다.

개체들이 이루고 있는 군집은 하위유목을 후속적으로 분석할 필요가 있다.

군집을 이루고 있는 개체들의 거리가 촘촘하면 이들 거리차이가 분석에서의 유의미한 차이를 반영한다고 보기는 어렵다.

종종 분석대상인 개체들의 속성을 결정하는 도면상의 수학적 차원이 평가자들이 인식하는 차원보다 부족한 경우가 있는데, 이는 분석된 수학적 차원이 직교(orthogonal)하거나, 수직적인 형태를 이룸으로써 분류효과를 극대화시키는 성향이 있기 때문이다.

1.7.2. 요인분석과 다차원 척도법의 비교

다차원 척도법은 자료유형, 분석방법, 분석의 적용을 필요로 하는 연구 질문의 유형이 요인분석과 비슷하다.

요인분석은 다변량 정규분포 및 선형관계를 전제로 하여 쓰여지지만, 다차원 척도법에서는 이런 제약이 없다.

요인분석은 변인들 간의 상관관계를 필요로 하지만, 다차원척도법은 개체들 간의 유사성 및 거리의 척도 및 자료만을 필요로 한다.

1.8. 다차원 척도 실행

1.8.1. 전통적 다차원 척도법

전통적인 다차원 척도법은 입력되는 데이터 행렬이 하나인 경우에 사용된다.

미국의 주요 도시의 위치를 나타내는 지도가 주어져 있다. 이 지도로부터 주요 도시 간 거리를 측정한 데이터표가 다음과 같다. 이 데이터로부터 원래의 지도를 재현시킬 수 있는 방법을 모색해 보자

	아틀란타	시카고	덴버	휴스톤	로스앤젤레스	마이애미	뉴욕	샌프란시스코	시애틀	워싱턴
1	.00	.	.	.	.	.	.	.	.	.
2	587.00	.00	.	.	.	.	.	.	.	.
3	1212.00	920.00	.00	.	.	.	.	.	.	.
4	701.00	940.00	879.00	.00	.	.	.	.	.	.
5	1936.00	1745.00	831.00	1374.00	.00	.	.	.	.	.
6	604.00	1188.00	1726.00	968.00	2339.00	.00	.	.	.	.
7	748.00	713.00	1631.00	1420.00	2451.00	1092.00	.00	.	.	.
8	2139.00	1858.00	949.00	1645.00	347.00	2594.00	2571.00	.00	.	.
9	2182.00	1737.00	1021.00	1891.00	959.00	2734.00	2408.00	678.00	.00	.
10	543.00	597.00	1494.00	1220.00	2300.00	923.00	205.00	2442.00	2329.00	.00
11										

분석할 변수로 아틀란타에서 워싱턴까지의 모든 변수를 입력한다.

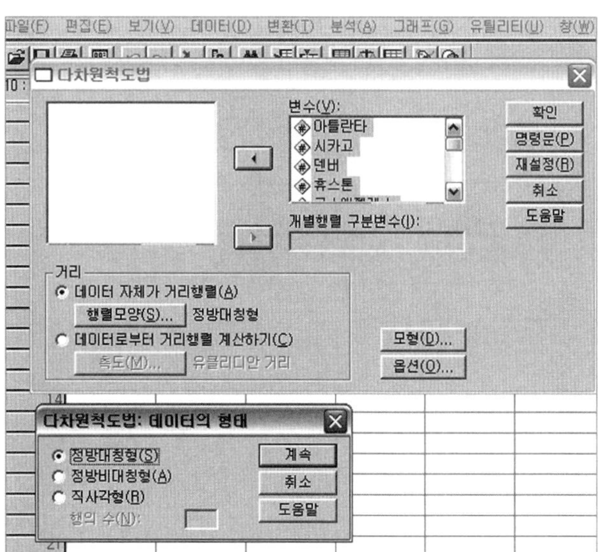

거리에서 행렬모양을 클릭하고 데이터의 형태에서 정방대칭형을 선택하고 계속한다. 대화상자에서 [모형] 버튼을 클릭하면 아래와 같은 대화상자가 나타난다.

측정수준에서 비율척도(R)를 입력하고 나머지는 초기지정상태 그래도 계속을 입력한다.

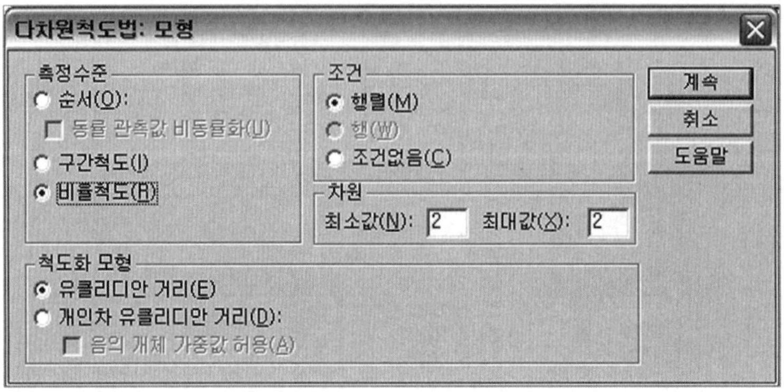

대화상자에서 [옵션] 버튼을 클릭하면 다음과 같은 대화상자가 나타난다. 출력에서 집단도표에 클릭하고 나머지는 초기지정상태 그대로 [계속] 버튼을 클릭하고, [확인] 버튼을 누르면 분석결과를 얻는다.

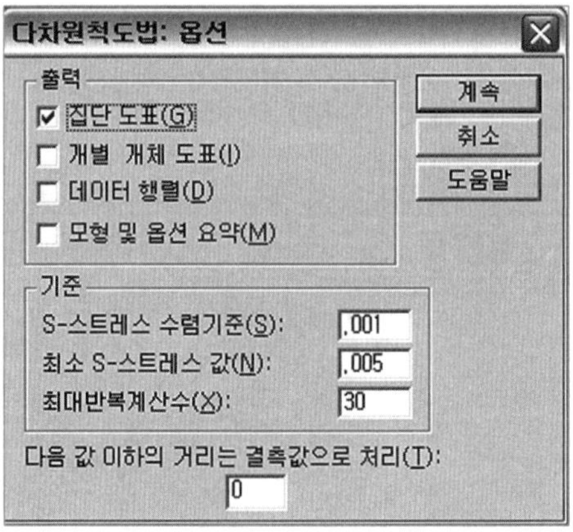

1.8.2. 분석결과 및 결과의 해석

① 반복과정

```
➔ 다차원척도법(ALSCAL)

♀

Iteration history for the 2 dimensional solution (in squared distances)
                 Young's S-stress formula 1 is used.
               Iteration     S-stress      Improvement
                   1           .00308
                      Iterations stopped because
                      S-stress is less than   .005000

           Stress and squared correlation (RSQ) in distances

RSQ values are the proportion of variance of the scaled data (disparities)
           in the partition (row, matrix, or entire data) which
            is accounted for by their corresponding distances.
             Stress values are Kruskal's stress formula 1.


               For  matrix
    Stress  =  .00298     RSQ =  .99996
♀
```

위의 결과는 반복적인 실행과정을 나타내고 있다. 모두 1회의 반복이 이루어졌으며, 스트레스값의 향상이 1회에 0.00308로서 0.005보다 작게 되어 종료되었음을 보여주고 있다. 현재 스트레스값은 0.00298로서 이 모형이 매우 적합하다는 것을 보여주고 있다. 그리고 RSQ값은 0.6 이상을 나타내고 있어 모형이 적합하다는 것을 다시 한 번 확인시켜 주고 있다.

② 좌표값

Configuration derived in 2 dimensions

Stimulus Coordinates

Stimulus Number	Stimulus Name	Dimension 1	Dimension 2
1	아틀란타	.9575	-.1905
2	시카고	.5090	.4541
3	덴버	-.6416	.0337
4	휴스톤	.2151	-.7631
5	로스앤젤	-1.6036	-.5197
6	마이애미	1.5101	-.7752
7	뉴욕	1.4284	.6914
8	샌프란시	-1.8925	-.1500
9	시애틀	-1.7875	.7723
10	워싱턴	1.3051	.4469

♀

2차원 평면에서 각 도시의 좌표값을 나타내고 있다. 예를 들면, 아틀란타의 경우 (0.9575, 0.1905)의 값을 보이고 있다.

③ 포지셔닝맵

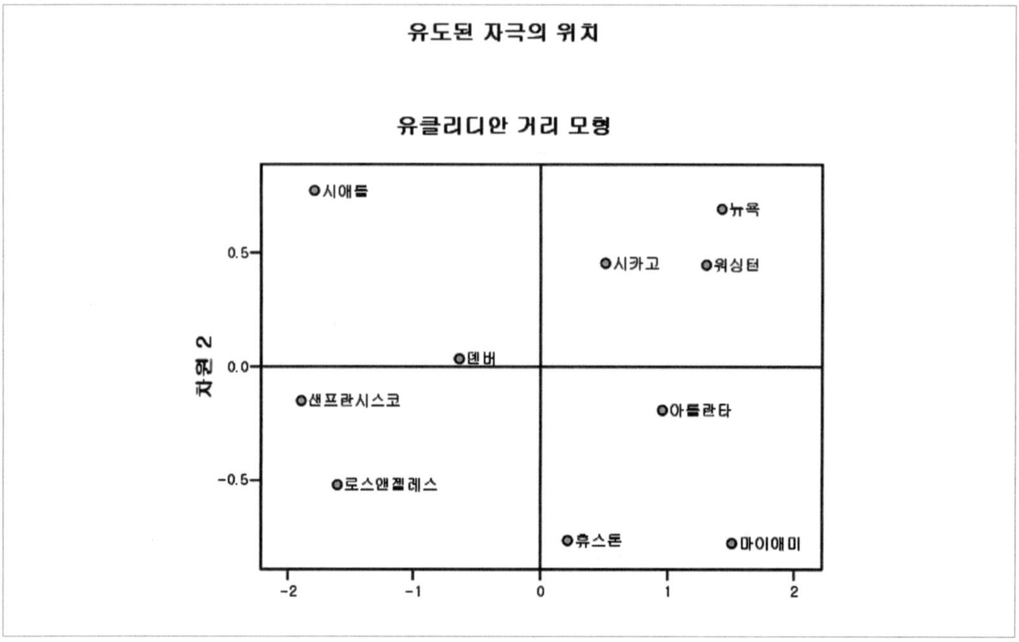

위 도표는 좌표값을 2차원의 평면상에 나타낸 것이다. 이것을 통하여 각 도시의 위치와 거리관계를 알 수 있다. 문제의 각 도시 간 거리 데이터로부터 원래의 지도를 재현시킨 셈이다.

④ 유클리드 모형에 의한 선형 적합성 산포도

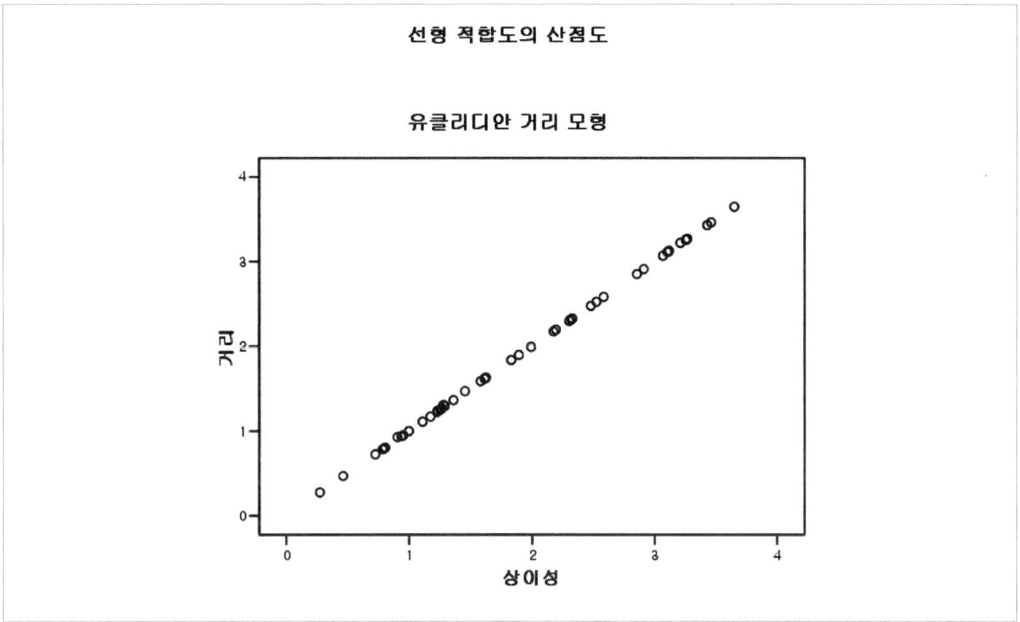

이 산포도는 각 도시들을 유클리디안 거리로 나타내고 있다. 이 도시들은 대각선상에 선형으로 위치하고 있어, 이 모형이 적합함을 말해주고 있다. 도시들 간의 거리가 2차원 평면상에 정부의 손실 없이 얼마나 잘 위치했는가를 판단하는데 선형적합도의 산포도를 이용할 수 있다.

1.8.3. 반복 다차원 척도법

반복 다차원 척도법(replicated MDS)는 두 개 이상의 데이터 행렬을 분석하는 경우에 사용되는 기법으로서 전통적 다차원 척도법을 확장한 것이다. 이 기법은 유클리디안 거리 모형을 응용해서 여러 개의 비유사성 데이터 행렬을 동시에 분석할 수 있다.

다음은 국내의 창고형 대형 유통 할인점 5개의 기업 이미지가 어느 정도로 유사한지를 측정하기 위한 설문지 양식이다. 측정대상 기업은 플라이스클럽, 이마트, 까르프, 킴스클럽, 월마트 등이다.

	매우 유사하다						전혀 다르다
플라이스클럽-이마트	1	2	3	4	5	6	7
플라이스클럽-까르프	1	2	3	4	5	6	7
플라이스클럽-킴스클럽	1	2	3	4	5	6	7
…….							
킴스클럽-월마트	1	2	3	4	5	6	7

평가되는 데이터를 쌍으로 묶어서 계산하면 모두 5C2=10이 된다. 예제로서 두 사람에 대한 설문조사 결과를 입력하면 다음과 같다.

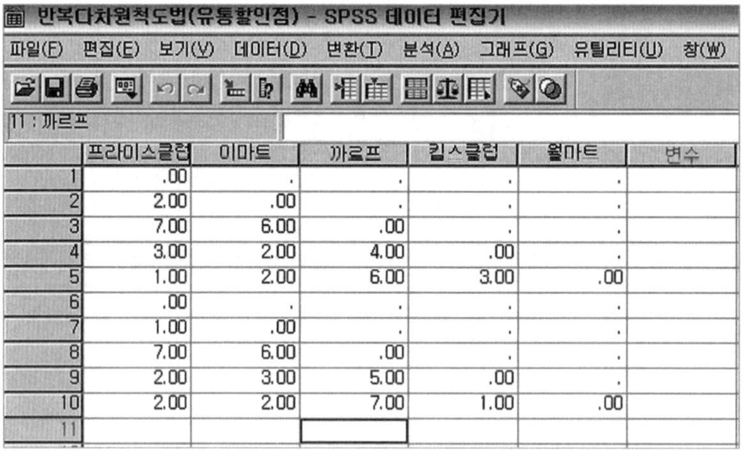

	프라이스클럽	이마트	까르프	킴스클럽	월마트	변수
1	.00	.	.	.	.	
2	2.00	.00	.	.	.	
3	7.00	6.00	.00	.	.	
4	3.00	2.00	4.00	.00	.	
5	1.00	2.00	6.00	3.00	.00	
6	.00	.	.	.	.	
7	1.00	.00	.	.	.	
8	7.00	6.00	.00	.	.	
9	2.00	3.00	5.00	.00	.	
10	2.00	2.00	7.00	1.00	.00	
11						

메뉴에서 〈통계분석〉, 〈척도화분석〉, 〈다차원척도법〉을 선택한다.

변수로 프라이스클럽, 이마트, 까르프, 킴스클럽, 월마트 등을 선택한다.

다차원 척도법 대화상자에서 [모형] 버튼을 클릭한 다음, 〈측정 수준〉은 〈구간척도〉를 지정하고 나머지는 초기 지정 상태로 [계속] 버튼을 클릭한다.

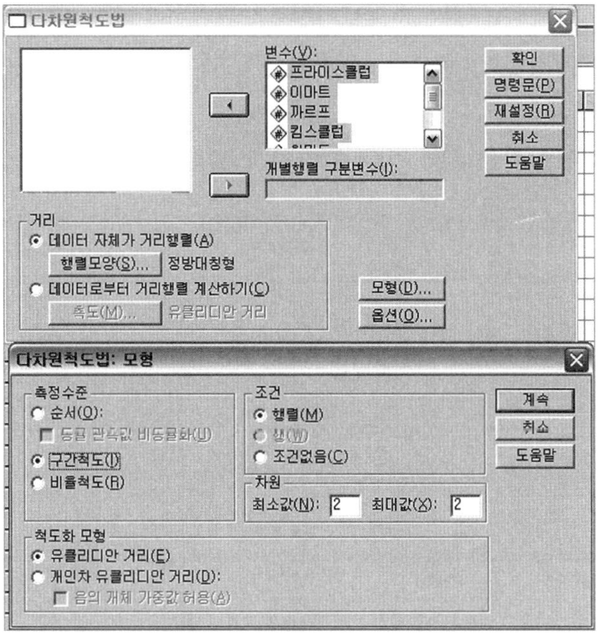

[옵션] 버튼을 클릭하고, 대화상자에서 [집단도표]를 클릭한다. 나머지는 초기지정 상태로 [계속] 버튼을 누른다. 앞의 화면으로 복귀되면 [확인] 버튼을 누르면 분석결과를 얻는다.

1.8.4. 분석결과 및 결과의 해석방법

① 반복과정

➡ 다차원척도법(ALSCAL)

```
Iteration history for the 2 dimensional solution (in squared distances)

                Young's S-stress formula 1 is used.

              Iteration     S-stress      Improvement

                  1           .11559
                  2           .11400           .00159
                  3           .11373           .00027

                        Iterations stopped because
               S-stress improvement is less than   .001000

             Stress and squared correlation (RSQ) in distances

RSQ values are the proportion of variance of the scaled data (disparities)
          in the partition (row, matrix, or entire data) which
           is accounted for by their corresponding distances.
            Stress values are Kruskal's stress formula 1.

        Matrix      Stress      RSQ   Matrix      Stress      RSQ
           1          .107     .954      2          .132     .941

        Averaged (rms) over  matrices
    Stress  =   .12002      RSQ =  .94742
```

반복적인 실행결과를 나타내는 것으로 모두 3회의 반복이 일어났다. 스트레스값의 향상이 마지막회 0.00027로 0.001보다 작게 되어 끝나고 있음을 보여주고 있다. 현재 스트레스값은 0.12002로서 이 모형은 보통이다. 그리고 RSQ는 0.94742로 0.6 이상의 값을 보여주고 있어 이 모형이 적합하다는 것을 확인시켜 주고 있다.

② 좌표값

Configuration derived in 2 dimensions

Stimulus Coordinates

Stimulus Number	Stimulus Name	Dimension 1	Dimension 2
1	프라이스	1.2130	.0646
2	이마트	.6499	.6289
3	까르프	-2.5420	.1869
4	킴스클럽	-.2010	-.3808
5	월마트	.8802	-.4995

2차원 평면에서 기업 간의 좌표값을 나타내고 있다. 예를 들면, 프라이스클럽의 경우 (1.2130,0.0646)의 값을 보이고 있다. 각 기업 간의 좌표값을 통해 동일 차원으로 간주될 수 있다는 것이 추측 가능하다. 즉 프라이스클럽과 이마트는 1차원의 좌표값이 양의 값을 갖고, 2차원의 값도 양의 값을 갖고 있어 동일차원에 포지셔닝 될 것이라고 예측할 수 있다.

③ 포지셔닝맵

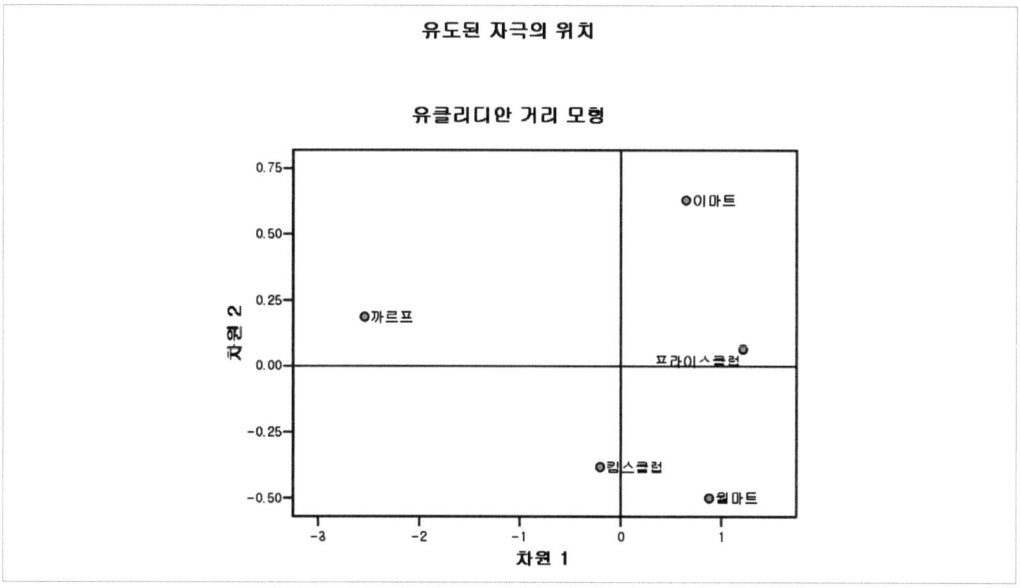

2차원 평면상에 나타난 그림을 보면 이마트와 프라이스 클럽의 이미지가 비슷함을 알 수 있다.

④ 유크리디안 모형에 의한 선형 적합성 산포도

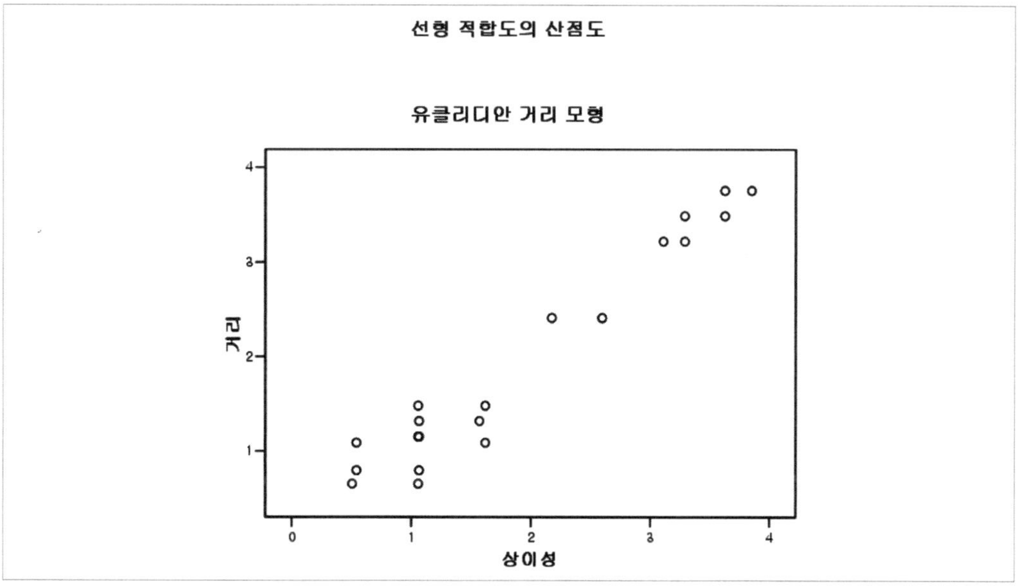

이 산포도는 각 기업에 대한 데이터들을 유클리디안 거리로 나타내고 있는데, 이들은 선형적으로 나타나고 있어 모형이 적합함을 보여주고 있다.

1.8.5. 가중 다차원 척도법

가중 다차원 척도법은 유클리디안 거리모형을 일반화한 것으로 여러개의 비유사성 데이터 행렬들은 비선형적으로 서로 다르다고 가정한다. 반복 다차원 척도법은 개별측정의 차이만을 설명해 주지만, 가중다차원척도법은 개인별 차이를 인지과정상에서 설명해 준다. 모든 사람에게 공통적인 공간이 있지만, 각 개인은 각 공간의 차원에 대하여 고유한 가중치를 갖는다고 가정하여 전체적인 차원과 개인별 가중치를 고려한 데이터를 제공해 준다.

다음의 데이터는 1998년 4월 1일자 동아일보의 기사내용을 인용한 것이다. 미국의 경제예측기관인 와튼 계량경제 예측연구소(WEFA)가 1983년 3월 중 국가별 위험도를 조사한 결과이다. 이 조사결과에 대한 국가별 포지셔닝 맵을 작성해 보자.

	요인	미국	독일	호주	일본	중국	홍콩	인도	인도네시아	말레이시아	파키스탄	필리핀	싱가포르
1	경제성장	8	7	6	2	6	4	4	2	5	4	4	6
2	물가	7	8	8	8	6	7	3	1	5	3	4	6
3	금리	7	6	7	9	6	6	3	3	4	3	5	5
4	환율	7	6	6	5	7	7	3	1	4	3	5	6
5	금융시장	9	9	9	3	6	6	7	3	5	2	3	7
6	재정건전	8	6	7	7	6	6	4	4	6	2	5	8
7	외채	9	10	7	10	6	8	5	2	6	2	4	9
8	노사관계	9	8	6	8	6	7	6	3	6	3	5	7
9	기업신뢰	9	7	8	6	7	5	5	2	5	3	5	7
10	규제완화	9	7	8	7	6	7	5	4	7	3	5	8
11	사회안정	9	8	8	8	6	7	6	2	7	3	5	9
12	정치안정	9	9	8	8	5	6	5	2	7	3	5	9

	호주	일본	중국	홍콩	인도	인도네시아	말레이시아	파키스탄	필리핀	싱가포르	대만	태국	베트남	한국
1	6	2	6	4	4	2	5	4	4	6	6	4	6	3
2	8	8	6	7	3	1	5	3	4	6	7	5	5	3
3	7	9	6	6	3	3	4	3	5	5	6	3	3	5
4	6	5	7	7	3	1	4	3	5	6	7	4	3	3
5	9	3	6	6	7	3	5	2	3	7	6	4	2	2
6	7	7	6	6	4	4	6	2	5	8	7	4	4	6
7	7	10	6	8	5	2	6	2	4	9	8	2	3	3
8	6	8	6	7	6	3	6	3	5	7	8	3	5	4
9	8	6	7	5	5	2	5	3	5	7	7	4	4	4
10	8	7	6	7	5	4	7	3	5	8	8	8	3	5
11	8	8	6	7	6	2	7	3	5	9	7	4	5	4
12	8	8	5	6	5	2	7	3	5	9	6	4	4	3
13														

첫째 열에 국가 위험도를 나타내는 요인변수를 입력하고 나머지 각 열에 국가별로 위험도 수치를 입력한다.

메뉴에서 통계분석 → 척도화분석 → 다차원척도법(M)을 선택한다.

대화상자가 나타나면 16개 국가를 모두 〈변수〉로 지정한다.

〈거리〉에서 〈데이터로부터 거리행렬 계산하기〉를 선택하고 〈측도〉를 선택하면 다음과 같은 대화상자가 나타난다. 계속을 누른다.

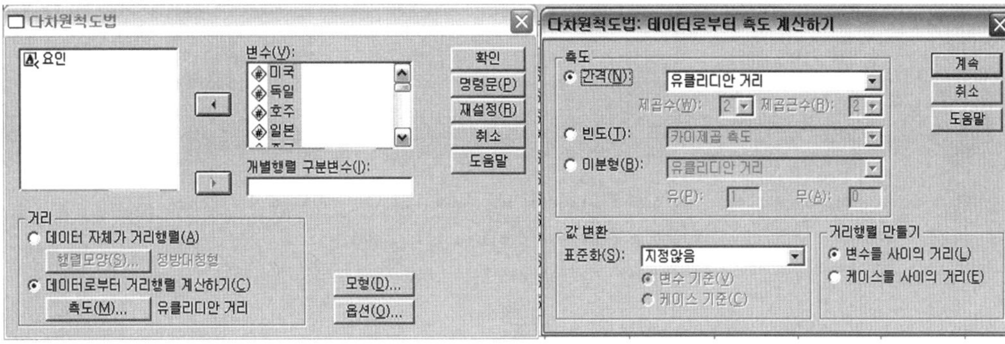

다차원척도법 대화상자에서 [모형] 버튼을 클릭하면 다음과 같은 대화상자가 나타난다. 측정수준은 [구간척도]를 지정하고 척도화 모형으로는 [개인차 유클리디안 거리]를 선택한다. 조건에서는 [조건 없음]을 지정하여 모든 행렬의 값을 비교할 수 있도록 한다. 그다음에 [계속] 버튼을 클릭하면 앞의 화면으로 복귀한다.

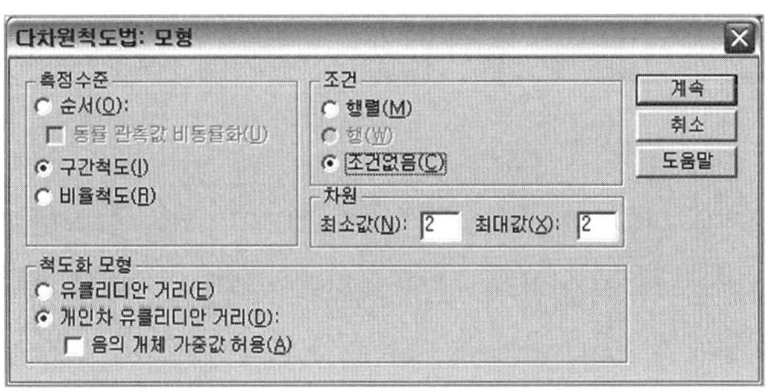

다차원 대화상자에서 [옵션] 버튼을 클릭하면 다음과 같은 대화상자가 나타난다. 출력으로 〈집단도표〉를 정하고 나머지는 초기지정 상태 그대로 [계속] 버튼을 클릭하면 앞의 화면으로 복귀한다. 여기서 [확인] 버튼을 누르면 분석결과를 얻는다.

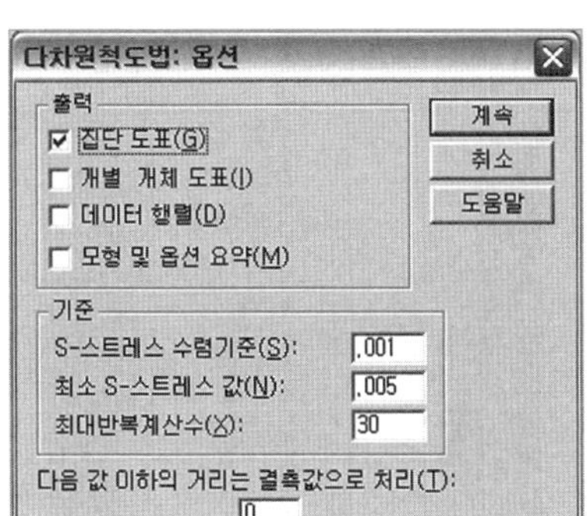

1.8.6. 분석결과 및 결과의 해석방법

① 반복과정

```
          Iteration history for the 2 dimensional solution (in squared distances)

                         Young's S-stress formula 1 is used.

                        Iteration     S-stress       Improvement

                            0          .51395
                            1          .50350
                            2          .39643           .10707
                            3          .39150           .00493
                            4          .39060           .00089

                                Iterations stopped because
                         S-stress improvement is less than   .001000

                    Stress and squared correlation (RSQ) in distances

          RSQ values are the proportion of variance of the scaled data (disparities)
                      in the partition (row, matrix, or entire data) which
                       is accounted for by their corresponding distances.
                        Stress values are Kruskal's stress formula 1.


               Unconditional  over  matrices
             Stress  =   .315      RSQ =  .623
```

반복적인 실행결과를 나타내는 것으로 모두 4회의 반복이 일어났다. 스트레스값의 향상이 마지막에 0.00089로서 0.001보다 작게 끝나고 있다. 현재의 스트레스값은 0.315로서 (>0.2) 이 모형은 적합도가 매우 나쁘다. 그러나 RSQ는 0.623(>0.6)로서 모형의 설명력은 비교적 높다고 할 수 있다.

② 좌표값

Stimulus Coordinates

Stimulus Number	Stimulus Name	Dimension 1	Dimension 2
1	미국	1.1974	1.6552
2	독일	1.1527	1.3672
3	호주	.6331	1.5175
4	일본	1.3687	-.9222
5	중국	.1119	.5241
6	홍콩	.7417	.0365
7	인도	-.7002	.6724
8	인도네시	-1.6608	-1.1305
9	말레이지	.1376	-.0701
10	파키스탄	-1.4054	-1.2396
11	필리핀	-.5059	-.8632
12	싱가포르	1.0746	.8076
13	대만	.8414	.3889
14	태국	-1.1967	-.2656
15	베트남	-.8432	-1.2184
16	한국	-.9468	-1.2596

2차원 평면에서 각국의 좌표값을 나타내고 있다. 각 나라 간의 좌표값을 통해 동일차원으로 간주될 수 있다는 것이 추측 가능하다.

③ 국가별 포지셔닝

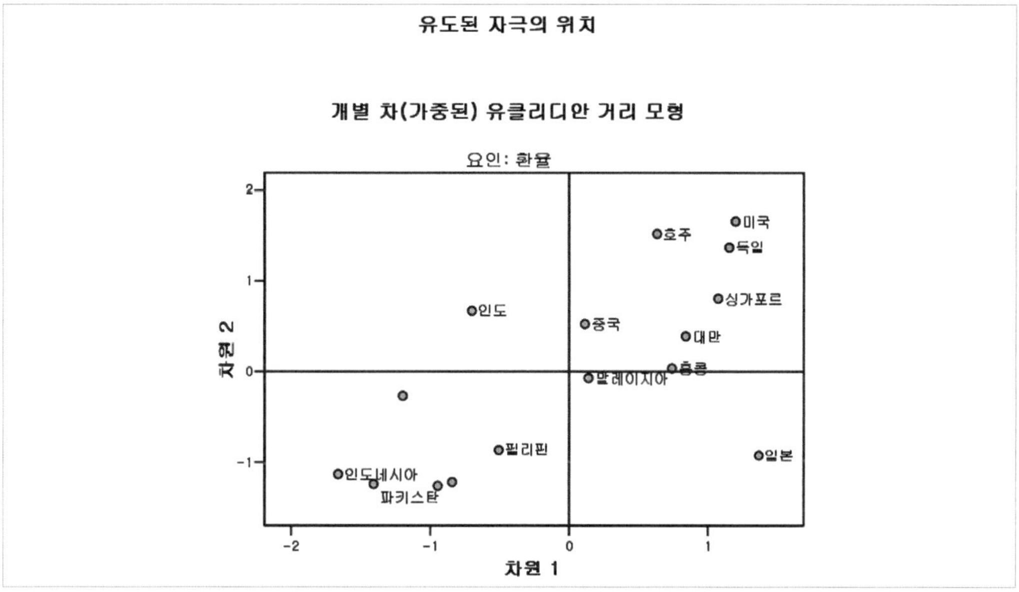

분석결과 (미국, 독일, 호주, 싱가포르) 등이 동일한 포지션에 , (중국 대만, 홍콩, 말레이시아)가 비슷한 포지션에 (인도네시아, 파키스탄, 한국, 필리핀, 베트남)이 동일한 포지션에 있다는 것을 알 수 있다. 다차원 척도법에서 중요한 것은 포지셔닝 맵의 형상만이 의미가 있으며, 차원의 방향은 의미가 없다. 따라서 필요에 따라서 차원의 방향은 회전 가능하다.

1.9. PASW Statistics 다차원 척도법

1.9.1. ALSCAL

ALSCAL은 Takane, Young and de Leeuw(1977) 등 미국의 계량심리학(psychometric) 그룹이 개발한 알고리즘이다.

1.9.2. PROXSCAL

PROXSCAL Commandeur and Heiser(1996) 등 네덜란드 라이덴 대학의 DTSS(Data Theory Scaling System) 그룹이 개발한 알고리즘이다.

1.9.3. 그 밖의 MDS (Young, 1985)

MINISSA, KYST, INDSCAL, MULTISCAL, SMACOF

1.10. 계량형 MDS(ALSCAL)

데이터: Cities.sav

1. 데이터: cities.sav

	Cities	Athens	Berlin	Dublin	London	Madrid	Paris	Rome	Warsaw
1	Athens	0	1119	1777	1486	1475	1303	646	1013
2	Berlin	.	0	817	577	1159	545	736	327
3	Dublin	.	.	0	291	906	489	1182	1135
4	London	.	.	.	0	783	213	897	904
5	Madrid	.	.	.	.	0	652	866	1483
6	Paris	.	.	.	.	.	0	694	859
7	Rome	.	.	.	.	.	.	0	839
8	Warsaw	.	.	.	.	.	.	.	0

- 이 사례는 실제 MDS의 고유의 목적에 맞지 않지만, MDS에 대한 신빙성을 보이는 데 효과적이다.
- 유럽의 8개 도시 간 항공거리이다. 즉, 도시가 객체에 해당한다.
- 이 자료로부터 실제 유럽 도시 지도를 만들 수 있는가를 보고자 한다.

프로시저

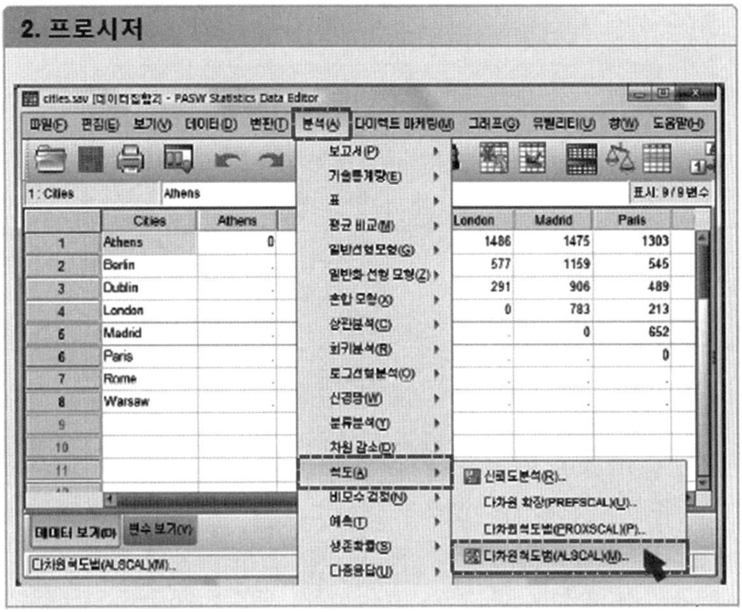

• [분석] → [척도] → [다차원 척도법(ALSCAL)]

1.10.1. 데이터: Cities.sav

유럽의 8개 도시 간 항공거리가 입력되어 있는 데이터이다. 이 사례는 실제 MDS의 고유 목적에 맞지 않지만, MDS의 이해를 돕는 데 효과적이다.

1.10.2. 프로시저

[분석(Analyze)] → [척도(Scale)] → [다차원 척도법(Multidimensional Scaling ALSCAL)]

다차원 척도법(ALSCAL) 주 대화상자

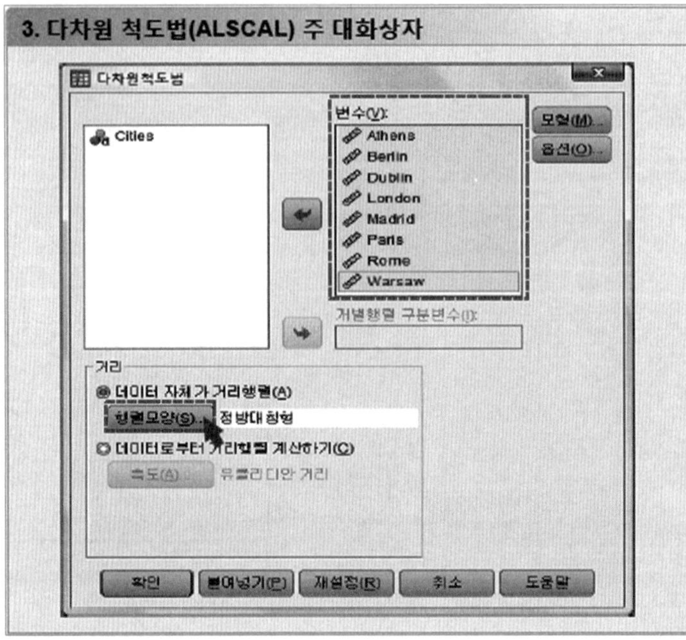

• 변수(V)에 'Cities'를 제외한 모든 변수를 넣는다.
• 거리의 [행렬모양] 버튼을 클릭한다.

다차원 척도법: 데이터의 형태

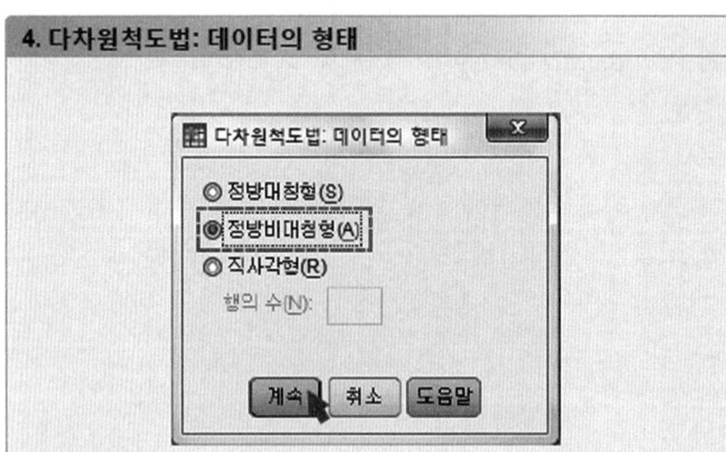

• 정방대칭형: 대각선을 중심으로 대칭적으로 같은 거리 값을 모두 입력한 경우
• 정방비대칭형: 상삼각 칸에만 값을 넣은 경우
현재 데이터는 상삼각 칸에만 데이터가 있으므로 '정방비대칭형'을

선택한다.

[계속] 버튼을 클릭한다.

1.10.3. 다차원 척도법(ALSCAL) 주 대화상자

데이터 자체가 거리행렬(Data are distances): 데이터 값이 거리인 경우

- 정방대칭형(Square symmetric): 정사각 대칭적 자료의 경우
- 정방비대칭형(Square asymmetric): 정사각 비대칭적 자료의 경우

데이터로부터 거리행렬 계산하기(Create distances from data): 객체들이 정해진 수의 속성 값으로 측정된 다변량 자료 형태의 경우

입력 모형의 결정

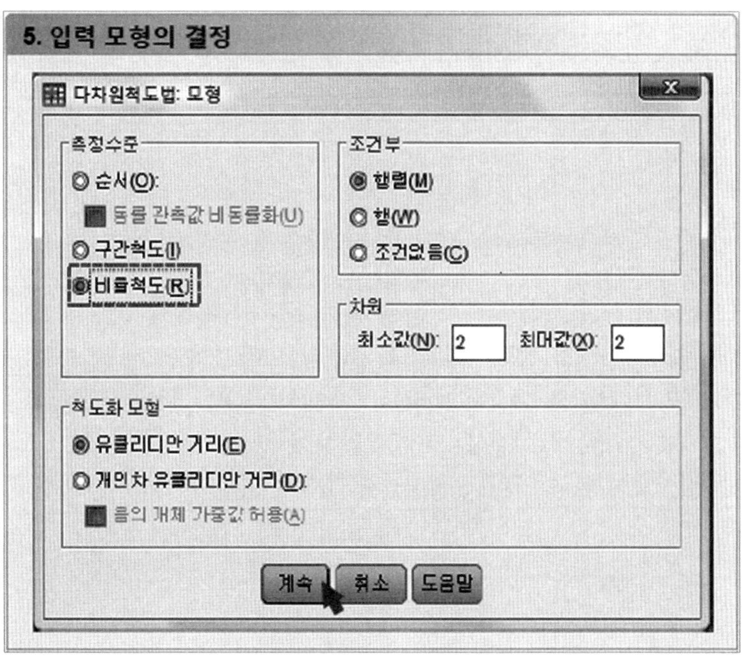

- 주 대화상자에서 [모형] 버튼을 클릭한다.
- 측정수준을 '비율척도'로 한다.

옵션 설정

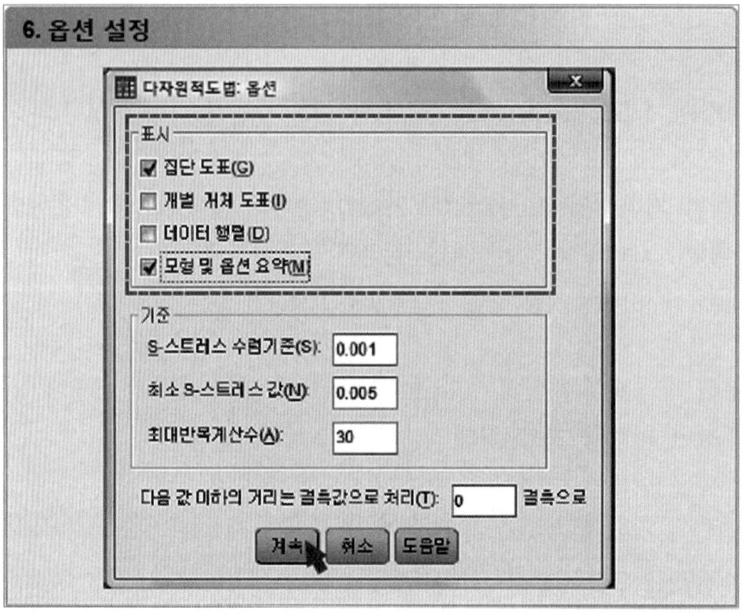

• [계속] 버튼을 클릭한다.

1.10.4. 옵션 설정

표시

- 집단 도표(Group plots): 객체들의 위치를 집합적으로 보여줌
- 개별 개체 도표(Individual subject plots): 개인(피험자)별 가중치를 보여줌
- 데이터 행렬(Data matrix): 분석자료 행렬을 보여줌
- 모형 및 옵션 요약(Model and options summary): 산출모형과 적용 옵션에 대한 요약

출력결과 (1)

7. 출력결과 (1)

```
Alscal Procedure Options
 :
          Iterations stopped because
   S-stress improvement is less than   .001000

               Stress and squared correlation (RSQ) in distances

   RSQ values are the proportion of variance of the scaled data (disparities)
               in the partition (row, matrix, or entire data) which
               is accounted for by their corresponding distances.
               Stress values are Kruskal's stress formula 1.

          For  matrix
 Stress  =   .00706     RSQ =  .99981
```

- 2차원의 MDS 스트레스값이 0.00706으로 나타났다.
- 크러스칼의 기준에 의하면 적합정도가 매우 좋음에 해당한다.

출력결과 (2)

8. 출력결과 (2)

Configuration derived in 2 dimensions

Stimulus Coordinates

Stimulus Number	Stimulus Name	Dimension 1	Dimension 2
1	Athens	2.2085	-.5222
2	Berlin	.1673	.8245
3	Dublin	-1.5606	.3982
4	London	-.9434	.2462
5	Madrid	-.8856	-1.4924
6	Paris	-.5983	-.0592
7	Rome	.8057	-.6308
8	Warsaw	.8064	1.2357

- 2차원 MDS에서 각 객체가 위치할 좌표를 보여준다. 이것으로부터 MDS 지도가 만들어진다.

출력결과 (3)

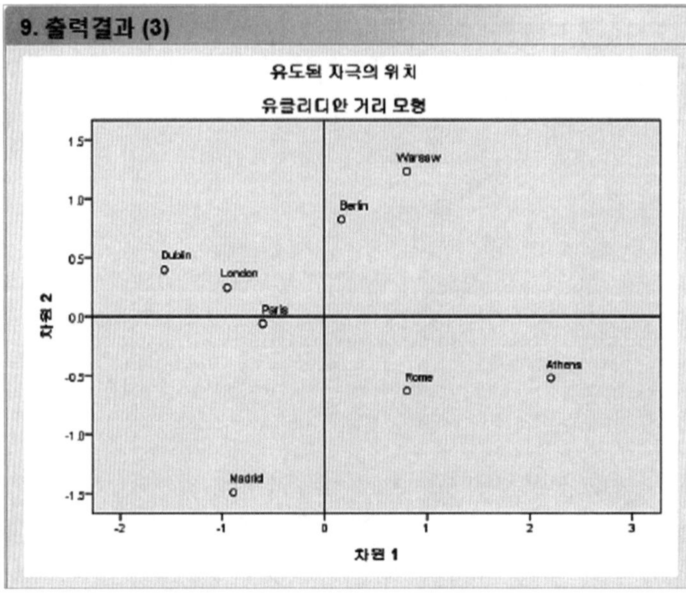

• 유럽 도시 MDS 지도(ALSCAL)

출력결과 (4)

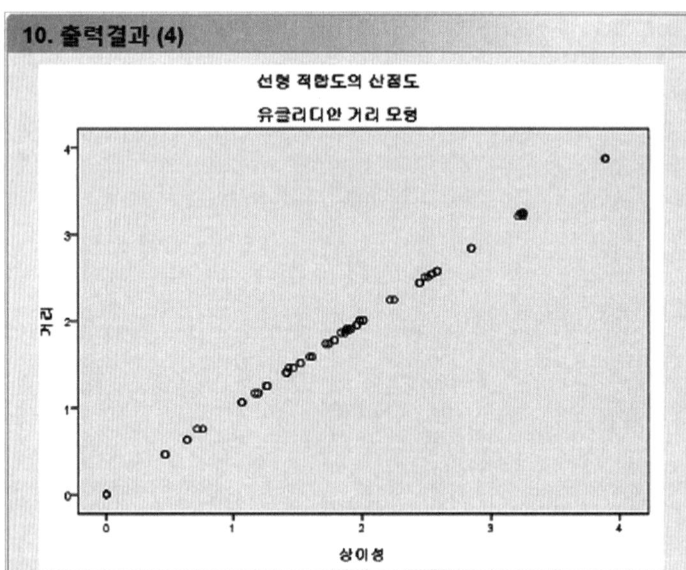

• 객체 간 근접성 변환값과 2차원 MDS에서 타점된 객체 간 거리를 플롯한 그래프이다.
• 대응점들이 거의 일직선상에 놓이는 것으로 보다 MDS 지도가 객체(도시)들을 매우 정확하게 나타냈음을 알 수 있다.

1.11. 계량형 MDS(PROXSCAL)

프로시저

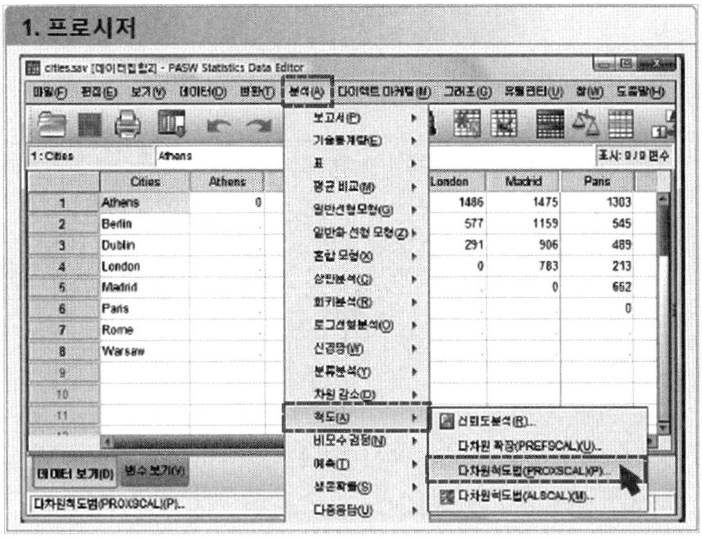

• [분석] → [척도] → [다차원 척도법(PROCSCAL)]

다차원 척도법: 데이터 형식

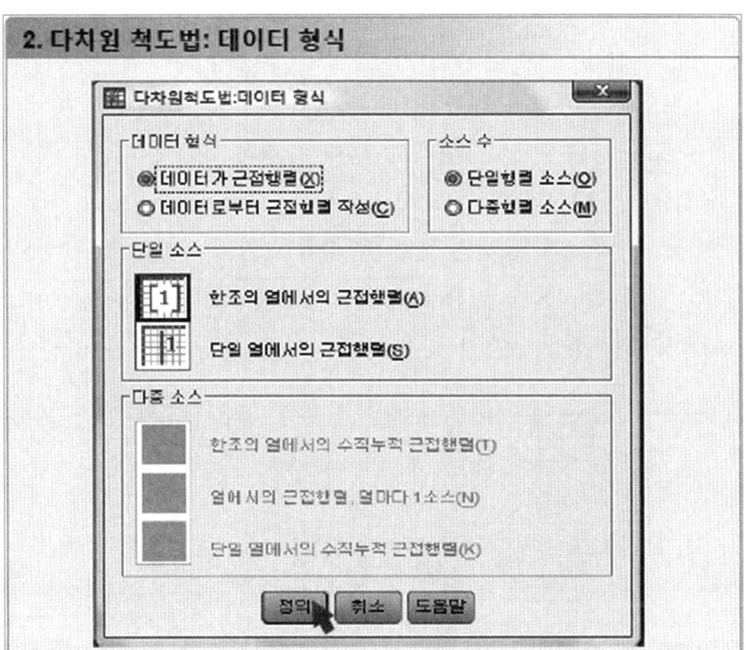

• [정의] 버튼 클릭

1.11.1. 프로시저

[분석(Analyze)] → [척도(Scale)] → [다차원 척도법(Multidimensional Scaling PROXSCAL)]

1.11.2. 데이터 형식

- 데이터 형식(Data Format): 자료가 근접도로 주어졌는지 아니면 자료로부터 근접도를 산출해야 하는 경우인지를 구분한다. 각 경우에 따라 이하 다른 창이 열린다.

- 자료 소스의 수(Number of Sources): 단일 소스의 자료인가, 아니면 다중 소스의 자료인가를 구분한다.

단일 소스(One source): 단일 소스 근접도 자료의 형태

- 한 조의 열에서의 근접행렬(The proximities are in a matrix across columns): 근접도 값이 행렬 형태로 입력된 경우
- 단일 열에서의 근접행렬(The proximities are in a single column): 근접도 값이 1개 열로 입력된 경우, 부수적으로 각 근접도의 해당 행과 열을 나타내는 2개 변수가 필요함.

다중 소스(Multiple sources): 다중 소스 근접도 자료의 형태

- 한 조의 열에서의 수직누적 근접행렬(The proximities are in stacked matrices across columns): 자료가 행렬을 쌓은 형태로 입력된 경우
- 열에서의 근접행렬, 열마다 1소스(The proximities are in columns, one source per column): 각 소스 자료가 별개의 열에 입력된 경우
- 단일 열에서의 수직누적 근접행렬(The proximities are stacked in a single column): 모든 소스 자료가 1개의 열에 쌓여진 경우

다차원 척도법(PROXSCAL) 주 대화상자

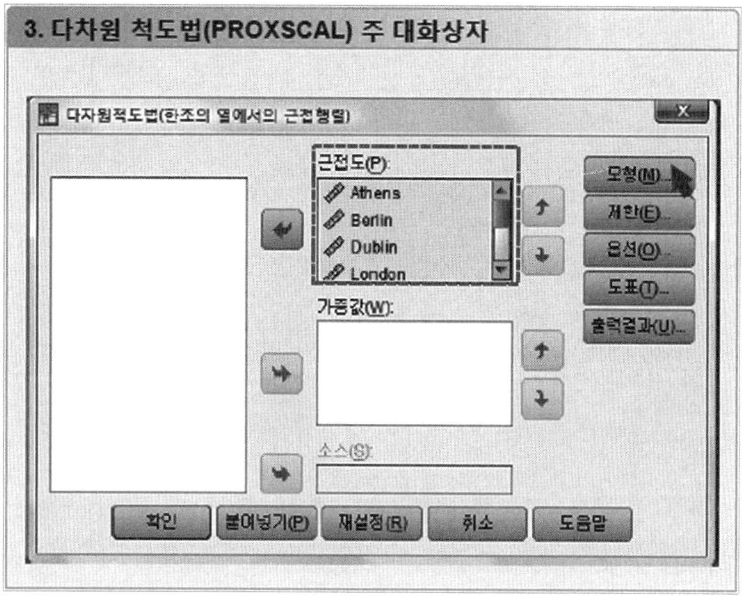

• 근접도(P)에 모든 변수를 다 넣는다.
• [모형] 버튼을 클릭한다.

모형 설정

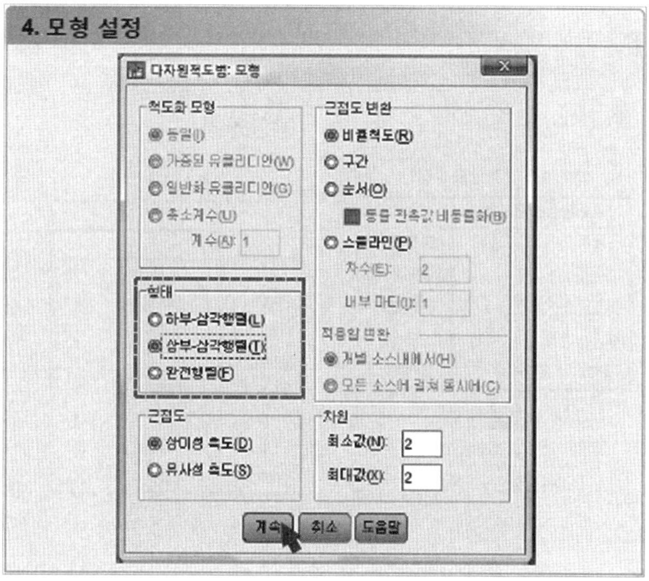

• 형태에서 '상부-삼각행렬'을 선택한다.
• [계속] 버튼을 클릭한다.

도표 설정

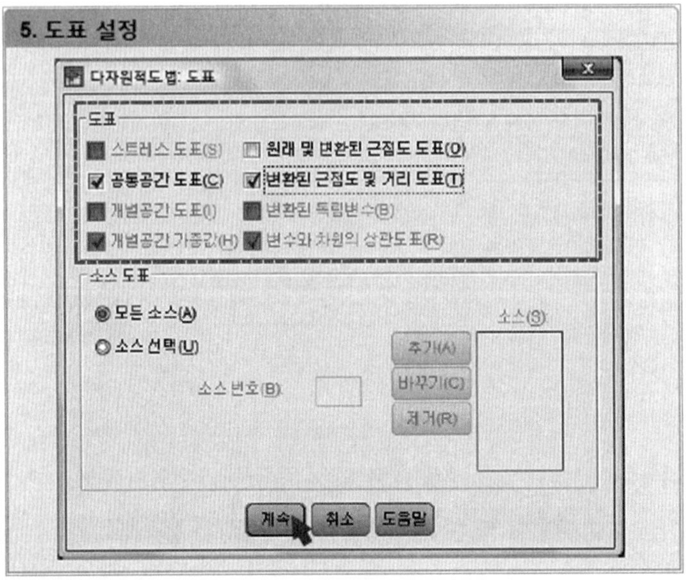

- 주 대화상자엣 [도표] 버튼을 클릭한다.
- [변환된 근접도 및 거리 도표]를 체크한다.
- [계속] 버튼을 클릭한 후, 주 대화상자에서 [확인] 버튼을 클릭한다.

출력결과 (1)

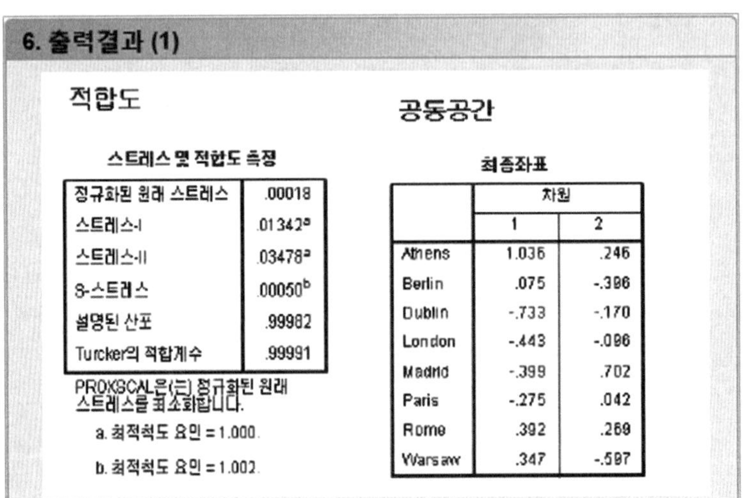
6. 출력결과 (1)

적합도

스트레스 및 적합도 측정

정규화된 원래 스트레스	.00018
스트레스-I	.01342[a]
스트레스-II	.03478[a]
S-스트레스	.00050[b]
설명된 산포	.99982
Turcker의 적합계수	.99991

PROXSCAL은(는) 정규화된 원래 스트레스를 최소화합니다.

a. 최적척도 요인 = 1.000.

b. 최적척도 요인 = 1.002.

공동공간

최종좌표

	차원	
	1	2
Athens	1.036	.246
Berlin	.075	-.396
Dublin	-.733	-.170
London	-.443	-.096
Madrid	-.399	.702
Paris	-.275	.042
Rome	.392	.269
Warsaw	.347	-.597

- 스트레스값이 0.01342로 크러스칼의 기준에 의하면 적합 정도가 매우 좋음에 해당한다.

출력결과 (2)

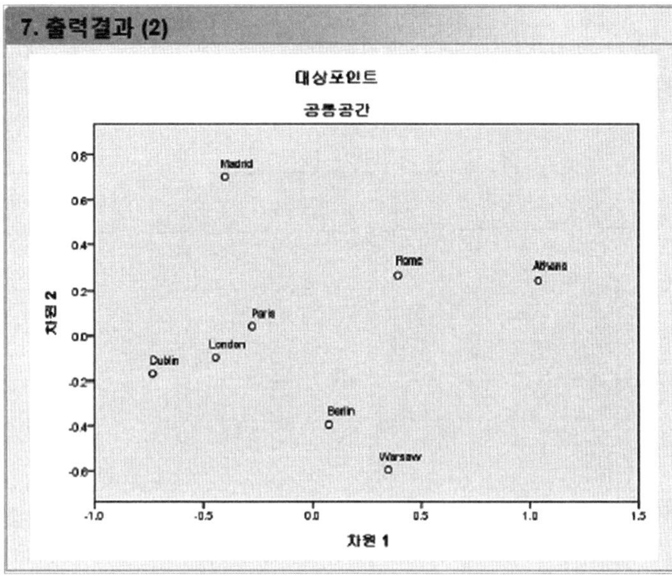

- 유럽도시 MDS 지도: PROXSCAL
- ALSCAL MDS 지도와 비교하여 수직축의 방향이 바뀐 것을 볼 수 있다. MDS는 객체 간 거리를 나타내는 것이 목표이므로 객체 공통공간 그래프의 회전, 반전 등은 얼마든지 자유롭다.

출력결과 (3)

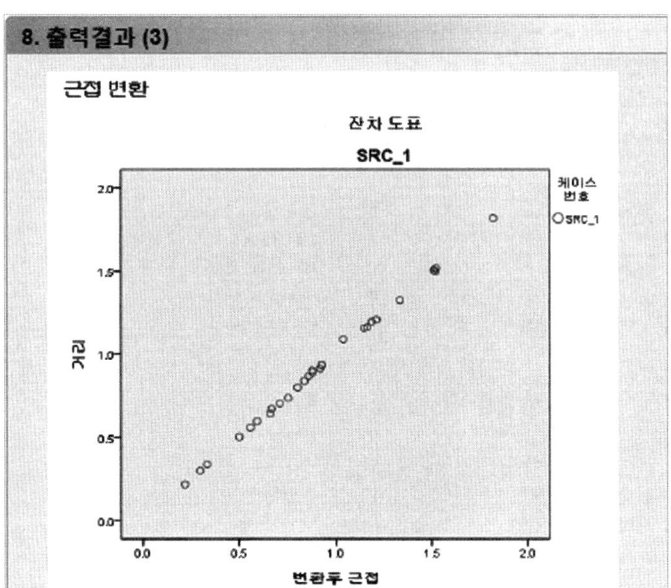

• 거의 일직선상에 놓이는 것으로 보아 2차원 MDS 지도가 객체들을 매우 정확하게 나타냄을 알 수 있다.

유럽도시 MDS 지도: ALSCAL

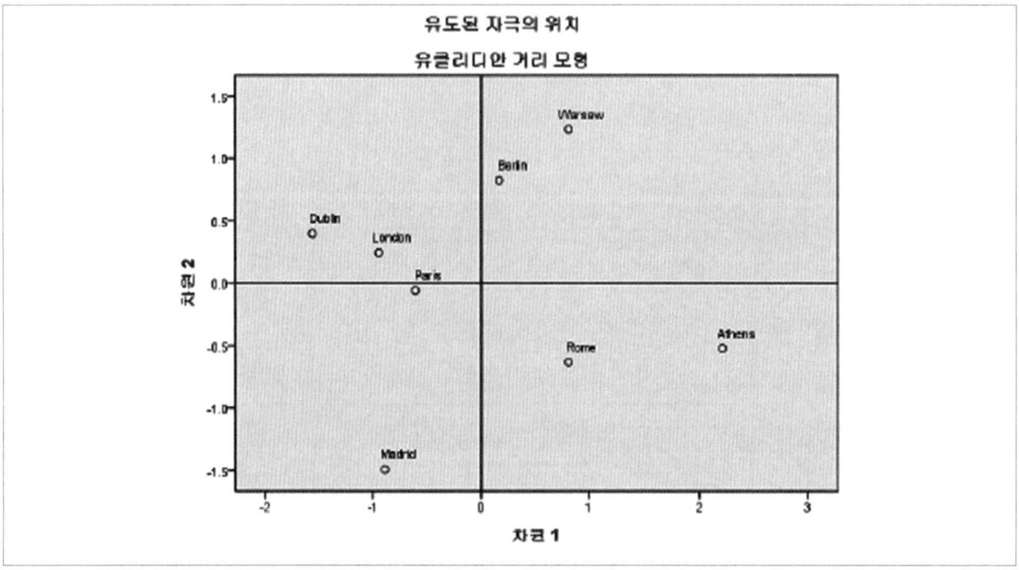

1.12. 비계량형 MDS(PROXSCAL)

데이터: NES2000Therm.sav

1. 데이터: NES2000Therm.sav

	이름	유형	너비	소수...	설명
1	ownrent	숫자	1	0	Own/Rent Home
2	readnews	숫자	1	0	How Often Read Newspaper in Last Week
3	parborn	숫자	1	0	Both Parents Born in this Country?
4	marital	숫자	1	0	Marital Status
5	sex	숫자	1	0	Sex
6	comserv	숫자	1	0	Community Service in Last Year
7	clinton	숫자	3	0	Bill Clinton
8	gore	숫자	3	0	Albert Gore
9	gwbush	숫자	3	0	George W. Bush
10	buchanan	숫자	3	0	Pat Buchanan
11	nader	숫자	3	0	Ralph Nader
12	mccain	숫자	3	0	John McCain
13	bradley	숫자	3	0	Bill Bradley
14	liebermn	숫자	3	0	Joe Lieberman
15	cheney	숫자	3	0	Dick Cheney
16	hclinton	숫자	3	0	Hillary Clinton
17	demparty	숫자	3	0	Democratic Party
18	gopparty	숫자	3	0	Republican Party
19	reformpy	숫자	3	0	Reform Party
20	ptygenl	숫자	3	0	Parties in General

- US 정치의 리더와 정당에 관한 데이터이다(National Election Studies, 2000).
- 응답자들은 각 리더와 정당에 0~100까지의 점수를 매긴다. 선호도가 높을수록 높은 점수를 준다.

다차원 척도법(PROXSCAL): 데이터 형식

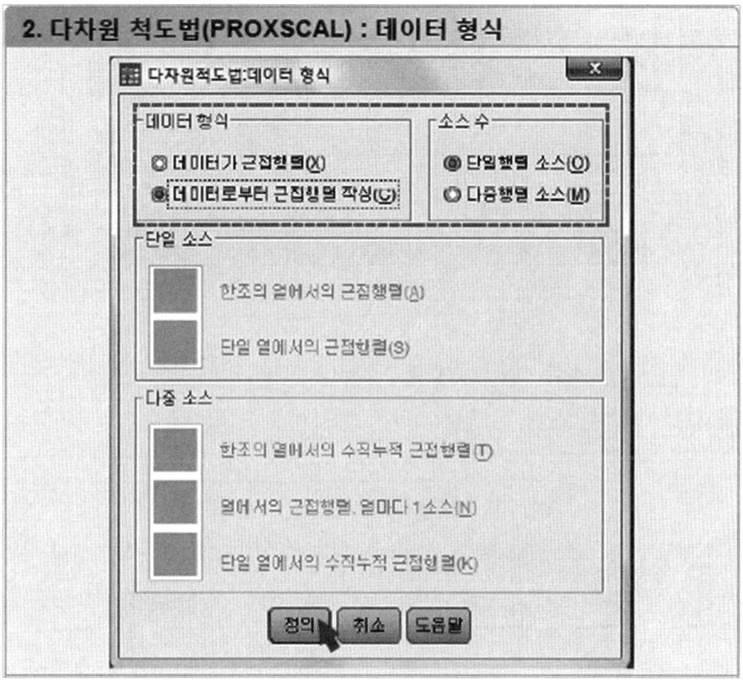

- [분석] → [척도] → [다차원 척도법(PROXSCAL)]
- 데이터가 근접행렬을 포함하고 있지 않으므로, '데이터로부터 근접행렬 작성(C)'을 클릭.
- '단일행렬 소스(O)' 클릭

1.12.1. 데이터: NES2000Therm.sav

- US 정치의 리더와 정당에 관한 데이터이며, 응답자들은 각 리더와 정당에 0~100까지의 점수를 매긴다. 선호도가 높을수록 높은 점수를 준다(National Election Studies, 2000).

1.12.2. 다차원 척도법(PROXSCAL): 데이터 형식

- [분석(Analyze)] → [척도(Scale)] → [다차원 척도법(Multidimensional Scaling PROXSCAL)]

다차원 척도법(PROXSCAL) 주 대화상자

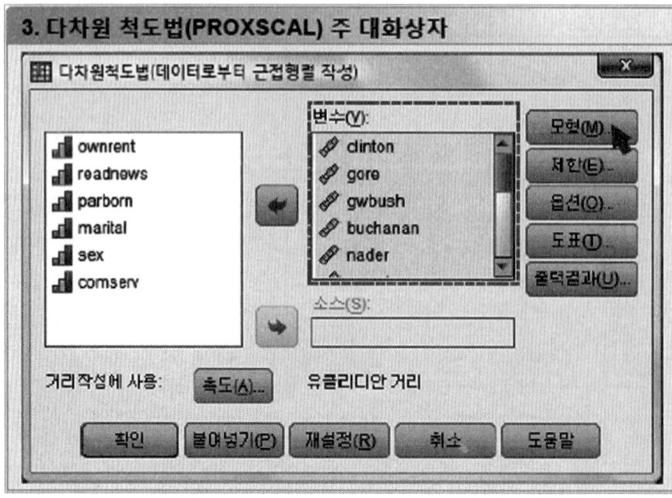

- 'clinton'부터 'ptygenl'까지 '변수(V)'에 넣는다.
- [모형(M)] 버튼 클릭

다차원 척도법(PROXSCAL): 모형

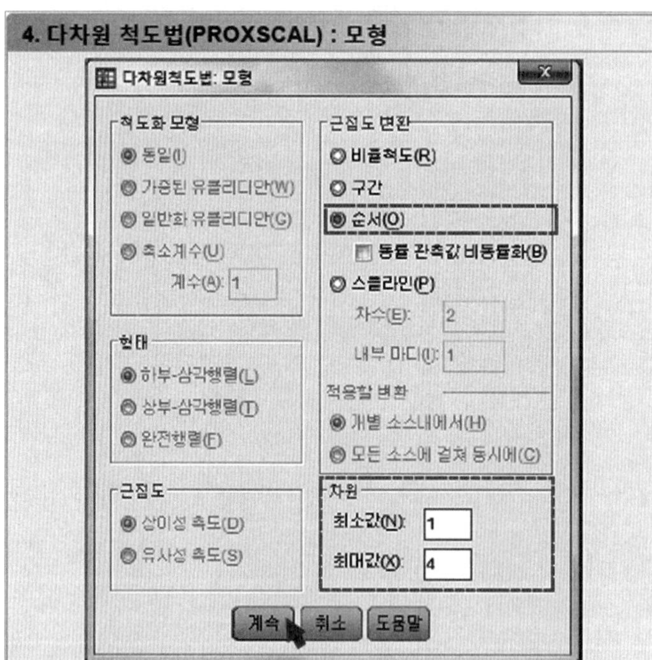

- 근접도 변환의 '순서(O)'를 선택
- 차원을 1~4로 설정

• [계속] 버튼 클릭

1.12.3. 다차원 척도법(PROXSCAL) 주 대화상자

• 'clinton'부터 'ptygenl'까지 '변수(V)'에 넣는다.

1.12.4. 다차원 척도법(PROXSCAL): 모형

• 근접도 변환에서 '순서(O)' 체크
• 차원을 1~4로 설정

다차원 척도법(PROXSCAL): 도표

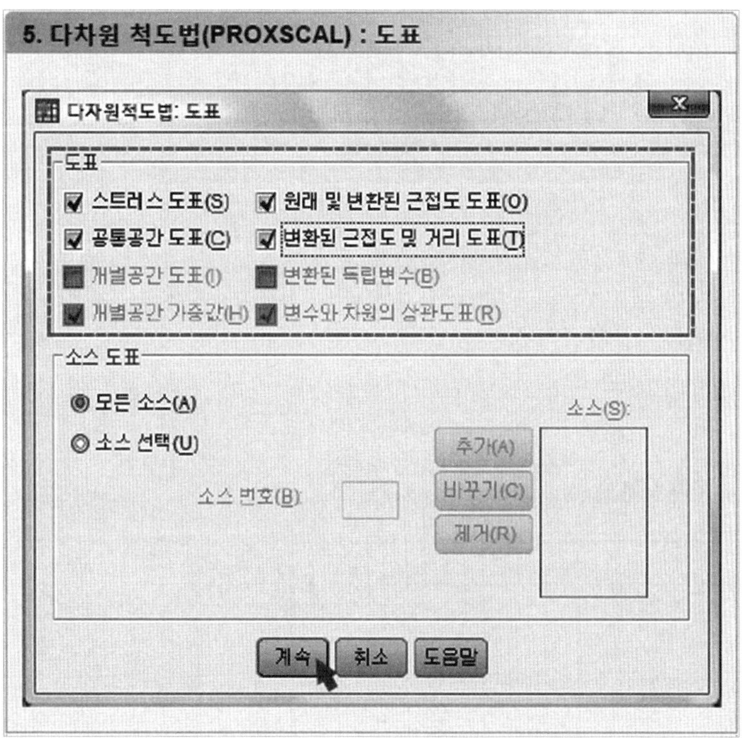

• '스트레스 도표(S), 원래 및 변환된 근접도 도표(O), 공통공간 도표(C), 변환된 근접도 및 거리 도표(T)'를 체크한다.
• [계속] 버튼 클릭

다차원 척도법(PROXSCAL): 출력결과

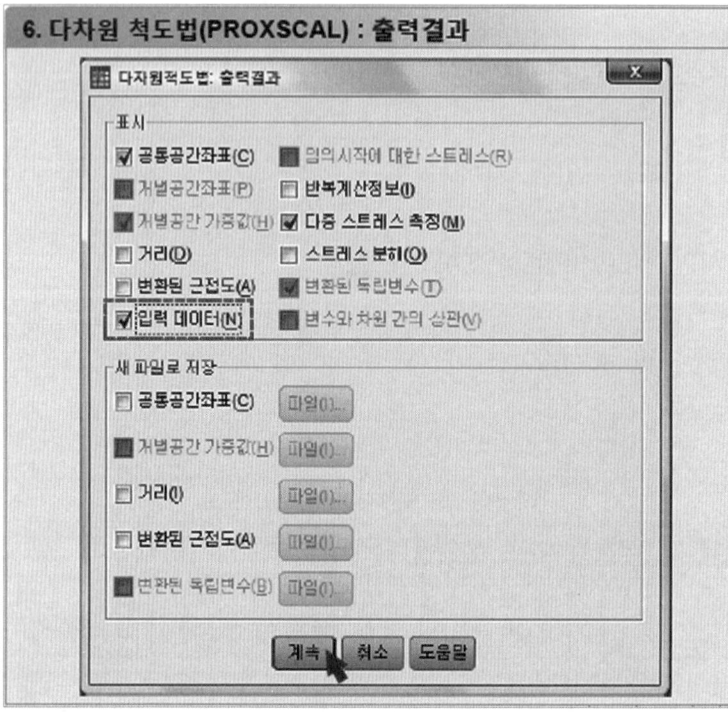

- '입력 데이터(N)'를 체크한다.
- [계속] 버튼 클릭
- 주 대화상자에서 [확인] 버튼 클릭

출력결과 (1)

7. 출력결과 (1)

근접

	Bill Clinton	Albert Gore	George W. Bush	Pat Buchanan	Ralph Nader	John McCain
Bill Clinton	.					
Albert Gore	573.338	.				
George W. Bush	1342.713	1239.209	.			
Pat Buchanan	1244.693	1203.347	956.124	.		
Ralph Nader	925.863	832.332	1043.443	970.459	.	
John McCain	1055.625	914.383	806.272	1099.157	849.433	.
Bill Bradley	879.129	732.262	947.260	1061.573	710.763	620.764
Joe Lieberman	787.792	624.415	1045.192	1130.576	762.756	727.355
Dick Cheney	1247.559	1136.433	575.466	990.198	990.550	704.497
Hillary Clinton	638.549	678.890	1357.631	1169.514	940.563	1132.218
Democratic Party	588.081	492.834	1201.685	1185.859	838.735	899.245
Republican Party	1270.282	1164.918	501.275	898.118	990.969	763.151
Reform Party	1058.639	1010.648	986.022	651.847	831.346	970.079
Parties in General	956.997	848.833	818.266	926.507	826.185	748.329

• 근접행렬로 변환된 값을 보여준다. 값이 클수록 거리가 먼 것이다.
• 예를 들어, Bill Clinton은 George W. Bush와 가장 거리가 먼 것을 알 수 있다. 반면에 Albert Gore, Democratic Party와는 가장 근접하다.

출력결과 (2)

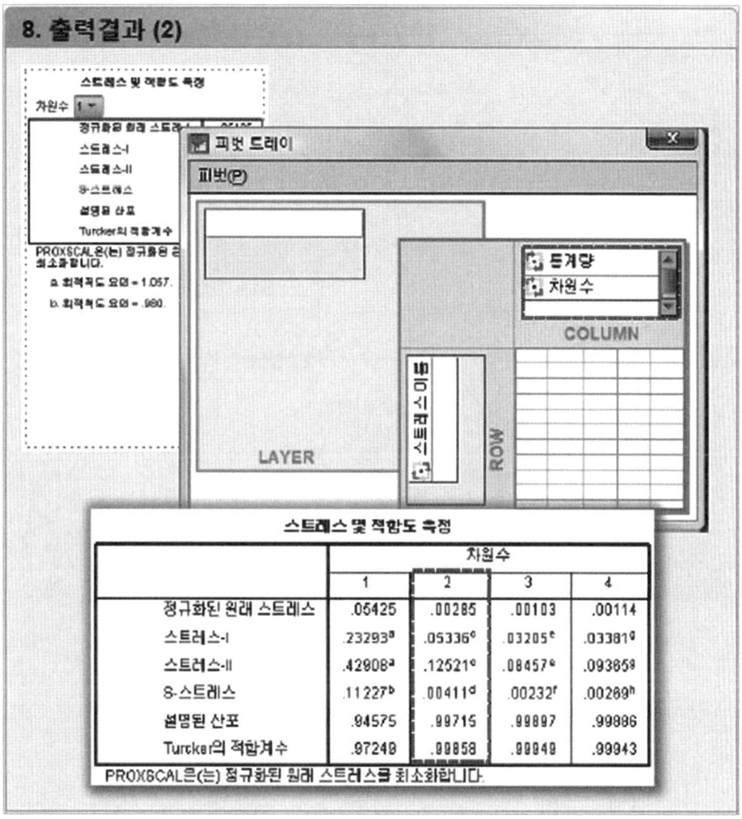

스트레스 및 적합도 측정

	차원수			
	1	2	3	4
정규화된 원래 스트레스	.05425	.00285	.00103	.00114
스트레스-I	.23293[a]	.05336[c]	.03205[e]	.03381[g]
스트레스-II	.42908[a]	.12521[c]	.08457[e]	.09365[g]
S-스트레스	.11227[b]	.00411[d]	.00232[f]	.00269[h]
설명된 산포	.94575	.99715	.99897	.99886
Turcker의 적합계수	.97248	.99858	.99949	.99943

PROXSCAL은(는) 정규화된 원래 스트레스를 최소화합니다.

• 2차원일 때, 스트레스값이 가장 크게 감소하는 것을 알 수 있다.
• 스크린 도표를 통해서도 확인할 수 있다.

1.12.5. 출력결과

• 표를 더블 클릭하여 피벗 트레이를 활성화 시킨다.
• 더블 클릭하여도 피벗 테이블이 활성화 되지 않을 경우, 마우스 오른쪽 버튼을 눌러 '피벗 트레이'를 선택한다.
• 피벗 트레이에서 LAYER에 있던 '차원수'를 드래그하여 COLUMN으로 옮긴다.
• 피벗 트레이를 닫는다.

출력결과 (3)

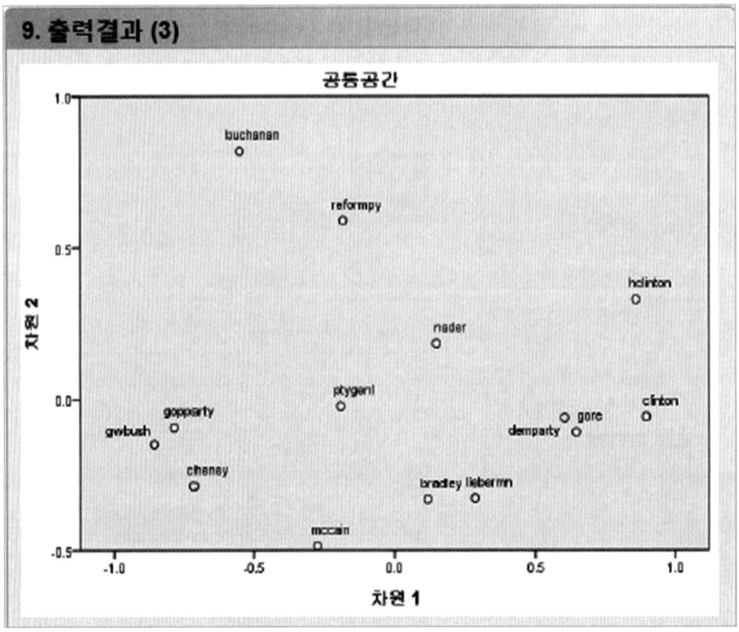

출력결과 (4)

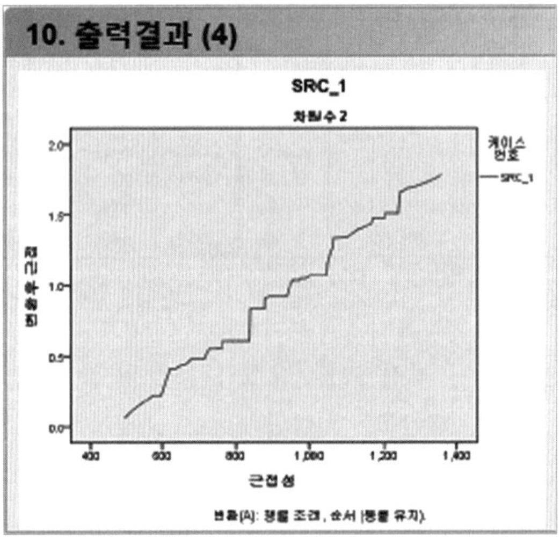

- 근접행렬에 적용한 변환 함수를 나타낸다.
- 세로축은 변환 후 근접(여기서는 순서형 변환)을 나타내며, 가로축은 데이터의 실제 근접행렬 값을 나타낸다.

출력결과 (5)

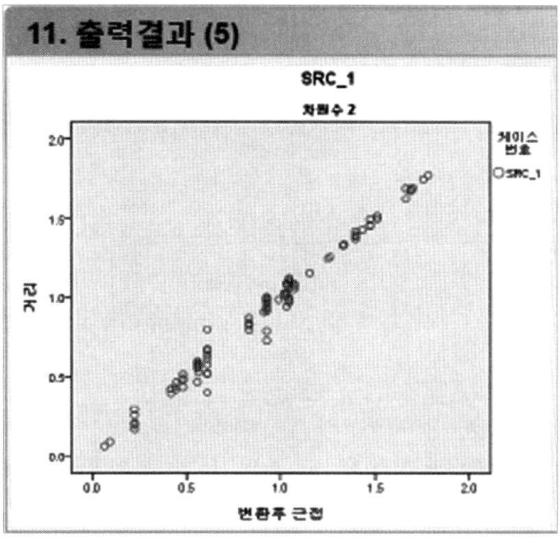

• 점들이 거의 일직선에 가까운 것은, 스트레스값이 작고 적합도가 높은 것을 의미한다.

1.13. 비계량형 MDS (ALSCAL)

데이터: car_dissim.sav

1. 데이터: car_dissim.sav

	Cars	BMW	Ford	Infiniti	Jeep	Lexus	Chrysler	Mercedes	Saab	Porche	Volvo
1	BMW	0	.	.	.	.	.	.	.	.	.
2	Ford	34	0	.	.	.	.	.	.	.	.
3	Infiniti	8	24	0	.	.	.	.	.	.	.
4	Jeep	31	2	25	0	.	.	.	.	.	.
5	Lexus	7	26	1	27	0	.	.	.	.	.
6	Chrysler	43	14	35	16	37	0	.	.	.	.
7	Mercedes	3	28	5	29	4	42	0	.	.	.
8	Saab	10	18	20	17	13	36	19	0	.	.
9	Parsche	6	39	41	38	40	45	32	21	0	.
10	Volvo	33	11	22	12	23	9	30	16	44	0

• 10개 차종에 대한 근접성을 순위로 기록한 자료

• 총 45개의 쌍(pair)중에서 가장 유사한 쌍에 순위 1을 부여하였고, 그 다음 유사한 쌍에 순위 2를 부여하였으며, 가장 유사하지 않은 쌍에는 순위 45가 부여되었다.

• 순서척도를 갖는 비유사성 데이터

다차원 척도법(ALSCAL) 주 대화상자

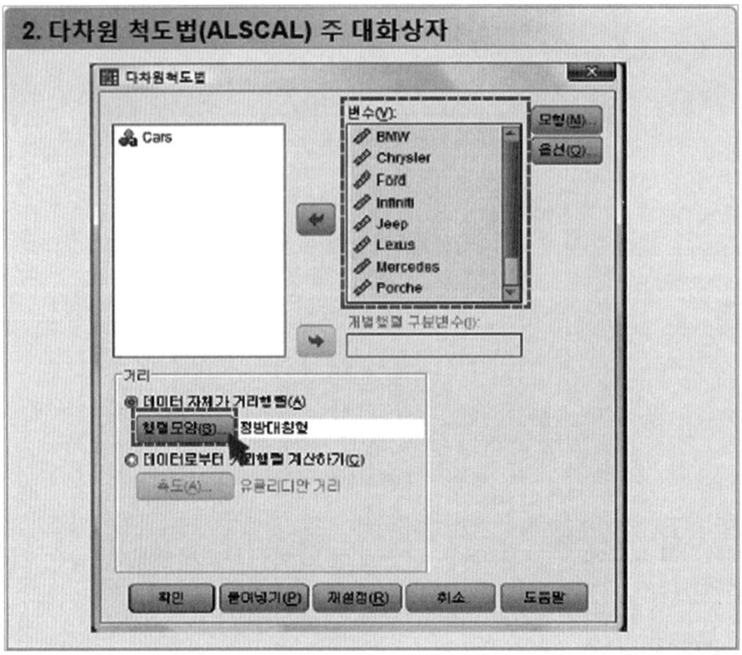

- 분석 → 척도 → 다차원 척도법(ALSCAL)
- 'Cars'를 제외한 모든 변수를 변수(V)에 넣는다.
- 거리의 [행렬모양] 버튼을 클릭한다.

다차원 척도법: 데이터의 형태

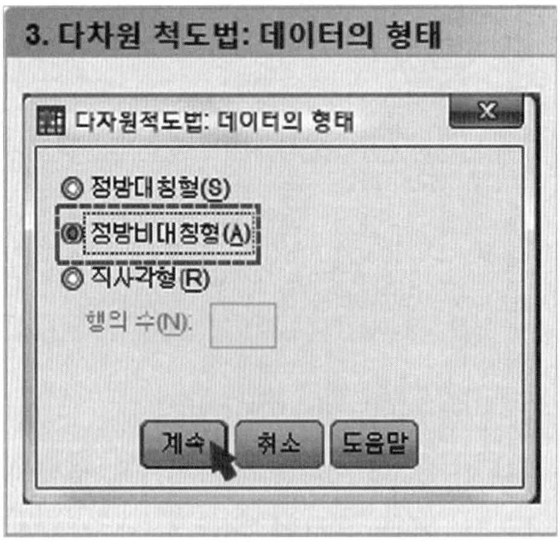

- [정방비대칭형]을 선택
- [계속] 버튼을 클릭한다.

모형 설정

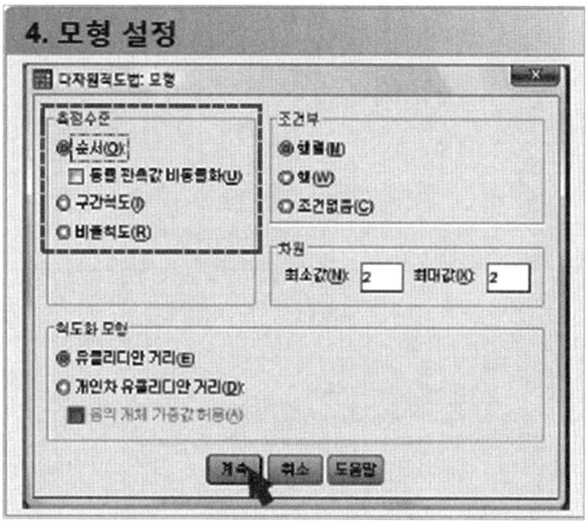

- 주 대화상자에서 [모형] 버튼을 클릭
- 측정수준을 '순서'로 설정한다.
- [계속] 버튼을 클릭한다.

옵션 설정

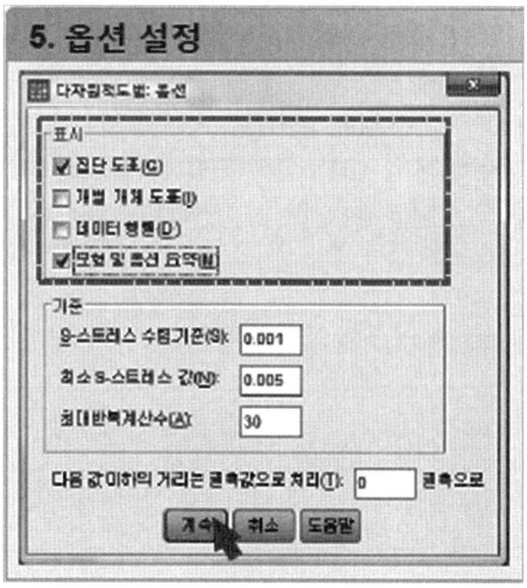

- 주 대화상자에서 [옵션] 버튼을 클릭한다.
- '집단 도표', '모형 및 옵션 요약'을 체크한다.
- [계속] 버튼을 클릭한다.

다차원 척도법 주 대화상자

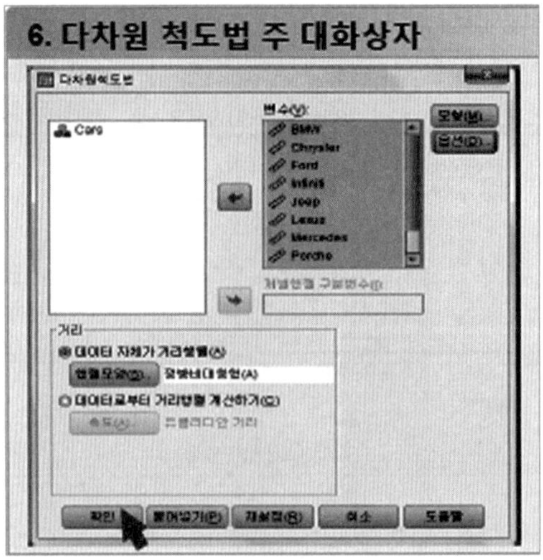

• 주 대화상자에서 [확인] 버튼을 클릭한다.

출력결과 (1)

7. 출력결과 (1)

```
           For  matrix
Stress  =   .03569      RSQ =  .99505
```

• 스트레스값이 0.03569로 크러스칼의 기준에 의하면 적합 정도가 좋음에 해당한다.

출력결과 (2)

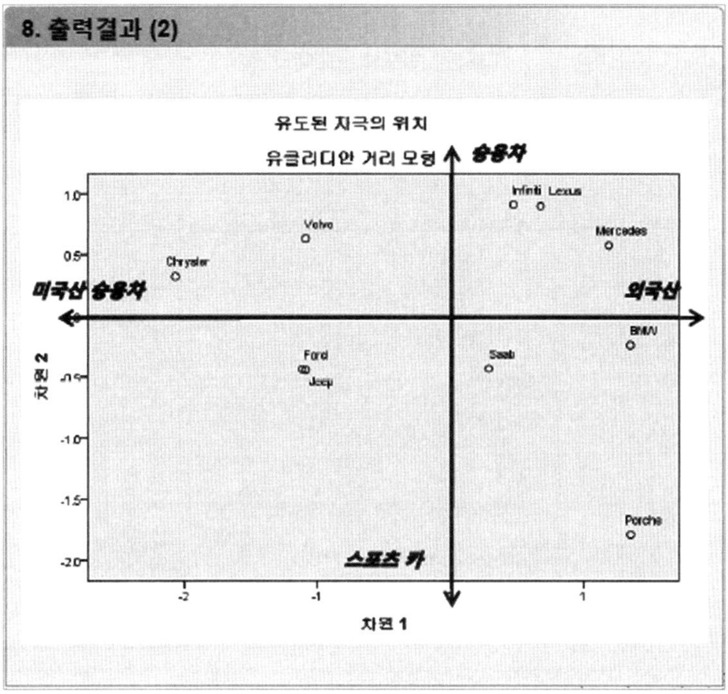

- MDS 지도를 보면서 위치별 의미를 해석해보자.
- 오른쪽은 스포츠카 포지션(Porche), 오른쪽 위는 고급 외제 승용차 포지션(Infiniti, Lexus, Mercedes), 왼쪽 끝은 미국산 승용차 포지션(Chrysler)

출력결과 (3)

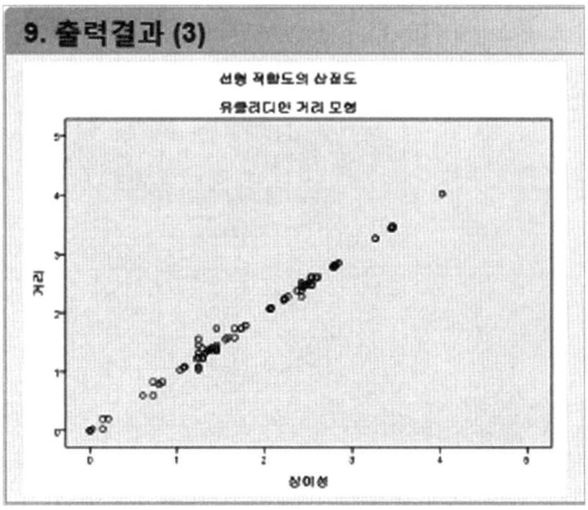

- 대응점들이 일직선에 가깝게 놓이는 것으로 보아, 2차원 MDS 표현이 객체들을 정확하게 나타냈음을 알 수 있다.

1.14. 비계량형 MDS(PROXSCAL)

다차원 척도법: 데이터 형식

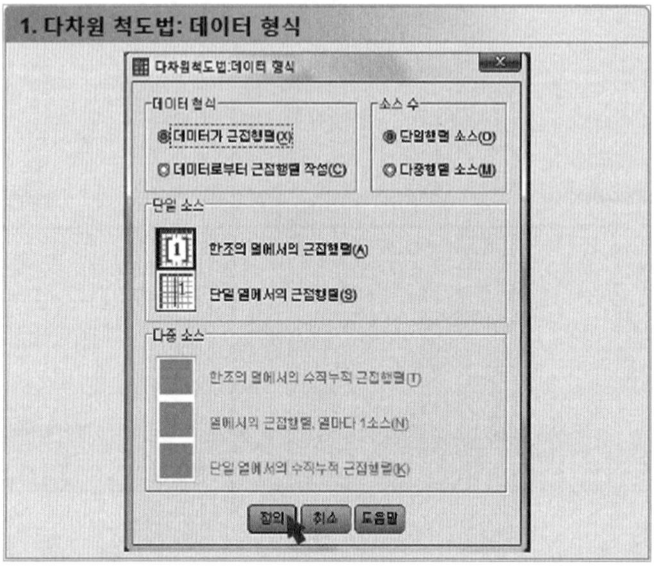

- [분석] → [척도] → [다차원 척도법(PROXSCAL)]
- 분석에 앞서 데이터 형식을 지정한다.
- [정의] 버튼 클릭

다차원 척도법(PROXSCAL) 주 대화상자

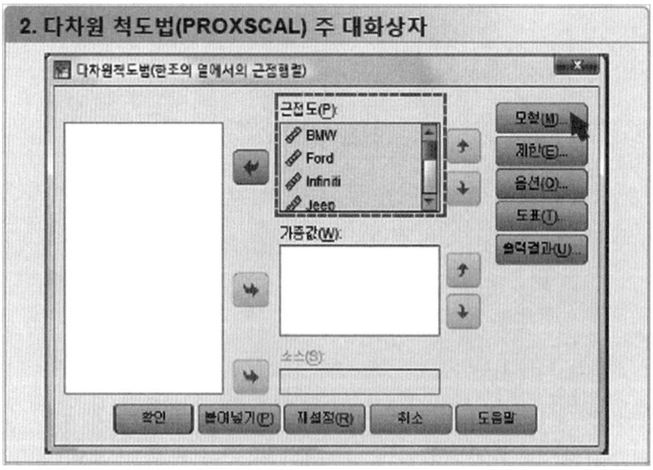

- 모든 변수를 근접도(P)에 넣는다.
- [모형] 버튼을 클릭한다.

모형 설정

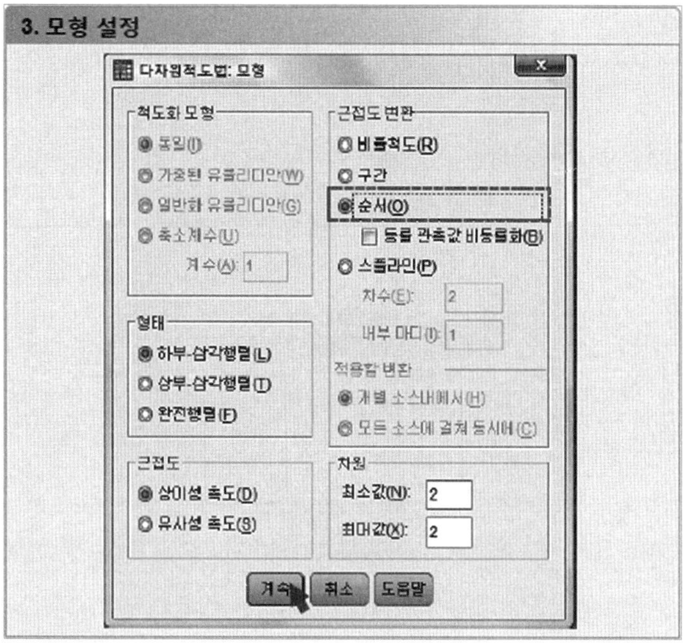

- 근접도 변환에서 '순서'로 설정한다.
- [계속] 버튼 클릭
- 주 대화상자에서 [도표] 버튼 클릭

다차원 척도법 주 대화상자

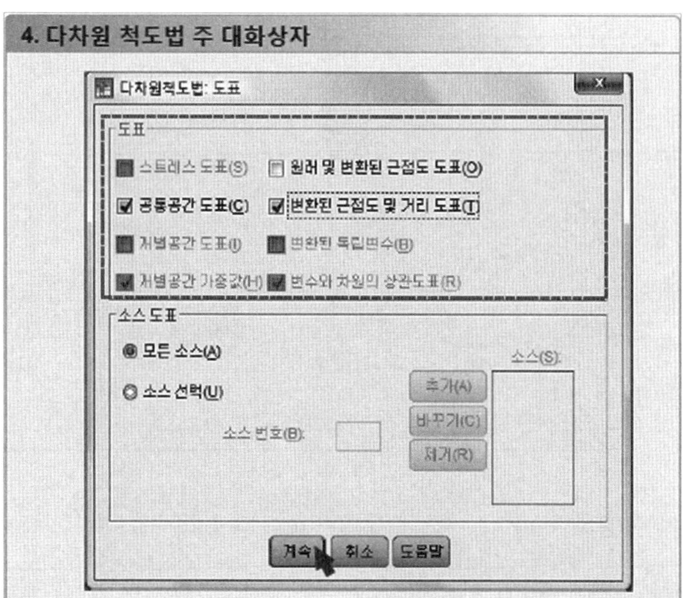

- 도표에서 '공통공간 도표', '변환된 근접도 및 거리 도표'를 체크
- [계속] 버튼 클릭
- 주 대화상자에서 [확인] 버튼 클릭

출력결과 (1)

5. 출력결과 (1)

적합도

스트레스 및 적합도 측정

정규화된 원래 스트레스	.00227
스트레스-I	.04765[a]
스트레스-II	.11278[a]
S-스트레스	.00426[b]
설명된 산포	.99773
Turcker의 적합계수	.99886

PROXSCAL은(는) 정규화된 원래 스트레스를 최소화합니다.

a. 최적척도 요인 = 1.002.

b. 최적척도 요인 = 1.000.

- 스트레스값이 0.04765로 크러스칼의 기준에 의하면 적합 정도가 좋음에 해당한다.

출력결과 (2)

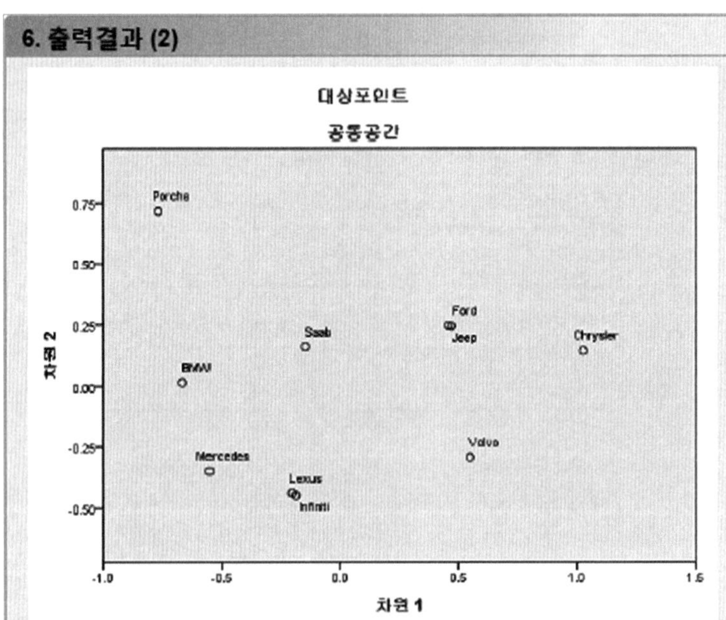

- MDS 지도를 보면서 위치별 의미를 해석해보자.

출력결과 (3)

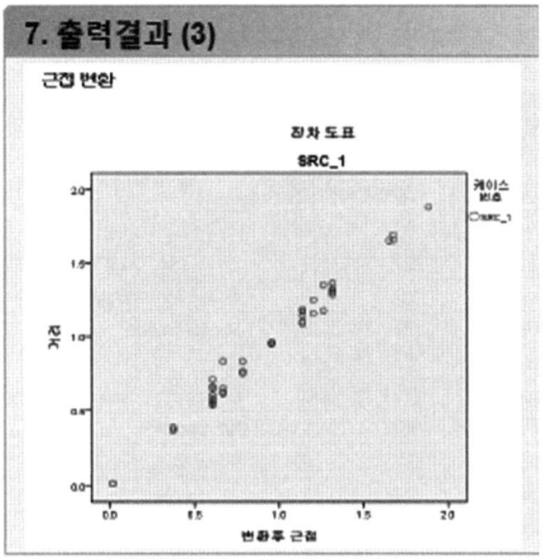

• 대응점들이 일직선에 가깝게 놓이는 것으로 보아, 2차원 MDS 표현이 객체들을 정확하게 나타냈음을 알 수 있다.

2. 개인차 다차원 척도법(INDSCAL)

입력 자료: Multiple source

- n명의 피험자(Subject)별로 p개 객체 간 근접성을 상이하게 평가한 경우
- 개인(피험자)에 따라 객체들을 어떻게 다르게 인지하는가를 보고자 한다면 다중 소스의 MDS.
- 이런 개인차 MDS를 INDSCAL(Individual differences scaling method)라 한다.
- 개인차 MDS는 ALSCAL과 PROXSCAL 내에 포함되어 있다.

모든 사람에게 공통되는 공간이 있지만, 각 개인은 각 공간의 차원에 대해서 고유한 가중치를 갖는다고 가정하여, 전체적인 차원과 개인별 가중치를 고려한다.

개인별 가중 유클리드 거리(Weighted Euclidean distance)

$$d_k(x_i, x_j) = \sqrt{w_{k1}(x_{i1} - x_{j1})^2 + \cdots + w_{ks}(x_{is} - x_{js})^2}$$

δ_{ijk} = 피험자 k가 부여한 객체간 근접성 척도

$d_k(x_i, x_j)$ = 피험자 k에 인지된 공간거리

2.1. 실습 (1) - PROXSCAL

데이터: NES2000Therm.sav

1. 데이터: NES2000Therm.sav

	이름	유형	너비	소수...	설명
1	ownrent	숫자	1	0	Own/Rent Home
2	readnews	숫자	1	0	How Often Read Newspaper in Last Week
3	parborn	숫자	1	0	Both Parents Born in this Country?
4	marital	숫자	1	0	Marital Status
5	sex	숫자	1	0	Sex
6	comserv	숫자	1	0	Community Service in Last Year
7	clinton	숫자	3	0	Bill Clinton
8	gore	숫자	3	0	Albert Gore
9	gwbush	숫자	3	0	George W. Bush
10	buchanan	숫자	3	0	Pat Buchanan
11	nader	숫자	3	0	Ralph Nader
12	mccain	숫자	3	0	John McCain
13	bradley	숫자	3	0	Bill Bradley
14	liebermn	숫자	3	0	Joe Lieberman
15	cheney	숫자	3	0	Dick Cheney
16	hclinton	숫자	3	0	Hillary Clinton
17	demparty	숫자	3	0	Democratic Party
18	gopparty	숫자	3	0	Republican Party
19	reformpy	숫자	3	0	Reform Party
20	ptygenl	숫자	3	0	Parties in General

- US 정치의 리더와 정당에 관한 데이터이다(National Election Studies, 2000).
- 응답자들은 각 리더와 정당에 0~100까지의 점수를 매긴다. 선호도가 높을수록 높은 점수를 준다.

다차원 척도법(PROXSCAL): 데이터 형식

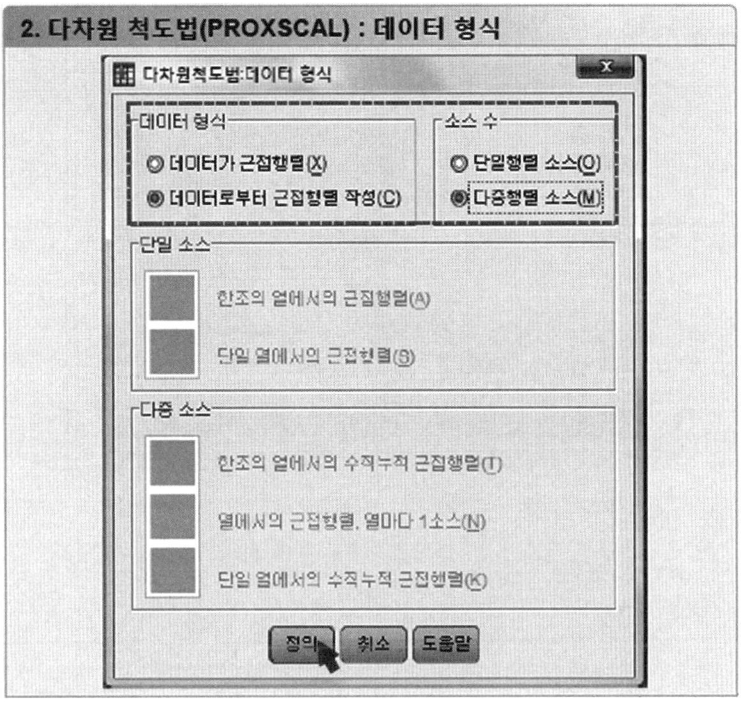

- 분석 → 척도 → 다차원 척도법(PROXSCAL)
- 데이터가 근접행렬을 포함하고 있지 않으므로, '데이터로부터 근접행렬 자성'을 클릭.
- '다중행렬 소스' 클릭

2.1.1. 데이터: NES2000Therm.sav

US 정치의 리더와 정당에 관한 데이터이며, 응답자들은 각 리더와 정당에 0~100까지의 점수를 매긴다. 선호도가 높을수록 높은 점수를 준다(National Election Studies, 2000).

2.1.2. 다차원 척도법(PROXCAL): 데이터 형식

분석(Analyze) → 척도(Scale) → 다차원 척도법(Multidimensional Scaling PROXCAL)

다차원 척도법(PROXSCAL) 주 대화상자

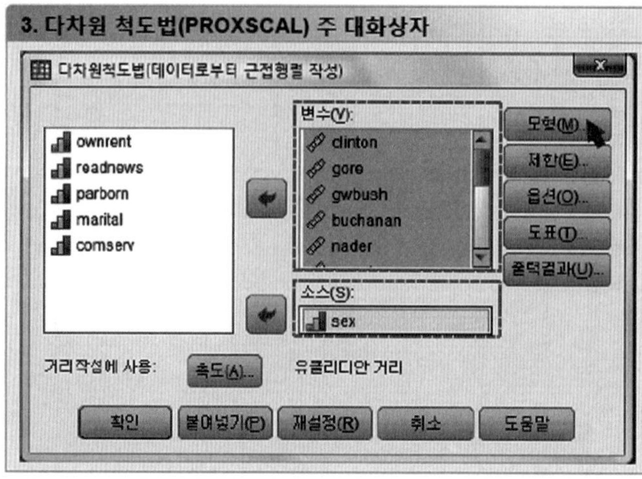

- '변수(V)'에 'clinton'부터 'ptygenl'까지의 변수를 넣는다.
- '소스(S)'에 'sex'를 넣는다.
- [모형(M)] 버튼 클릭

다차원 척도법(PROXSCAL): 모형

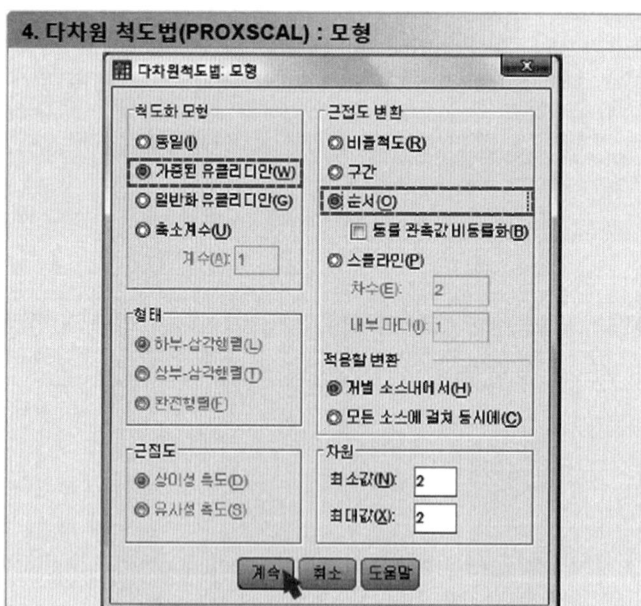

- 척도화 모형의 '가중된 유클리디안(W)'을 선택
- 근접도 변환의 '순서(O)' 선택
- [계속] 버튼 클릭

다차원 척도법(PROXSCAL): 도표

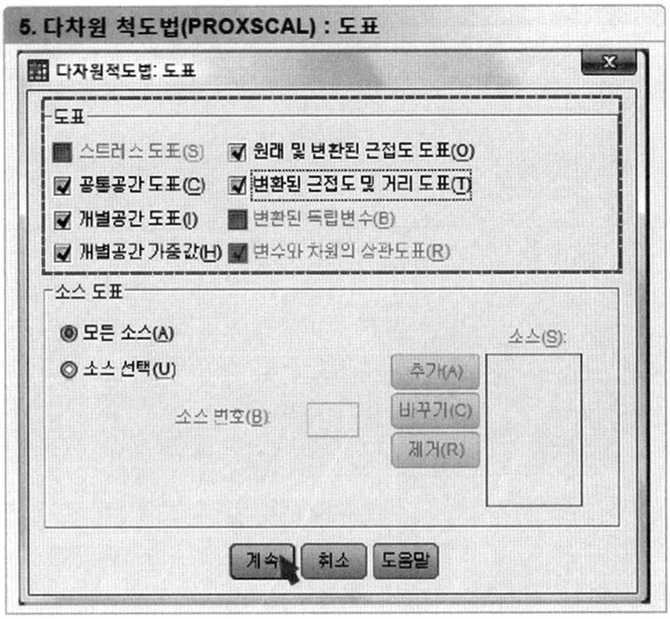

- '원래 및 변환된 근접도 도표(O), 공통공간 도표(C), 변환된 근접도 및 거리 도표(T), 개별공간 도표(I), 개별공간 가중값(H)'를 체크한다.
- [계속] 버튼 클릭
- 주 대화상자에서 [확인] 버튼 클릭

출력결과 (1)

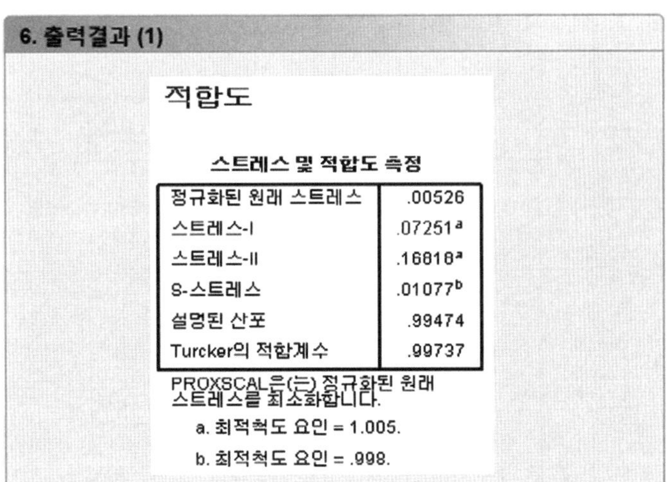
6. 출력결과 (1)

적합도

스트레스 및 적합도 측정

정규화된 원래 스트레스	.00526
스트레스-I	.07251[a]
스트레스-II	.16818[a]
S-스트레스	.01077[b]
설명된 산포	.99474
Turcker의 적합계수	.99737

PROXSCAL은(는) 정규화된 원래 스트레스를 최소화합니다.

a. 최적척도 요인 = 1.005.

b. 최적척도 요인 = .998.

- 스트레스값이 0.07251로 크러스칼의 기준에 의하면 적합 정도가 좋음에 해당한다.

출력결과 (2)

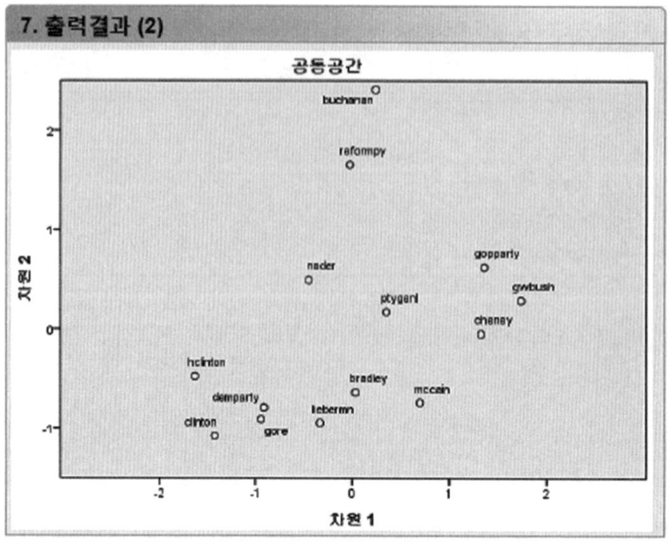

• MDS 지도를 보면서 위치별 의미를 해석해보자.

출력결과 (3)

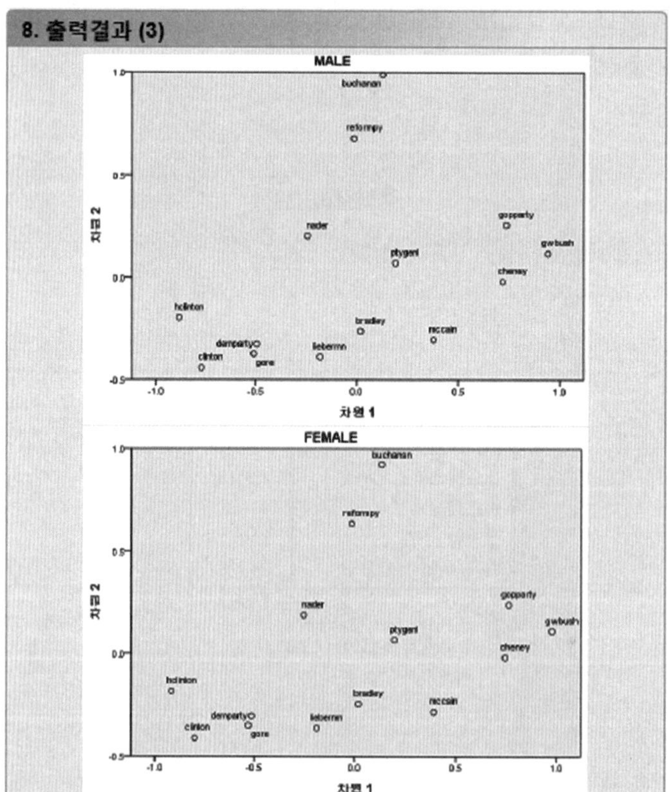

출력결과 (4)

9. 출력결과 (4)

차원 가중값

소스	차원	
	1	2
MALE	.542	.409
FEMALE	.562	.383

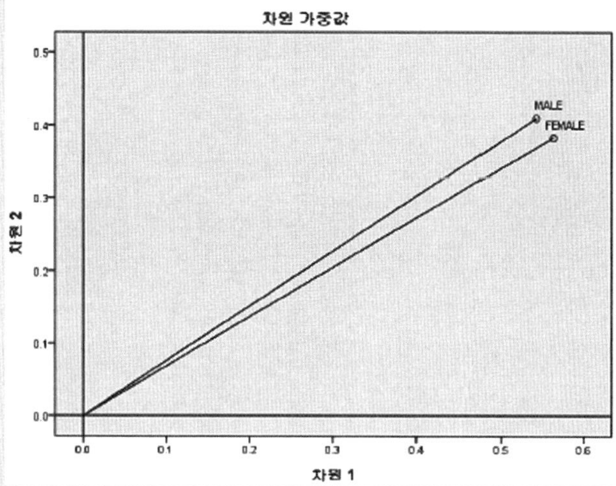

• 성별에 따라 차원 가중값이 큰 차이가 나지 않음을 확인할 수 있다.

출력결과 (5)

10. 출력결과 (5)

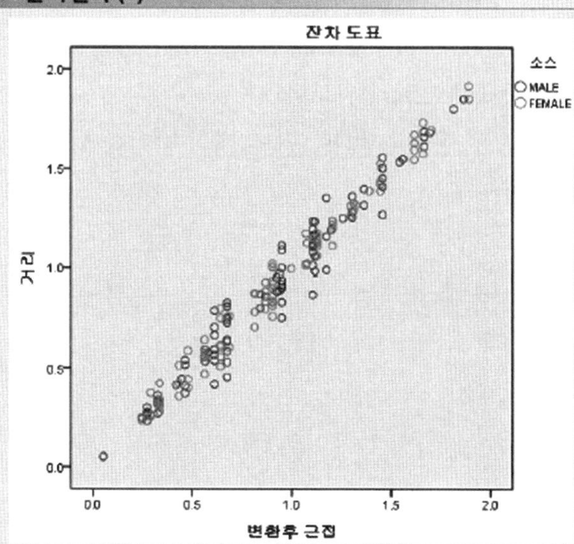

• 일직선상에 놓여있는 것으로 보아 대응이 잘 된 것을 알 수 있다.

2.2. 실습 (2) - ALSCAL

데이터: breakfast.sav

1. 데이터 : breakfast.sav

	Subject	ToastPop	Buttered	English	J_Donut	Cinnamon	Blueberry	Hardroll	Marmalade	Jelly	Margarine	Bun	Danish	Glazed	Cake	Corn
1	1	0	15	25	3	14	24	28	7	8	16	26	21	20	16	27
2	1	15	0	15	24	3	17	8	7	6	2	17	25	18	22	11
3	1	25	16	0	22	17	2	4	20	21	16	10	11	24	11	3
4	1	3	24	22	0	22	21	27	11	12	25	17	5	2	13	26
5	1	14	3	17	22	0	19	18	6	5	4	12	19	23	21	16
6	1	24	17	2	21	19	0	8	18	19	18	7	10	22	7	4
7	1	28	8	4	27	18	8	0	23	22	9	18	22	25	21	5
8	1	7	7	20	11	6	18	23	0	2	8	20	17	11	21	25
9	1	8	6	21	12	5	19	22	2	0	7	19	16	12	20	24
10	1	16	2	16	25	4	18	9	8	7	0	18	26	17	23	12
11	1	26	17	10	17	12	7	18	20	19	18	0	2	4	6	12
12	1	21	25	11	6	19	10	22	17	16	26	2	0	11	7	16
13	1	20	18	24	2	23	22	25	11	12	17	4	11	0	11	24
14	1	16	22	11	13	21	7	21	21	20	23	6	7	11	0	16
15	1	27	11	3	26	16	4	5	25	24	12	12	16	24	16	0
⋮																
46	4	0	15	16	17	9	24	20	8	10	13	21	10	17	22	20
47	4	15	0	7	21	5	20	11	7	6	2	27	26	24	23	11
48	4	16	7	0	25	12	8	9	12	11	5	24	21	21	19	2
49	4	17	21	25	0	25	17	27	15	13	24	6	4	2	8	27
50	4	9	6	12	25	0	20	16	4	3	7	17	22	24	21	21
51	4	24	20	8	17	20	0	9	14	12	24	9	9	15	11	3
52	4	20	11	9	27	16	9	0	18	17	15	21	26	22	23	6
53	4	8	7	12	15	4	14	18	0	2	9	22	20	20	23	18
54	4	10	6	11	13	3	12	17	2	0	10	20	19	20	22	15
55	4	13	2	5	24	7	24	15	9	10	0	21	26	23	27	10
56	4	21	27	24	6	17	9	21	22	20	21	0	7	7	2	13
57	4	10	26	21	4	22	9	26	20	19	26	7	0	4	6	20
58	4	17	24	21	2	24	15	22	20	20	23	7	4	0	5	17
59	4	22	23	19	8	21	11	23	23	22	27	2	6	5	0	10
60	4	20	11	2	27	21	3	5	18	15	10	13	20	17	10	0

- 4명의 피험자(subject)로부터 측정한 아침음식 이미지 근접도 자료. 음식 종류는 15개로, 105쌍
- 각 음식을 행에 두고 열에는 15종 음식을 나열한 후, 가장 가까운 것에 1순위, 가장 먼 것에 14순위를 주는 식으로 순위화한다.
- 다음엔 대각선을 중심으로 동일 위치에 있는 2개의 순위를 합하여 대칭행렬을 만든다.

프로시저

2. 프로시저

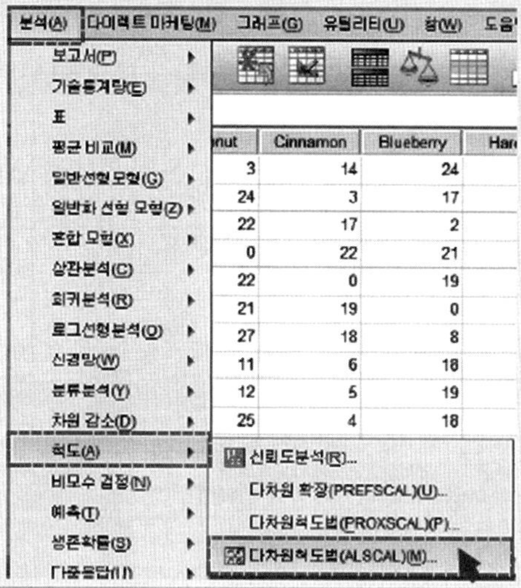

- 분석 → 척도 → 다차원 척도법(ALSCAL)

다차원 척도법(ALSCAL) 주 대화상자

3. 다차원 척도법(ALSCAL) 주 대화상자

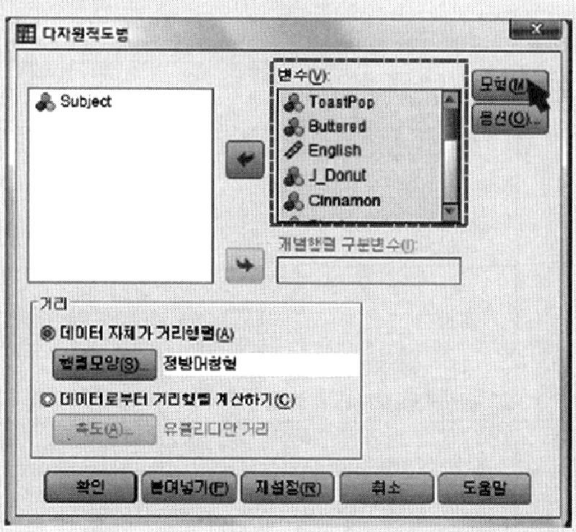

- 'Subject'를 제외한 모든 변수를 변수(V)에 넣는다.
- 자료가 대칭형이므로, '행렬모양'의 디폴트값인 '정방대칭형' 그대로 둔다.
- [모형] 버튼을 클릭한다.

모형 설정

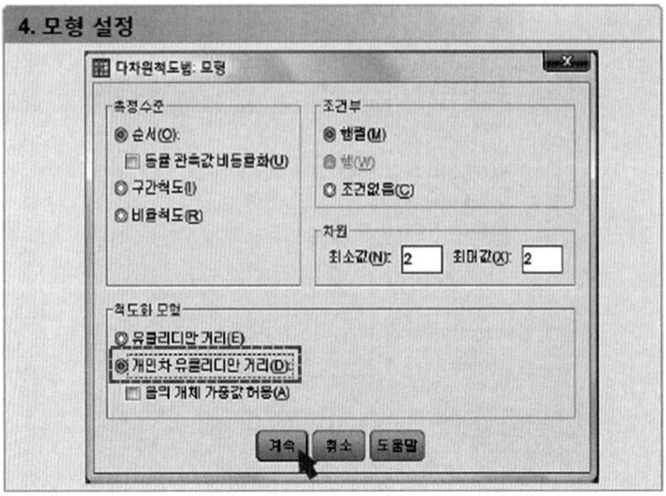

• 측정수준은 '순서'로 한다.
• 척도화 모형에서 '개인차 유클리디안 거리'로 설정한다.
• [계속] 버튼을 클릭
• 주 대화상자에서 [옵션] 버튼을 클릭

옵션 설정

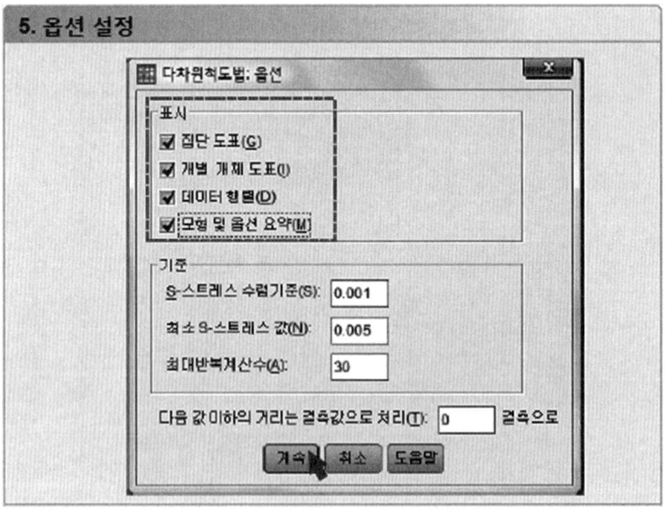

• '집단 도표', '개별 개체 도표', '데이터 행렬', '모형 및 옵션 요약' 모두 체크.
• [계속] 버튼 클릭
• 주 대화상자에서 [확인] 버튼 클릭

출력결과 (1)

6. 출력결과 (1)

```
Averaged (rms) over matrices
Stress =   .19445      RSQ = .79894
```

• 2차원 MDS의 스트레스값이 0.19445로, 크러스칼의 기주에 의하면 적합 정도가 보통(fair)에 해당한다. 적합 정도가 좋은 편은 아니다.

출력결과 (2)

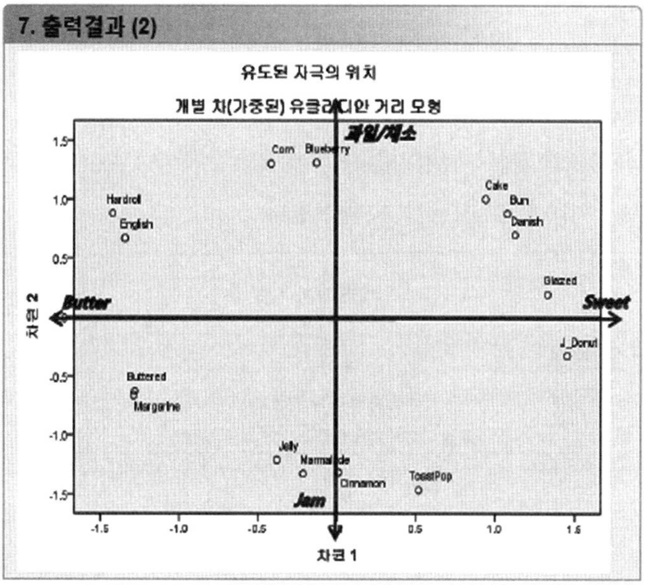

• 오른쪽은 Sweet류, 왼쪽은 Butter류, 위쪽은 과일/채소류, 아래쪽은 Jam류로 볼 수 있겠다.

출력결과 (3)

8. 출력결과 (3)

Subject Weights

Subject Number	Weird-ness	Dimension 1	Dimension 2
1	.4715	.5673	.6519
2	.6511	.9173	.1306
3	.5404	.8617	.1647
4	.3201	.6881	.5893
Overall importance of each dimension:		.5948	.2041

• 2차원 MDS에서 각 개인이 MDS측에 부여하는 가중치 좌표를 보여준다.

• 이 좌표로부터 가중치 그래프가 만들어진다.

출력결과 (4)

9. 출력결과 (4)

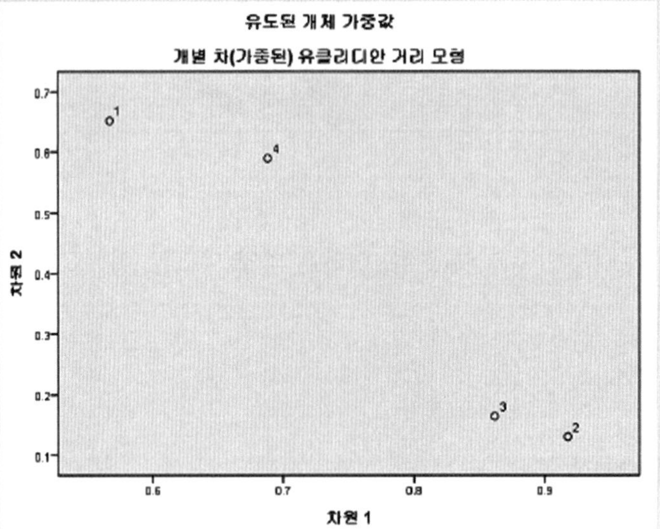

• 피험자 2와 3은 MDS의 차원 1에 비중을 크게 두고 있고, 반면에 피험자 1과 4는 차원 2에 큰 비중을 두고 있는 것으로 나타났다.

출력결과 (5)

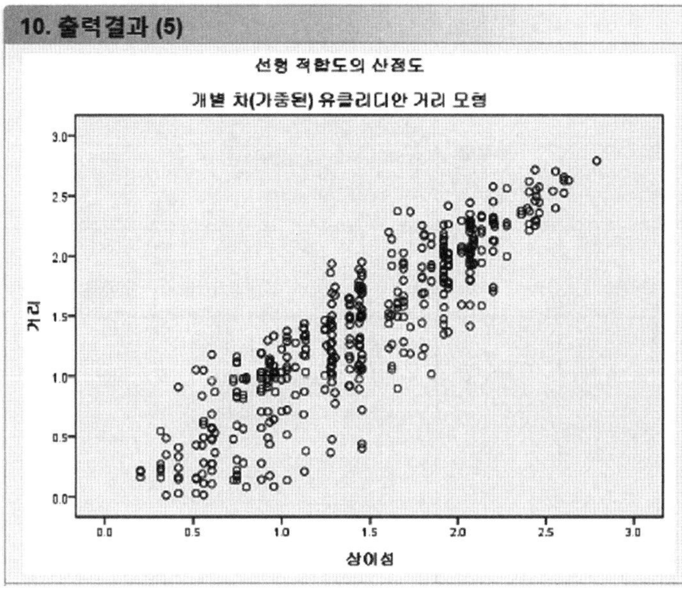

• 근접성 변환값과 MDS 공간상 거리의 대응성이 크지 않다.

2.3. 실습 (3) - PROXSCAL

프로시저

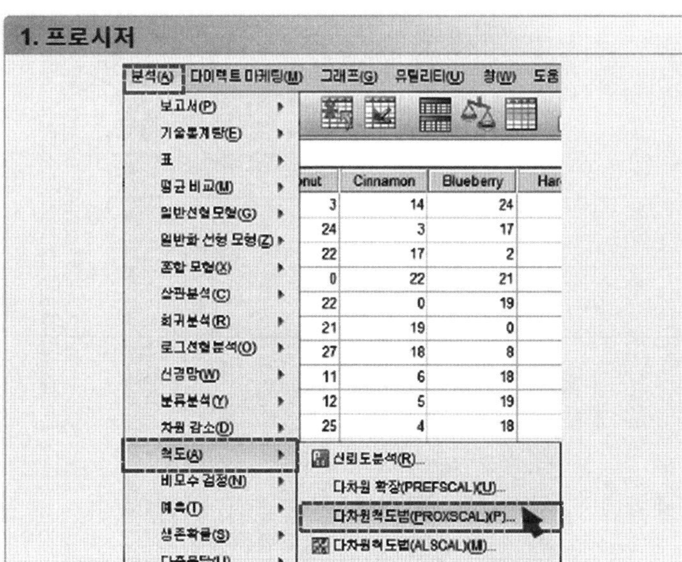

• 분석 → 척도 → 다차원 척도법(PROXSCAL)

데이터 형식 설정

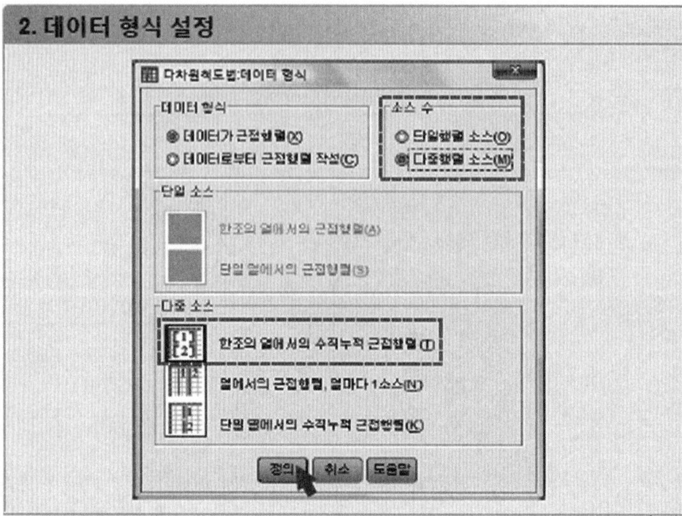

• 소스 수를 '다중행렬 소스'로 선택하고, 다중 소스가 활성화되면, '한조의 열에서의 수직누적 근접행렬'을 선택한다.
• [정의] 버튼 클릭

다차원 척도법(PROXSCAL) 주 대화상자

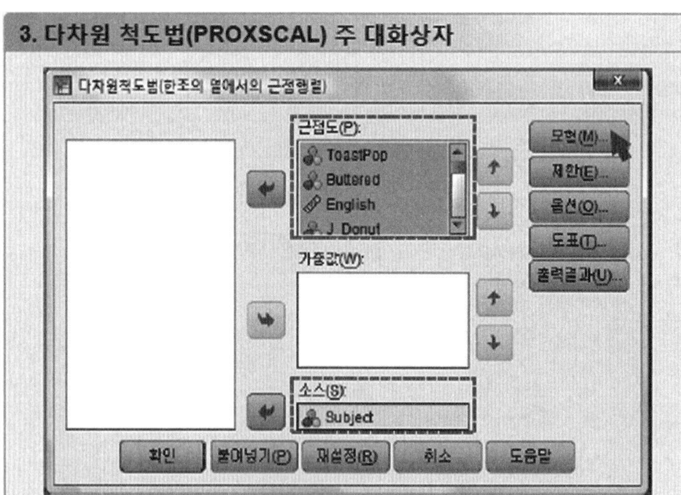

• 'Subject'만 소스(S)에 넣고 나머지 변수는 근접도(P)에 넣는다.
• [모형] 버튼을 클릭한다.

모형 설정

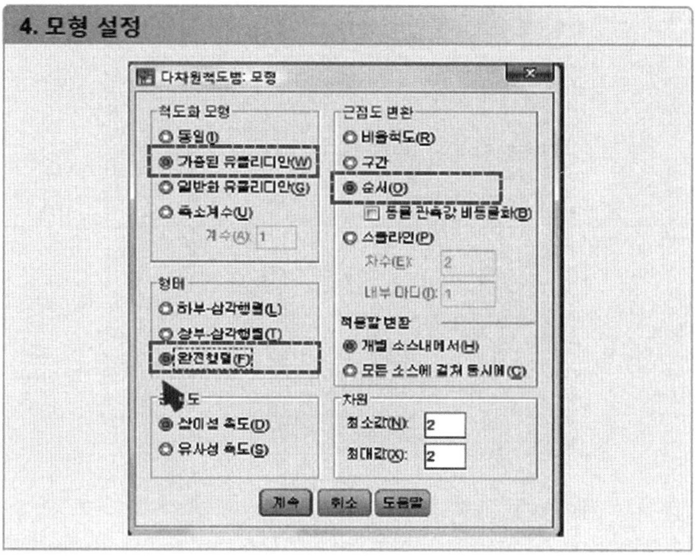

- 척도화 모형에서 '가중된 유클리디안'을 설정
- 근접도 변환에서 '순서'로 설정
- 형태에서 '완전행렬'로 설정
- [계속] 버튼 클릭

2.3.1. 모형 설정

척도화 모형

- 동일(Identity): 객체 간 거리를 통상적인 유클리드 거리로 정의
- 가중된 유클리디안(Weighted Euclidean): 각 차원에 개인(피험자)별로 상이한 가중치를 부여하여 유클리드 거리를 정의
- 일반화 유클리디안(Generalized Euclidean): 공통공간을 개인(피험자)별로 달리 회전하고 차원별로 상이한 가중치를 부여하여 유클리드 거리를 정의
- 축소계수(Reduced Rank): 피험자 공간의 계수(rank)를 지정한 일반화 유클리디안 모델, 1 ≤ 계수 ≤ 최대 차원 수

도표 설정

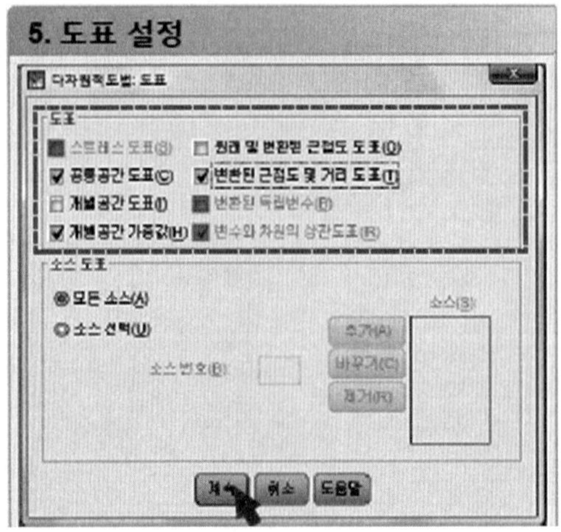

- 도표에서 추가로 '변환된 근접도 및 거리 도표'를 체크
- [계속] 버튼 클릭
- 주 대화상자에서 [확인] 버튼 클릭

출력결과 (1)

6. 출력결과 (1)

적합도

스트레스 및 적합도 측정

정규화된 원래 스트레스	.03431
스트레스-I	.18524[a]
스트레스-II	.43706[a]
S-스트레스	.07495[b]
설명된 산포	.96569
Turcker의 적합계수	.98269

PROXSCAL은(는) 정규화된 원래 스트레스를 최소화합니다.

a. 최적척도 요인 = 1.036.

b. 최적척도 요인 = .985.

- 2차원 MDS의 스트레스값이 0.18524로, 크러스칼의 기준에 의하면 적합 정도가 보통(fair)에 해당한다. 적합 정도가 좋은 편은 아니다.

출력결과 (2)

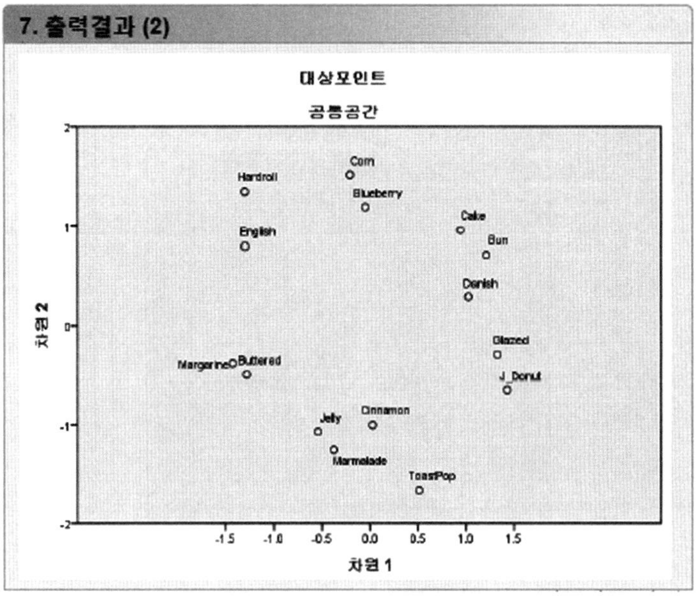

• 좌측은 Butter류, 우측은 Sweet류, 위쪽은 생과일/채소류, 아래쪽은 Jam류로 볼 수 있다.

출력결과 (3)

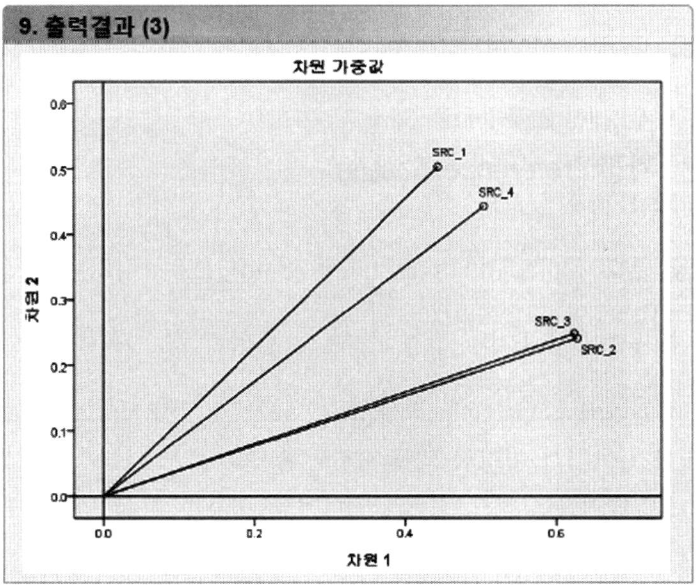

• 피험자 2와 3은 MDS의 차원 1에 비중을 크게 두고 있고, 반면에 피험자 1과 4는 차원 2도 함께 고려한다.

출력결과 (4)

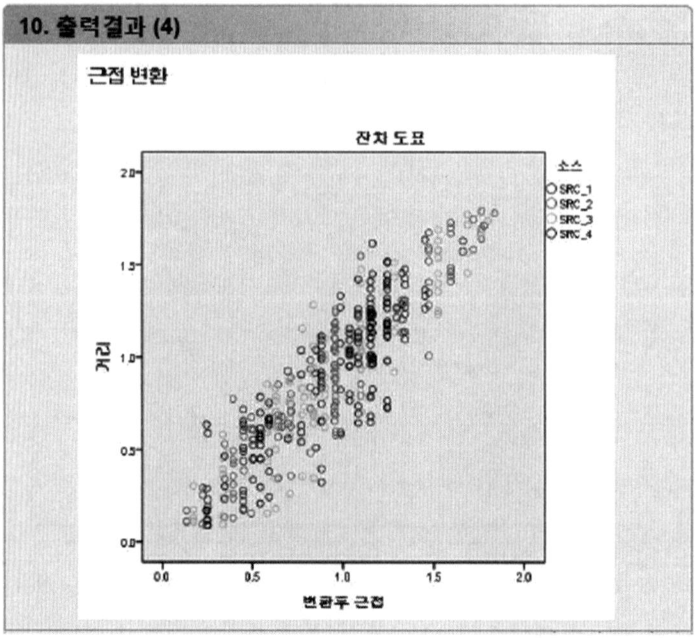

• 근접성 변환값과 MDS 공간상 거리의 대응성이 크지 않다.

3. 다차원 확장

3.1. 다차원 확장(Preference Scaling)

3.1.1. 다차원 전개(Multidimensional unfolding) 또는 다차원 확장(Preference Scaling)

다차원 전개(Multidimensional unfolding) 또는 다차원 확장(Preference Scaling) 고객의 인지 상태를 분석하기 위해서 이미지 맵(포지셔닝 맵)에 개인별, 집단별 선호 정도를 포함시켜서 개인이나 집단이 이상적으로 생각하는 이상점(ideal point)을 찾아내는데 사용하는 방법이다.

다차원 전개 또는 다차원 확장은 기존의 포지셔닝 맵에 제품이나 서비스의 속성과 고객의 이상점을 동시에 나타낼 수 있어 유용하게 사용된다.

예를 들어, 아래의 자료는 n종의 자동차 브랜드에 대하여 p개 속성(성능, 안정성, 승차감, 디자인 등)별 평가 자료로서, 개별 자료값이 5점 척도의 평점(1 = 아주 좋다, … 5 = 아주 나쁘다)으로 측정되었다.

평가자들의 자리매김 후에 오브젝트들의 좌표를 정하고, 다시 평가자들의 위치를 새로 잡는다. 이렇게 오브젝트들의 척도화와 평가자의 자리매김을 반복을 통하여 보다 낫게 개선해 간다.

A, B, C, D: 오브젝트(평가대상)

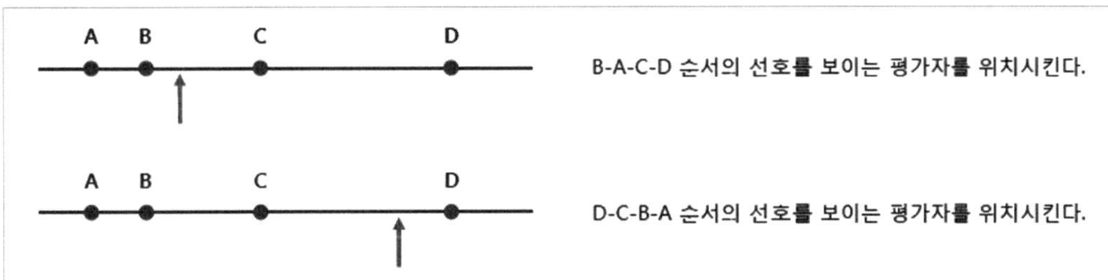

데이터: breakfast_overall.sav

1. 데이터 : breakfast_overall.sav

	gender	TP	BT	EMM	JD	CT	…	CC	CMB
1	1	13	12	7	3	5		9	14
2	2	15	11	6	3	10		2	13
3	1	15	10	12	14	3		5	13
4	2	6	14	11	3	7		5	13
5	1	15	9	6	14	13		3	5
6	2	9	11	14	4	7		1	13
7	1	9	14	5	6	8		3	10
8	2	15	10	12	6	9		4	14
9	1	15	12	2	4	5		1	14
10	2	15	13	10	7	6		1	3

위의 자료는 아침식사 선호도 조사 결과로, 남녀 각각 21명, 총 42명으로부터 얻은 15종의 아침식사에 대한 선호도를 순위로 얻어진 자료이다.

프로시저

- [분석] → [척도] → [다차원 확장(PREFSCAL)]

다차원 전개(PREFSCAL) 주 대화상자

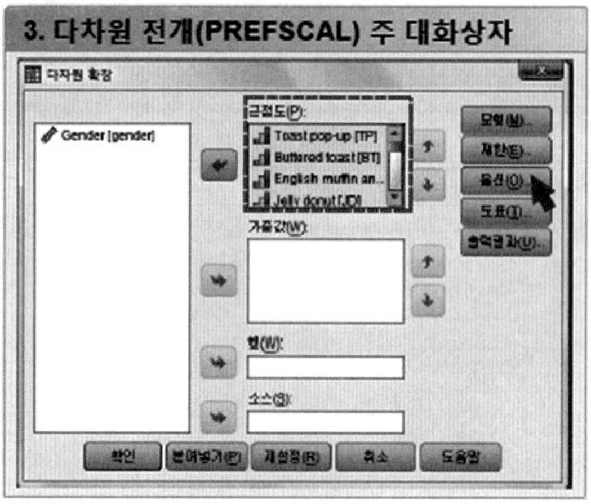

- 'Gender'만 제외하고 모든 변수를 근접도(P)에 넣는다.
- [옵션] 버튼 클릭

옵션 설정

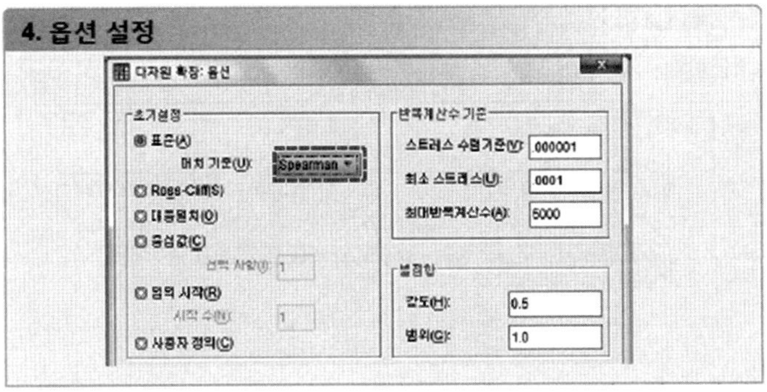

- 초기설정의 표준 대치 기준을 'Spearman'으로 설정
- [계속] 버튼 클릭

3.1.2. 프로시저

- 분석(Analyze) → 척도(Scale → 다차원 확장(Multidimensional Unfolding, PRERSCAL)

3.1.3. 옵션

초기설정

- 표준(Classical): 대칭적 MDS를 수행하여 초기형상을 잡는 고전적 방식을 지칭한다. 블록 간 값들은 삼각형(triangle) 또는 Spearman 거리로 대체된다.
- Ross-Cliff: 이중 중심화된 근접도 행렬의 SVD(특이값 분해)로써 초기형상을 구축한다.
- 대응일치(Correspondence): 유사성 근접도 행렬에 대한 대응분석으로써 초기형상을 구축한다.
- 중심값(Centroids): 행은 고유값 분해로부터 구하고 열 오브젝트는 행 좌표의 평균으로 구한다.
- 임의 시작(Multiple random starts): 다수의 임의점을 초기형상으로 잡는다.
- 사용자 정의(Custom): 분석자가 지정한다.

출력결과 (1)

5. 출력결과 (1)

반복계산정보

반복계산	벌점 스트레스	차분	스트레스	벌점
0	.8943405		.3861320	2.0714286
157	.6848930	.0000007[a]	.2428268	1.9317409

a. 연속된 벌점 스트레스 값의 차이가 DIFFSTRESS 기준보다 작습니다.

• 이 사례에서는 총 157회의 반복계산으로 최종 해가 구해졌음을 볼 수 있다.

출력결과 (2)

6. 출력결과 (2)

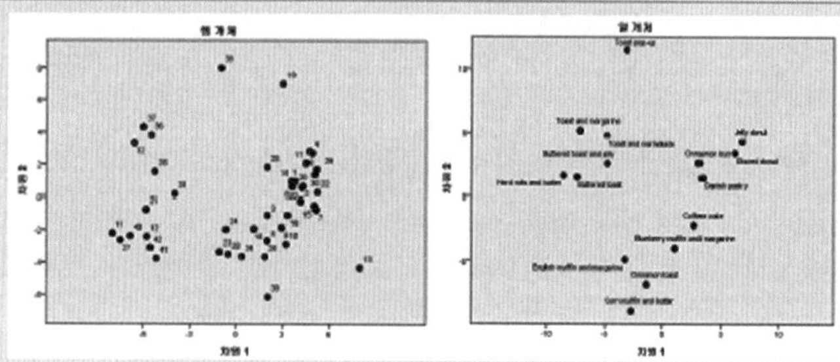

➤ 평가자 플롯 ➤ object 플롯

출력결과 (3)

7. 출력결과 (3)

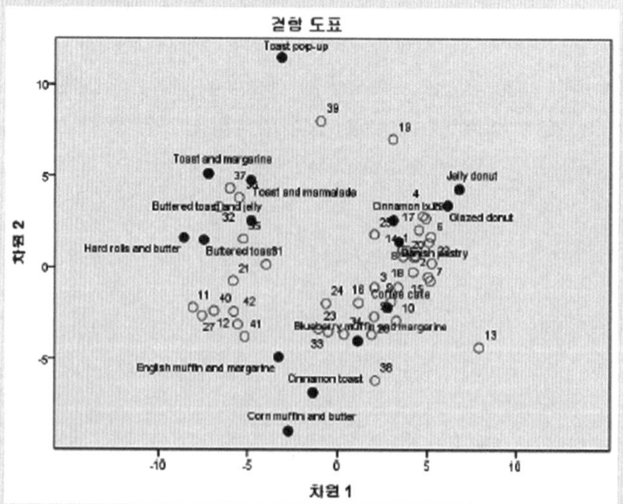

- 결합 도표를 통하여 평가자 플롯과 오브젝트 플롯에서 상용하는 위치에서 평가자가 선호하는 오브젝트를 짐작할 수 있다.
- 예컨대, 평가자 1과 평가자 2는 'Danish pastry'에 대응하므로 이들이 선호하는 아침 식사일 것이다.

출력결과 (4)

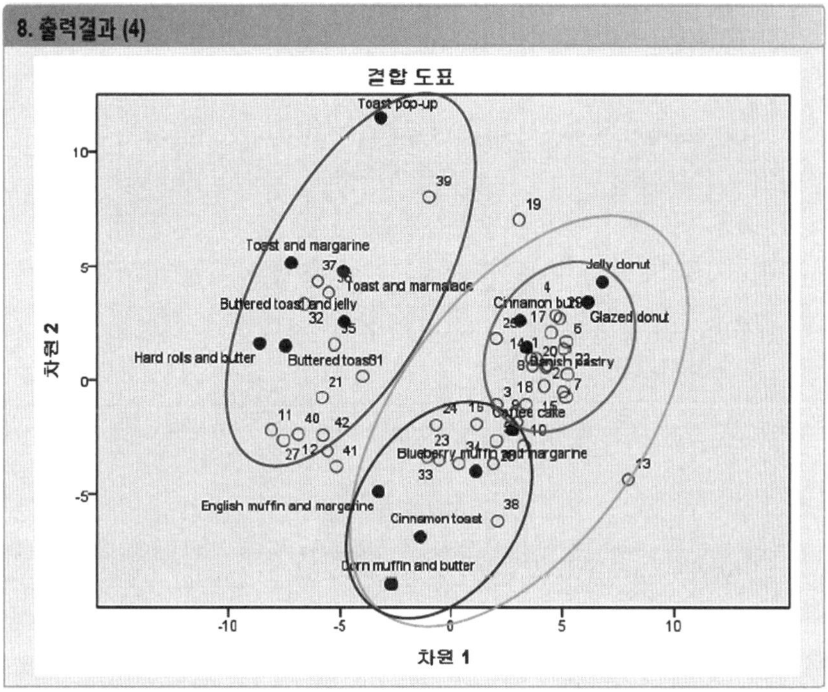

- 2개의 큰 군집으로 나눌 수 있다.
- 왼편 작은 군집은 토스트류
- 오른쪽 아래의 군집은 토스트-머핀류
- 오른쪽 아래는 다시 둘로 나누어 도넛 선호군, 선호군으로 나눌 수 있다.
- 도넛 선호군과 머핀 선호군은 연이어 있는 반면 토스트 선호군은 따로 떨어져 있다.

4. 예제

예제 (1)

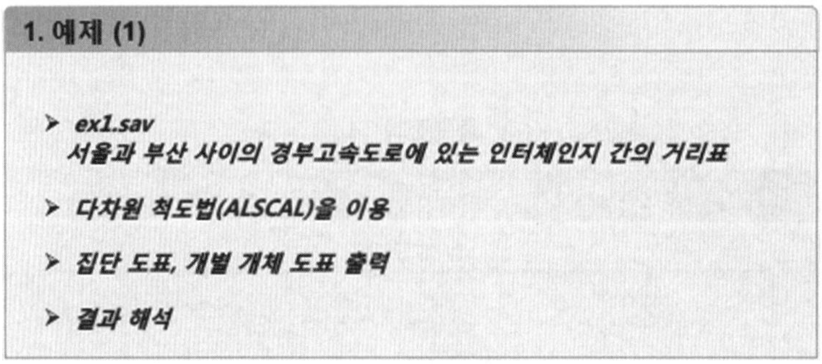

- ex1.sav
  서울과 부산 사이의 경부고속도로로 있는 인터체인지 간의 거리표
- 다차원 척도법(ALSCAL)을 이용
- 집단 도표, 개별 개체 도표 출력
- 결과 해석

예제 (2)

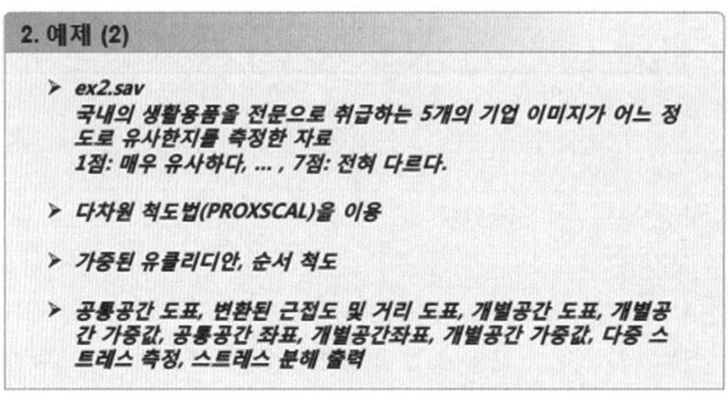

- ex2.sav
- 국내의 생활용품을 전문으로 취급하는 5개의 기업 이미지가 어느 정도로 유사한지를 측정한 자료(1점: 매우 유사하다, … 7점: 전혀 다르다).
- 다차원 척도법(PROXSCAL)을 이용
- 가중된 유클리디안, 순서 척도
- 공통공간 도표, 변환된 근접도 및 거리 도표, 개별공간 도표, 개별공간 가중값, 공통공간 좌표, 개별공간좌표, 개별공간 가중값, 다중 스트레스 측정, 스트레스 분해 출력

예제 (3)

3. 예제 (3)

- ***ex3.sav***
  미국의 경제 예측 기관인 와튼계량경제예측연구소(WEFA)가 경제협력개발기구의 1998년 3월 중 국가 위험도를 조사한 결과
- ***다차원 척도법(PROXSCAL)을 이용***
- ***데이터로부터 근접행렬 작성***
- ***순서 척도***

- cx3.sav
  미국의 경제 예측 기관인 와튼계량경제예측연구소(WEFA)가 경제협력개발기구의 1998년 3월 중 국가 위험도를 조사한 결과
- 다차원 척도법(PROXSCAL)을 이용
- 데이터로부터 근접행렬 작성
- 순서 척도

예제 (4)

4. 예제 (4)

- ***ex4.sav***
- ***국가간 이미지 유사성자료로 평가자 패널에 12개 국가를 제시하고 국가 쌍 별로 유사도를 9점 척도로 응답하게 한 후 평균을 내 얻은 자료이다.***
- ***1점: 전혀 다르다, ... , 9점: 매우 비슷하다.***
- ***다차원 척도법(PROXSCAL)을 이용***
- ***유사성, 순서 척도***

- ex4.sav
- 국가 간 이미지 유사성자료로 평가자 패널에 12개 국가를 제시하고 국가 쌍별로 유사도를 9점 척도로 응답하게 한 후 평균을 내 얻은 자료이다(1점: 전혀 다르다, … 9점: 매우 비슷하다).
- 다차원 척도법(PROXSCAL)을 이용
- 유사성, 순서 척도

주요학습용어

- 다차원척도법(MDS, multidimensional scaling method)
- ALSCAL
- PROXSCAL
- MINISSA
- KYST
- MULTISCAL
- SMACOF
- 정방대칭형(square symmetric)
- 정방비대칭형(square asymmetric)
- 개인차 다차원 척도법(INDSCAL, individual differences scaling method)
- 개인별 가중 유클리드 거리(weighted euclidean distance)
- 동일(identity)
- 가중된 유클리디안(weighted euclidean)
- 일반화 유클리디안(generalized euclidean)
- 축소계수(reduced rank)
- 다차원 확장(preference scaling)
- 다차원 전개(multidimensional unfolding)
- 다차원 확장(preference scaling)
- 이상점(ideal point)

참고문헌

1. SPSS Korea 정기교육 및 SPSS 실습세미나 자료집.
2. 허명회 (2003), 사회과학을 위한 다 변량 자료 분석, 자유아카데미.
3. 박종선 (2005), SAS/SPSS COOK BOOK, 박영사.
4. 송인섭 (2003), 통계학의 이해, 학지사.
5. 홍성열 (2003), 사회 과학도를 위한 기초통계, 학지사.
6. 오택섭 (2003), 사회과학 데이터분석법, 나남출판사.
7. 허명회, SPSS 척도화 분석과 비모수적 방법.
8. 강병서·김계수, SPSS 7.0 사회과학 통계분석.
9. 제17차 SPSS 실습세미나(2009), PASW Statistics(구: SPSS)를 활용한 다차원 척도법, SPSS Korea (주)데이타솔루션.

7장 경로분석

1. 경로분석(Path Analysis) 개요
2. 경로모델의 조건
3. 연구절차
4. 예제

7장 경로분석

1. 경로분석(Path Analysis) 개요

1.1. 경로분석의 의의

경로분석방법은 [표 7-1]에서 볼 수 있듯이 외부변인이(exogenous variable) 특정 내부변인(endogenous variable)에 미치는 영향력과 특정 내부변인이 다른 내부변인에 미치는 영향력을 동시에 분석하는 통계방법이다. 외부변인이란 독립변인처럼 원인으로 선정된 변인이고, 내부변인이란 종속변인처럼 결과로 여겨지는 변인이다. 외부변인은 원칙적으로 등간척도(또는 비율척도)로 측정되어야 하며, 그 수는 한 개 이상 여러 개가 될 수 있다. 외부변인이 명명척도로 측정된 변인일 경우에는 가변인으로 바꾸어 사용한다. 내부변인은 등간척도(또는 비율척도)로 측정되어야 하며, 그 수는 각 분석단계별 반드시 한 개여야 한다. 명명척도로 측정된 변인은 내부변인으로 사용할 수 없다.

[표 7-1] 경로분석방법의 조건

1) 외부변인 (1) 수 : 한 개 또는 여러 개 (2) 측정 : 등간척도, 또는 비율척도 2) 내부변인 (1) 수 : 각 분석 단계별 한 개 (2) 측정 : 등간척도, 또는 비율척도

경로분석방법은 회귀분석과는 달리 독립변인이라는 용어 대신에 외부변인이라는 용어를 종속변인이라는 용어 대신에 내부변인이라는 용어를 사용한다. 이처럼 용어를 다르게 사용하는 이유는 회귀모델(regression model)에서는 한 개 이상 여러 개의 독립변인이 한 개의 종속변인에 미치는 영향력을 같이 분석하지만, 경로모델(path model)에서는 여러 변인간의 인과관계를 여러 단계로 나누어 분석하는 특성상 특정 변인이 독립 변인이 되기도 하고, 종속변인이 되기도 하기 때문에 혼란을 피하기 위해서이다.

경로분석방법에서는 일반적으로 경로모델을 그림으로 설명하고 분석결과도 [표] 대신에 [그림]을 통해서 제시하기 때문에 경로모델 그림에서 자주 사용하는 네 가지 기호를 이해할 필요가 있다.

① 실선 화살표(⟶)는 한 변인이 다른 변인에게 영향을 준다는 것을 나타낸다. 예를 들어 A⟶B는 A변인이 B변인에게 영향을 준다는 의미이다. 이 기호는 외부변인에서 내부변인으로, 내부변인에서 내부변인으로 가는 영향력을 표시할 때 사용된다.

② 점선 화살표(⋯⋯▸)는 한 변인이 다른 변인에게 영향력을 미치지 못한다는 것을 나타낸다. 예를 들어, A⋯⋯▸B는 A변인이 B변인에게 영향을 주지 못한다는 의미이다. 이 기호는 통계검증결과 변인간의 인과관계가 없다는 표시로 사용된다.

③ 양방향 화살표가 있는 포물선(↶↷)은 변인간의 상관관계는 존재하지만 인과관계가 불분명해서 경로모델 내에서는 분석할 수 없다는 것을 나타낸다.
예를 들어 A↶↷B는 A변인과 B변인간의 상관관계는 존재하지만 인과관계가 분명하지 않아 분석할 수 없다는 의미이다. 이 기호는 주로 외부변인과 외부변인간의 관계를 표시할 때 사용된다.

④ 화살표 표시가 없는 포물선(⌒)은 변인간의 상관관계가 경로모델에서 포함하지 않은 다른 변인 때문에 생긴 의사상관관계이거나 인과관계에 의한 것이 아니기 때문에 분석할 필요가 없다는 것을 나타낸다. 예를 들어 A⌒B는 A변인과 B변인의 의사상관관계이거나, 인과관계에 의한 것이 아니기 때문에 분석할 필요가 없다는 의미이다. 이 기호는 주로 외부변인과 외부변인간의 관계, 또는 내부변인과 내부변인간의 관계를 표시할 때 사용된다.

[그림 7-1]의 경로모델을 예로 들어 외부변인과 내부변인의 차이를 살펴보자. 연구자는 〈성별〉이 〈교육〉에 영향을 미치고 〈성별〉과 〈교육〉이 〈정치적 성향〉에 영향을 주고, 〈성별〉과 〈교육〉, 〈정치적 성향〉이 〈투표행위〉에 영향을 준다는 경로모델을 만들었다고 가정하자. 이 경로모델은 세 개의 회귀모델을 합한 모델로서 첫 번째는 〈성별〉이 〈교육〉에 미치는 영향력을 분석하는 단순 회귀모델이고, 두 번째는 〈성별〉과 〈교육〉이 〈정치적 성향〉에 미치는 영향을 분석하는 다변인 회귀모델이며, 세 번째는 〈성별〉과 〈교육〉, 〈정치

적 성향>이 <투표행위>에 미치는 영향력을 분석하는 다변인 회귀모델이다.

이 경로모델에서 <성별>은 첫 번째와 두 번째, 세 번째 회귀모델에서 항상 독립변인의 역할을 한다. 이에 비해 <교육>은 첫 번째 회귀모델에서는 종속변인이 되지만, 두 번째와 세 번째 회귀모델에서는 독립변인이 된다. <정치적 성향>은 두 번째 회귀모델에서는 종속변인이 되지만, 세 번째 회귀모델에서는 독립변인이 된다. 마지막으로 <투표행위>는 세 번째 회귀모델에서 종속변인의 역할만 한다. 경로모델에서 <성별>처럼 항상 독립변인으로만 존재하는 변인은 외부변인이라 부르며, <교육>과 <정치적 성향>처럼 독립변인이 되기도 하고, 종속변인이 되기도 하는 변인과 <투표행위>처럼 항상 종속변인으로만 존재하는 변인을 내부변인이라고 부른다. 각 분석단계에서 종속변인이 되는 변인은 내부변인이다. [그림 7-1]의 모델은 한 개의 외부변인과 세 개의 내부변인간의 인과관계를 설정한 경로 모델이다.

[그림 7-1] 경로모델

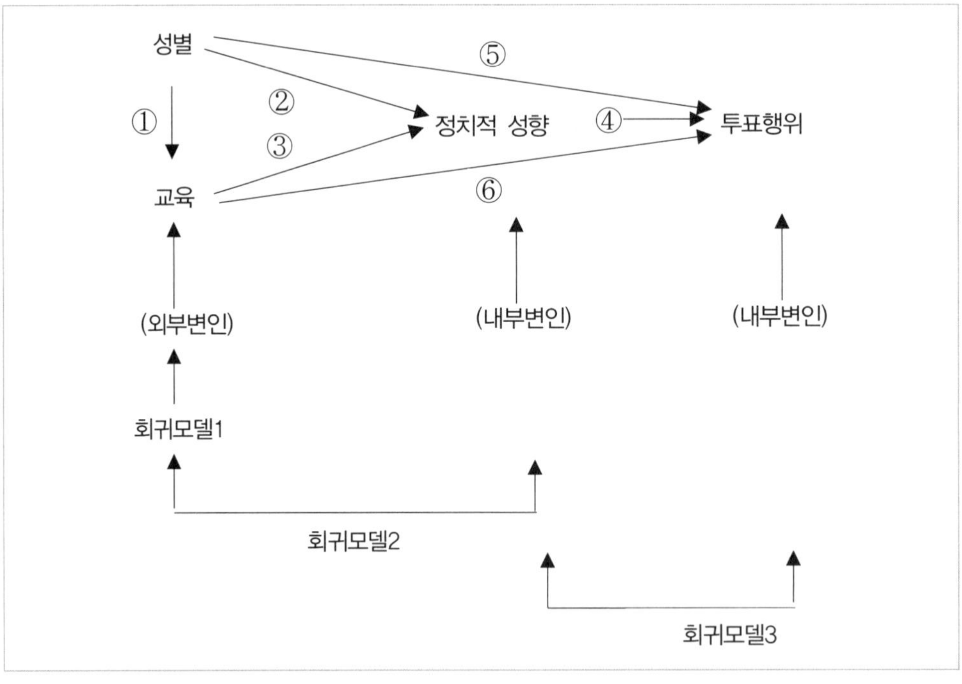

1.2. 회귀모델과 경로모델의 비교

1.2.1. 회귀모델

세 개의 독립변인 〈교육〉과 〈연령〉, 〈수입〉이 종속변인 〈텔레비전 시청량〉에 미치는 영향력을 분석하기 위해 [그림 7-2]와 같은 회귀모델이 있다고 가정하자. 이 회귀모델에서는 독립변인 간에 인과관계를 설정하지 않고, 세 개의 독립변인이 종속변인에 미치는 영향력을 동시에 분석한다.

[그림 7-2] 회귀모델

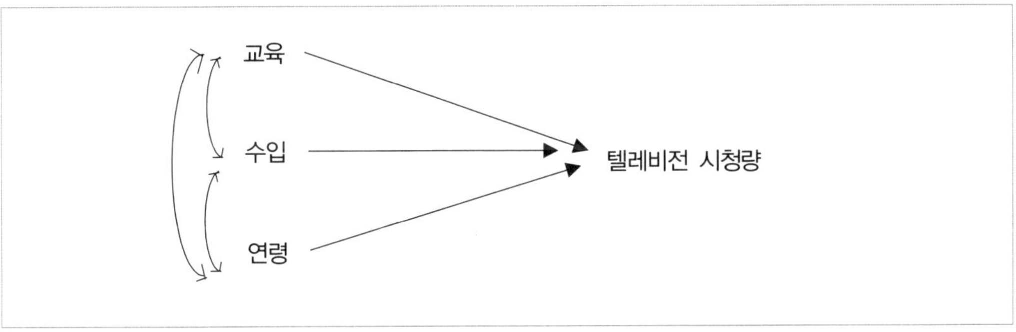

1.2.2. 경로모델

위의 회귀모델과 동일한 네 개의 변인간의 인과관계를 분석하는 모델에는 회귀모델만이 있는 것이 아니다. 네 변인을 이용하여 회귀모델과는 다른 연구모델을 만들 수 있는데, 그 중 하나가 경로모델이다. 만일 독립변인이 종속변인에 영향력을 동시에 미친다는 [그림 7-2]의 회귀모델이 적절치 않다고 생각해서 독립변인간의 인과관계를 고려한 [그림 7-3]의 경로모델을 만들었다고 가정하자. 즉, 〈교육〉과 〈연령〉 두 변인이 〈수입〉에 영향을 주고, 〈교육〉과 〈연령〉, 〈수입〉 세 변인이 〈텔레비전 시청량〉에 영향을 준다는 경로모델을 만들었다.

[그림 7-3]에서 볼 수 있듯이, 독립변인간의 인과관계를 설정한 이 경로모델은 두 개의 다변인 회귀모델을 합한 것이라 할 수 있다. 첫 번째는 〈교육〉과 〈연령〉 두 개의 외부변인이 내부변인인 〈수입〉에 미치는 영향력을 분석하는 다변인 회귀모델이다. 두 번째는 〈교육〉과 〈연령〉 두 개의 외부변인과 내부변인 〈수입〉이 다른 내부변인인 〈텔레비전 시청량〉에 미치는 영향력을 분석하는 다변인 회귀모델이다. 이런 의미에서 경로모델은 회귀모델을 논리적으로 확장한 것이다. 이를 달리 표현하면 회귀모델은 경로모델의 특수한

형태이다. 따라서 [그림 7-2]의 회귀모델은 세 개의 외부변인이 한 개의 내부변인에 미치는 영향력을 분석하는 경로모델이라고 말할 수 있다.

[그림 7-3] 경로모델

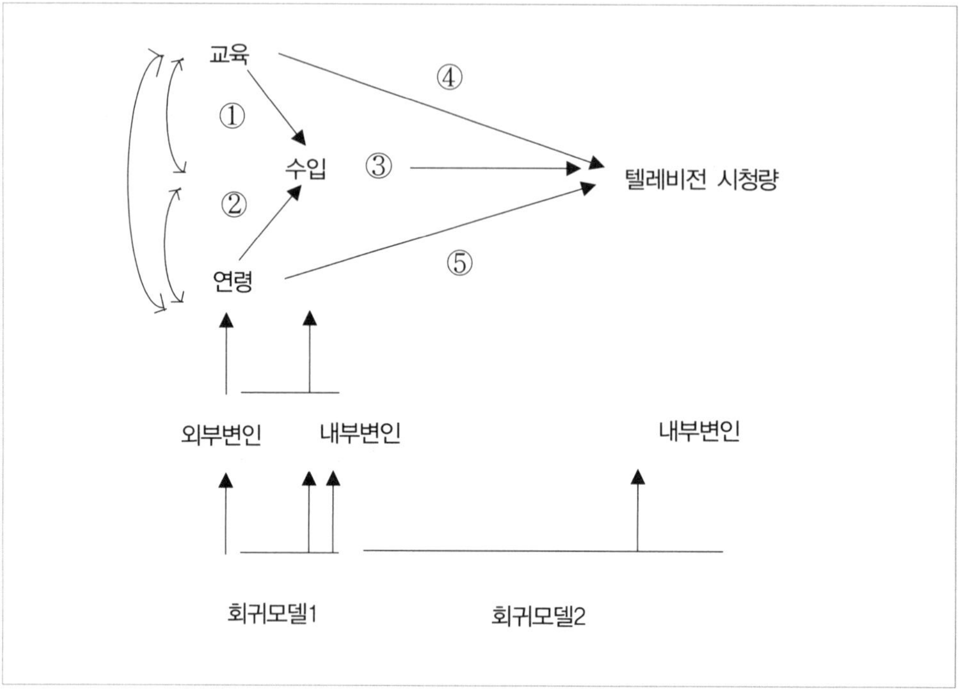

2. 경로모델의 조건

적합한 경로모델을 만들기 위해서는 세 가지 점을 항상 염두에 두어야 한다.

① 경로모델에서 설정한 변인간의 인과관계는 반드시 이론에 기초를 두어야 한다. 즉 경로모델은 좋은 이론으로부터 나온다.
② 경로모델에서 변인의 인과관계는 한쪽 방향으로 설정되어야 경로분석방법을 사용할 수 있다.
③ 경로모델에서 변인의 인과관계는 전부 설정되어야 경로분석방법을 사용할 수 있다.

②, ③ 조건에 대해서 더 자세히 살펴보면 다음과 같다.

2.1. 영향력의 방향은 한쪽 방향이어야 한다.

경로분석방법에 적합한 경로모델이 되기 위해서는 한 변인에서 다른 변인으로 가는 영향력의 방향이 반드시 한쪽 방향으로 설정되어야 한다. 즉, 외부변인에서 내부변인으로, 내부변인에서 내부변인으로 가는 영향력의 방향이 한쪽 방향으로만 가야 한다. 따라서 [그림 7-4]는 적합한 경로모델이라고 할 수 있고 [그림 7-5]와 [그림 7-6]은 부적합한 경로모델이라고 할 수 있다. [그림 7-5]와 [그림 7-6]은 경로분석방법을 사용하여 분석할 수 없고 LISREL방법을 사용해야 분석할 수 있다.

[그림 7-4] 적합한 경로모델

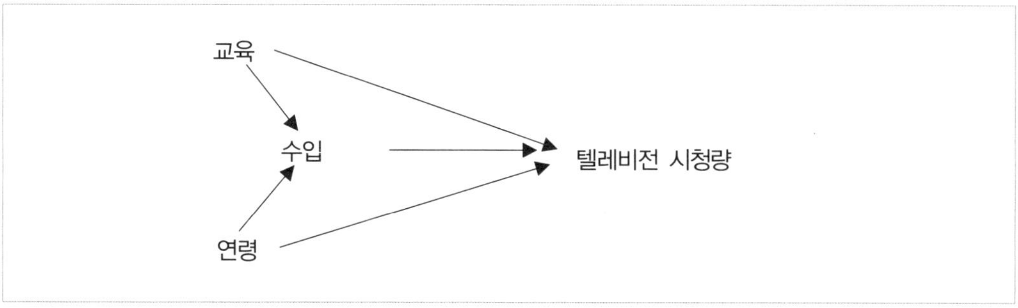

[그림 7-5] 부적합한 경로모델

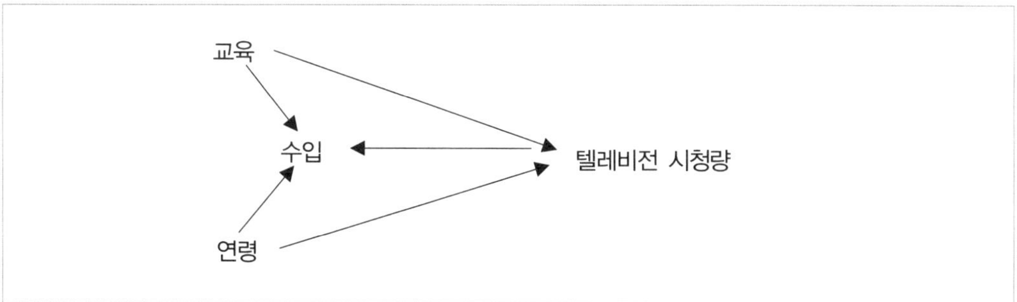

[그림 7-6] 부적합한 모델

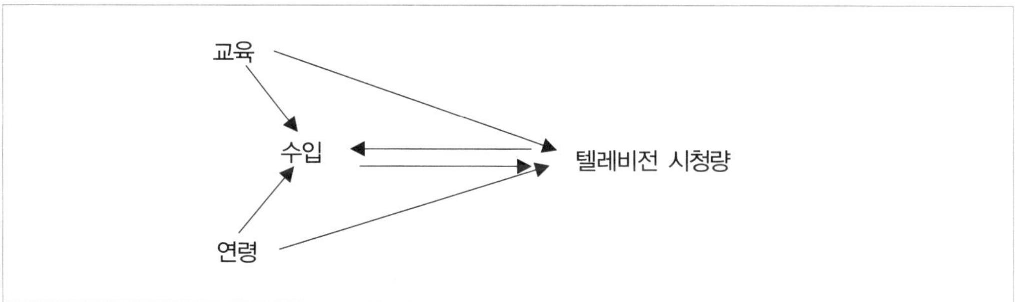

2.2. 변인 간의 인과관계가 전부 설정되어야 한다.

경로분석방법에 적합한 경로모델이 되기 위해서는 변인간의 인과관계가 전부 설정되어야 한다. 이를 달리 말하면, 변인간의 경로가 전부 연결되어야 한다는 것이다. 이 조건이 충족되면 경로분석방법을 사용하여 한 변인이 다른 변인에게 미치는 영향력의 크기를 보여주는 경로계수(베타계수)를 정확하게 계산할 수 있다. 그러나 경로모델에서 한 변인에서 다른 변인으로 가는 경로가 없거나 경로가 양방향인 경우에는 경로분석 방법을 사용하여 경로계수를 계산할 수 없고 LISREL 방법을 사용해야 한다.

[그림 7-7] 부적합한 경로모델

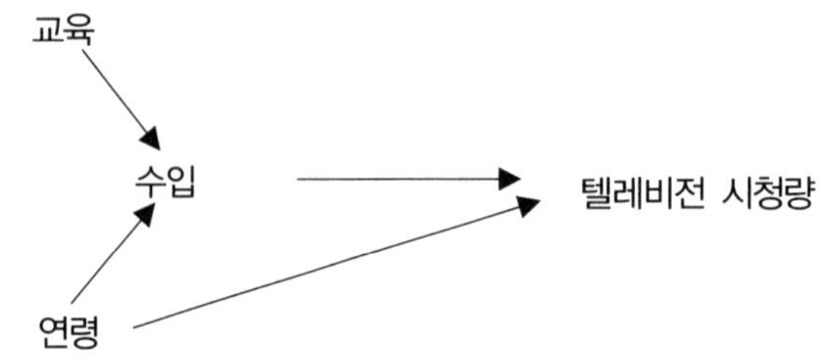

3. 연구절차

경로분석방법의 연구절차를 알아보자. 경로분석방법은 [표 7-2]에서 볼 수 있듯이 크게 여덟 단계로 이루어진다.

[표 7-2] 경로분석방법의 절차

1. 경로모델 제시
↓
2. Windows용 SPSS/PC+프로그램 실행
↓
3. 변인의 기술통계값 분석
↓
4. 변인의 상관관계계수 분석
↓
5. 변량분석 및 유의도 검증
↓
6. 경로계수 분석 및 유의도 검증
↓
7. 효과계수 분석
↓
8. 편, 부분 상관관계 분석

3.1. 경로모델 제시

경로분석방법에 적합한 연구가설의 예를 들어보자.

연구자는 교육과 연령, 수입, 텔레비전 시청량 간의 인과관계를 분석하고 싶어 한다. 연구자는 이들 네 변인의 인과관계를 분석하기 위해 외부변인 〈교육〉과 〈연령〉이 내부변인 〈수입〉에 영향을 주고, 〈교육〉과 〈연령〉, 〈수입〉이 다른 내부변인인 〈텔레비전 시청량〉에 영향을 주는 경로모델을 만들었다고 가정하자([그림 7-4] 참조).

연구자는 이 연구가설을 검증하기 위해 〈교육〉은 응답자의 학력을 ① 중학교 졸업, ② 고등학교 졸업, ③ 대학교 졸업 등 3점 척도로 측정하고, 월 평균수입을 ① 200만원 미만, ② 200만원 이상 250만원 미만 ③ 250만원 이상 300만원 미만 ④ 300만원 이상 350만원 미만 ⑤ 350만원 이상으로 측정하였다. 〈텔레비전 시청량〉은 응답자의 일일 평균 텔레비전 시청량으로 측정하였다.

3.1.1. 방정식

위 경로모델에서는 내부변인이 두 개이기 때문에 두 번의 다변인 회귀분석 방법을 실행해야 한다. 경로분석 방법의 목적은 변인의 영향력의 크기를 상호비교 할 수 있는 표준회귀계수(베타)인 경로계수를 통해 변인간의 인과관계를 분석하기 때문에 표준 회귀방정식을 만든다. 경로모델의 회귀방정식에서는 표준회귀계수를 나타내는 베타 대신에 경로계수를 나타내는 'P'를 사용한다.

첫 번째 다변인 회귀방정식은 두 개의 외부변인(〈교육〉, 〈연령〉)이 한 개의 내부변인(〈수입〉)에 미치는 영향력을 분석하기 위해 2원 1차 방정식이 된다. 두 번째 다변인 회귀분석방법은 두 개의 외부변인 (〈교육〉과 〈연령〉)과 한 개의 내부변인 (〈수입〉)이 다른 내부변인(〈텔레비전 시청량〉)에게 미치는 영향력을 분석하기 때문에 3원 1차 방정식이 된다.

[표 7-3] 첫 번째 다변인 회귀방정식

$$Y' = P_1X_1 + P_2X_2$$

Y' : 내부변인 예측 점수(수입)

X_1 : 외부변인 점수(교육)

X_2 : 외부변인 점수(연령)

P_1, P_2 : 경로계수(베타계수)

[표 7-4] 두 번째 다변인 회귀방정식

$$Y' = P_1X_1 + P_2X_2 + P_3X_3$$

Y' : 내부변인 예측 점수(텔레비전 시청량)

X_1 : 외부변인 점수(교육)

X_2 : 외부변인 점수(연령)

X_3 : 내부변인 점수(수입)

P_1, P_2, P_3 : 경로계수(베타계수)

4. 예제

4.1. 기술통계

[표 7-5] 기술통계값

	평균	표준편차	사례 수
TV 시청량	47.2000	14.7930	25
연령	28.7600	6.7656	25
교육	2.1200	.7810	25
수입	2.7200	1.2754	25

사례수는 25명이고, 〈교육〉의 평균값은 2.12로 이 표본의 평균 교육수준은 고등학교 졸업보다 약간 높고 〈연령〉의 평균값은 28.7세 비교적 젊은 편이다. 수입의 평균값은 2.72로 이 표본의 평균 수입은 250만 원 이상 300만원 미만이 조금 못되는 것으로 보인다.

4.2. 상관관계계수

[표 7-6] 외부변인과 내부변인간의 단순 상관관계계수

		TV 시청량	연령	교육	수입
Pearson 상관	TV 시청량	1.000			
	연령	.449	1.000		
	교육	-.579	.006	1.000	
	수입	-.240	.484	.412	1.000
유의확률 (한쪽)	TV 시청량	.			
	연령	.012			
	교육	.001	.489		
	수입	.124	.007	.020	

[표 7-6]에서 볼 수 있듯이, 경로분석 방법은 외부변인 〈교육〉, 〈연령〉과 내부변인 〈수입〉과 〈텔레비전 시청량〉간의 단순상관관계를 계산해 준다. 이 경우, 외부변인 〈교육〉과 〈연령〉의 상관관계계수는 0.006인데, 경로분석방법에서는 분석하지 않는다. 〈교육〉과

〈수입〉의 상관관계계수는 0.412이고, 〈교육〉과 〈텔레비전 시청량〉은 -0.579이다. 〈연령〉과 〈수입〉의 상관관계계수는 0.484이고, 〈연령〉과 〈텔레비전 시청량〉은 0.449로 나타났다. 〈수입〉과 〈텔레비전 시청량〉간의 상관관계계수는 -0.240으로 나타났다.

4.3. 변량분석

4.3.1. 첫 번째 경로모델 분석

① 설명변량 분석

[표 7-7]에서 볼 수 있듯이, 첫 번째 경로모델인 외부변인 〈교육〉, 〈연령〉과 내부변인 〈수입〉간의 Multiple R값은 0.634이고 설명변량인 R^2은 Multiple R 0.634를 자승한 값인 0.402이다 반대로 설명변량 R^2값 0.402를 제곱근하면 Multiple R의 자승한 값 0.634가 된다.

[표 7-7] 설명변량

모형	R	R^2	Adjusted R^2	추정값의 표준오차	통계량 변화량(Change Statistics)				
					R 제곱 변화량 (R Square Change)	F 변화량 (F Change)	자유도 1	자유도 2	유의확률 F변화량 (Sig. F Change)
1	.634	.402	.347	1.0303	.402	7.389	2	22	.004

② 유의도 검증

첫 번째 경로모델에서 외부변인과 내부변인 간 인과관계에 대한 전체적 유의도 검증은 F값 분석으로 이루어진다. [표 7-8]에서 볼 수 있듯이, 자유도 2와 22에서 F값은 7.839이고 유의도는 0.004로 유의미하기 때문에 연구가설을 받아들인다. 즉, 전체적으로 볼 때 〈교육〉과 〈연령〉이 수입에 영향을 준다는 것을 알 수 있다.

[표 7-8] 첫 번째 경로모델 변량분석결과

모형		자승의 합	자유도	평균 자승합	F	유의확률
1	선형회귀분석(regression)	15.687	2	7.844	7.839	.004
	잔차(residual)	23.353	22	1.061		
	합계	39.040	24			

③ 오차 상관관계계수

경로분석방법에서 설명변량을 제시하는 방법을 살펴보자. 회귀분석방법에서는 독립변의 설명변량(R^2)의 값을 표에서 제시하지만, 경로분석방법에서는 설명변량 값 대신에 오차변량(설명할 수 없는 변량)을 제곱한 한 값인 오차상관계수를 제시한다. 오차 상관관계계수란 경로모델에 포함되지 않은 변인 전체와 내부변인과의 상관관계계수를 말한다.

$$\text{오차 상관관계계수} = \sqrt{(1-R^2)}$$

첫 번째, 경로모델에서 설명변량은 0.402이기 때문에 오차변량 1 - 0.402한 값인 0.598이 된다. 오차 상관관계계수는 오차변량 0.590을 제곱근 한 값 0.77이 된다. 오차 상관관계계수는 [그림 7-8]에서 볼 수 있듯이, 내부변인 〈수입〉 위의 굵은 직선 화살표에 제시한다.

4.3.2. 두 번째 경로모델 분석

① 설명변량

[표 7-9]에서 볼 수 있듯이, 외부변인 〈교육〉, 〈연령〉과 내부변인 〈수입〉이 내부변인 〈텔레비전 시청량〉간의 Multiple R의 값인 0.788이기 때문에 설명변량인 R^2값 0.621을 제곱근 하면 Multiple R값은 0.788이 된다.

[표 7-9] 두 번째 경로모델: 설명변량

모형	R	R^2	Adjusted R^2	추정값의 표준오차	통계량 변화량(Change Statistics)				
					R 제곱 변화량 (R Square Change)	F 변화량 (F Change)	자유도1	자유도2	유의확률 F변화량 (Sig. F Change)
1	.788	.621	.567	9.7368	.621	11.466	3	21	.000

② 유의도 검증

외부변인, 내부변인과 내부변인간의 인과관계에 대한 전체적 유의도 검증은 F값 분석으로 이루어진다. [표 7-10]에서 볼 수 있듯이 자유도 3과 21에서 F값은 11.466이고 유의도는 0.000으로 통계적으로 유의미하기 때문에 〈교육〉과 〈연령〉, 〈수입〉이 전체적으로 볼 때 〈텔레비전 시청량〉에 영향을 준다는 것을 알 수 있다. 그러나 어느 변인이 어느 정도의 영향력을 미치는지를 알기 위해서는 회귀계수를 분석하고 유의도를 검증해야 한다.

[표 7-10] 두 번째 경로모델 변량분석결과

모형		자승의 합	자유도	평균 자승합	F	유의확률
1	선형회귀분석(regression)	15.687	2	7.844	7.839	.004
	잔차(residual)	23.353	22	1.061		
	합계	39.040	24			

③ 오차 상관관계계수

두 번째 경로모델 분석에서 〈텔레비전 시청량〉이 설명변량이 0.621이기 때문에 오차 상관관계계수는, [그림 7-8]에서 볼 수 있듯이 총변량 1에서 설명변량 0.621을 제외한 값인 오차변량 0.379를 제곱근 한 값인 0.62를 내부변인 〈텔레비전 시청량〉위의 굵은 직선 화살표에 제시한다.

[그림 7-8] 오차 상관관계계수

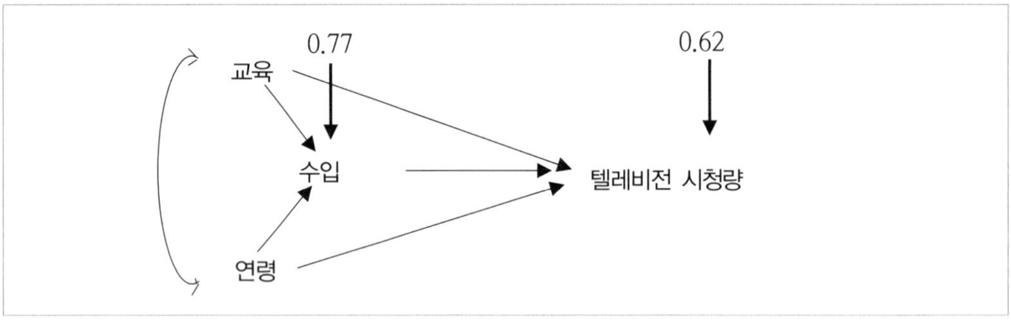

4.4. 경로계수

4.4.1. 첫 번째 경로모델

[표 7-11]에서 볼 수 있듯이 〈교육〉의 베타계수 0.409, 〈연령〉은 0.482이다 즉 외부변인 〈교육〉이 0.409, 〈연령〉은 0.482 만큼 영향력을 내부변인 〈수입〉에게 준다는 것을 알 수 있다. 변인간의 회귀방정식은 Y'수입 $= 0.409X_{\text{교육}} + 0.482XX_{\text{연령}}$ 이다. 이 경로계수 들은 [그림 7-9]와 같다.

[표 7-11] 첫 번째 경로모델 경로계수

모형		비표준 회귀계수		표준 회귀계수	t	유의확률
		B	표준오차	베타		
1	(상수)	-1.309	1.078		-1.215	.237
	연령	9.088-02	.031	.482	2.924	.008
	교육	.668	.269	.409	2.479	.021

4.4.2. 두 번째 경로모델

[표 7-12]에서 볼 수 있듯이, 〈교육〉의 베타계수는 -0.432, 〈연령〉은 0.63, 〈수입〉은 -0.367 만큼의 영향력을 내부변인 〈텔레비전 시청량〉에 미친다는 것을 알 수 있다. 변인 간의 회귀방정식 Y' 텔레비전 시청량 $= -0.432X_{교육} + 0.63X_{연령} + (-0.367)X_{수입}$다. 이 경로 계수들은 [그림 7-9]와 같다.

[표 7-12] 두 번째 경로모델 경로계수

모형		비표준 회귀계수		표준 회귀계수	t	유의확률
		B	표준오차	베타		
1	(상수)	36.523	10.522		3.471	.002
	연령	1.377	.346	.630	3.977	.001
	교육	-8.175	2.878	-.432	-2.840	.010
	수입	-4.529	2.015	-.367	-2.114	.047

[그림 7-9] 변인간의 경로계수

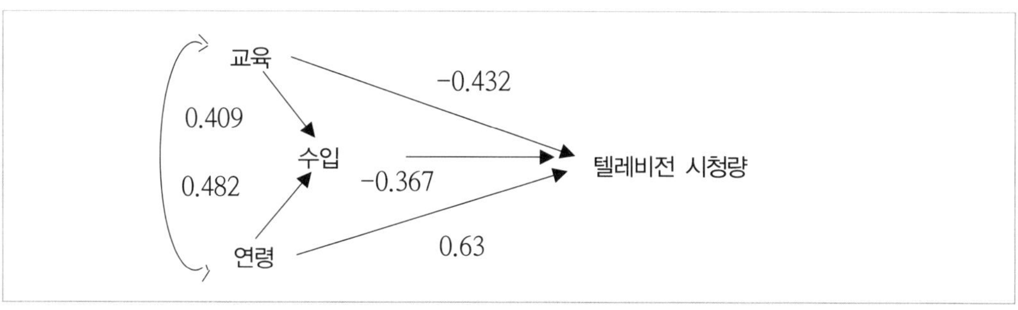

경로모델 결과를 보여줄 때 유의해야 할 점은 오차 상관관계계수와 경로계수를 합쳐서 제시해야 한다.

4.5. 효과계수(Effect Coefficient)

경로분석방법에서는 한 변인이 다른 변인에게 미치는 영향력을 직접 영향력과 간접 영향력, 그리고 두 영향력을 합한 영향력 세 가지로 살펴본다. 직접 영향력은 직접효과(direct effect), 간접 영향력은 간접효과(indirect effect)라고 부르는데, 다음에서 볼 수 있듯이 직접 효과와 간접효과를 더한 값을 효과계수라고 한다.

효과계수 = 직접 효과 + 간접 효과

경로분석방법이 회귀분석방법에 비해 더 유용한 이유는 회귀분석방법에서는 독립변인이 종속변인에 미치는 직접 효과만을 분석할 수 있는 반면 경로분석방법에서는 한 변인이 다른 변인에게 미치는 직접 효과는 물론 간접 효과와 효과계수를 통해 전체 영향력을 살펴볼 수 있기 때문이다.

직접 효과란 외부변인이 내부변인에게, 또 한 내부변인이 다른 내부변인에 직접적으로 주는 영향력을 말한다. [그림 7-9]에서 볼 수 있듯이, 변인간의 경로계수가 직접효과이다.

간접 효과란 외부변인이 한 내부변인에게, 이 내부변인이 다른 내부변인에 순차적으로 미치는 영향력을 말한다. 외부변인이 중간단계로 한 내부변인을 거쳐 다른 내부변인에게 영향을 주기 때문에 간접효과라 부른다. 간접효과는 통계적으로 유의미한 경로의 경로계수를 곱한 다음 합하면 된다. 예로 〈교육〉→〈수입〉→〈텔레비전 시청량〉의 간접효과는 -0.15{0.409 * (-0.367) = -0.150103}이 된다.

주요학습용어

- 경로분석(path Analysis)
- 외부변인(exogenous variable)
- 내부변인(endogenous variable)
- 회귀모델(regression model)
- 경로모델(path model)
- 의사상관관계
- 경로계수(베타계수)
- 효과계수(effect Coefficient)
- 직접효과(direct effect)
- 간접효과(indirect effect)

참고문헌

1. SPSS Korea 정기교육 및 SPSS 실습세미나 자료집.
2. 허명회(2003), 사회과학을 위한 다 변량 자료 분석, 자유아카데미.
3. 박종선(2005), SAS/SPSS COOK BOOK, 박영사.
4. 송인섭(2003), 통계학의 이해, 학지사.
5. 홍성열(2003), 사회 과학도를 위한 기초통계, 학지사.
6. 오택섭(2003), 사회과학 데이터분석법, 나남출판사.

8장 구조방정식(SEM)의 이해와 AMOS 적용

1. 구조방정식모델의 이해
2. 구조방정식의 특징
3. 구조방정식 모델
4. 모델개념화 및 경로도 작성

8장 구조방정식(SEM)의 이해와 AMOS 적용

1. 구조방정식모델의 이해

1.1. 구조방정식모델의 기본개념

사회과학에서 존재하는 대부분의 현상은 어떤 사건이 원인이 되어 다른 사건을 발생하게 만드는 관계의 연속이라 할 수 있다. 전통적인 통계분석에서는 주로 회귀분석을 많이 이용하여 왔다. 하지만 회귀분석은 독립변수군과 종속변수 간의 1차적인 인과관계를 규명하는 데에 국한되며, 또한 조사과정에서 나타날 수 있는 측정오차를 반영하지 못하는 한계가 있다. 따라서 이러한 인과관계를 규명할 수 있는 대안으로서 구조방정식모델이 등장하였다.

구조방정식모델(Structural Equation Model: SEM)이란 확인적 접근방법[1)]을 통하여 어떤 사회현상을 포함하고 있는 이론을 분석 및 검증하기 위한 통계적 방법론으로서, 측정모델과 이론모델을 통해서 모형간의 인과관계를 파악하는 방정식모델을 의미한다. 한편 공분산행렬이 분석의 기본 데이터가 되므로 공분산구조방정식(Covariance Structural Modeling)이라고도 불린다. 구조방정식모형은 인과분석을 위해서 요인분석과 회귀분석을 개선하여 결합된 형태라고 할 수 있다.

구조방정식모델(SEM)은 사회학과 심리학 분야에서 개발된 분석방법이지만 경영학, 광고학, 교육학, 생물학, 체육학 및 의학 등 여러 분야에서 사용되고 있다.

---

1) 확인적 접근방법이란 기존에 검증된 모델 및 이론을 재검증하고자 하는 가설검증의 목적을 둔 방법이다. 반면 탐색적 접근방법이란 아직 이론적으로 명확히 정립하지 않은 변수간의 관계와 구인을 파악하기 위한 연구방법이다.

1.2. 구조방정식모델 분석의 개괄

구조방정식모델의 주요 관심은 해당 분야의 관련 이론을 근거로 하여 사전에 설정된 모델이 자료에 의해 지지되는지를 검증하는 것이다. 따라서 구조방정식모델 분석을 확인적(검증적) 방법이라고 할 수 있다.

이러한 구조방정식모델 구축을 사례를 통해 살펴보도록 한다. 어떤 회사의 마케팅 담당자가 자사 제품의 브랜드에 대한 고객들의 충성도를 파악하고자한다. 연구결과를 바탕으로 브랜드 자산 모형을 구축하였다. 브랜드 자산 모형은 '브랜드 인지도', '지각된 품질', '브랜드 이미지' 등이 '브랜드 충성도'에 영향을 주는 것임을 확인하였다.

구조방정식에서는 '브랜드 인지도', '지각된 품질', '브랜드 이미지', '브랜드 충성도' 등과 같은 가설적인 개념들을 잠재변수(latent variable)라 한다. 구조방정식모델에서 잠재변수는 아래와 같이 원 또는 타원으로 표기된다. 잠재변수를 측정하기 위해 실제로 관측된 측정치를 반영한 관측변수(observed variable)가 필요하게 된다. 구조방정식모델에서 관측변수는 사각형(직사각형 또는 정사각형)으로 표기된다. 화살표의 방향은 잠재변수에서 관측변수로 있게 된다.

각각의 잠재변수를 측정하기 위한 관측변수를 개발하고, 그 다음 잠재변수들 간의 관계를 기존의 이론을 토대로 가설화할 수 있다. 구조방정식모델을 이용하여 자료를 분석하는 경우에, 연구자는 잠재변수 간의 관계를 화살표로 연결하는 일을 하게 된다. 브랜드 인지도는 원인이 되고, 브랜드 이미지는 결과가 되는 인과관계를 가정하고 있다.

지금까지 설명한 일련의 과정을 모델구축이라 한다. 이러한 모델구축을 통해 연구자가 수립한 모델을 연구모델이라고 한다.

이러한 연구모델이 맞는지 또는 틀리는지를 검증하기 위해서 연구자는 데이터를 수집하게 된다. 이를 통해 얻어진 데이터가 모형에 적합한지를 구조방정식모델 프로그램을 이용하여 검증할 수 있다.

모델적합이란 연구자가 수립한 모델이 자료에 의해 어느 정도나 잘 적합되는지를 알아보는 것을 의미하며, 이를 모델검증이라고 한다. 모델이 자료에 잘 적합하지 않는 경우, 연구자는 모델을 포기하거나 또는 수정해야 한다. 모델을 수정하는 상황은 탐색적인 성격을 갖는다. 그러므로 구조방정식모델은 엄밀히 이야기하면, 확인적 접근법(사전적)과 탐색적 접근법(사후적)이 혼합된 분석법이라고 표현하는 것이 보다 정확할 것이다. 모델수정(재설정)은 이론에 의해 이루어질 수도 있고, 분석결과에 의해 제시되는 수정지표를 토대로 이루어질 수도 있다. 즉, 새로운 모델을 탐색하고자 할 때, 기존의 이론에 의해 지지되는 관계를 추가할 수도 있고, 단지 분석결과에 의해 제시되는 지표를 근거로 할 수도 있다.

[그림 8-1] 브랜드 자산에 대한 연구모델

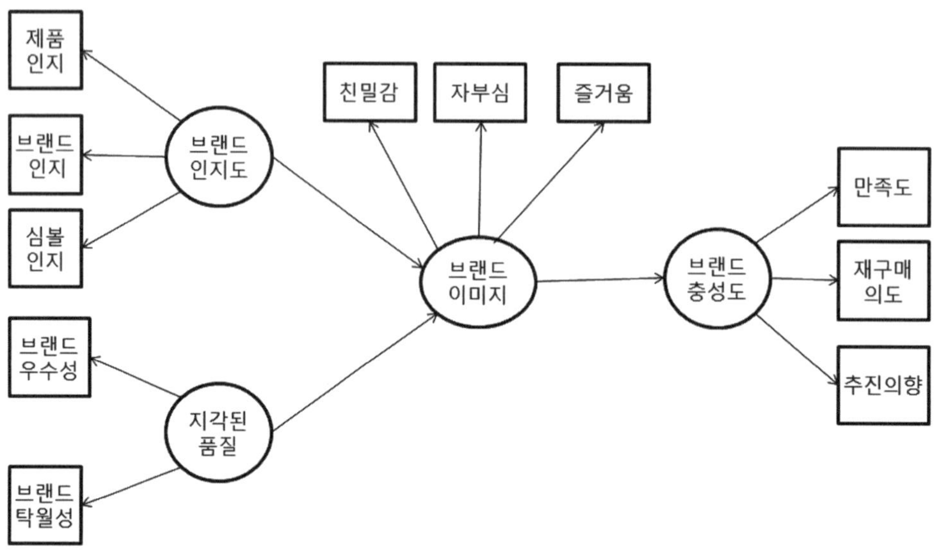

1.3. 구조방정식모델의 특징

1.3.1. 관측변수 외에 잠재변수를 적용한 분석

구조방정식모델에서 관측변수와 잠재변수를 구분하고 있는 이유는 관측변수는 측정오차에 의해 오염되어 있지만, 잠재변수는 측정오차에 의해 오염되어 있는 않는 순수한 성격을 갖고 있어 이들 간의 관계를 분석하는 것이 올바른 계수를 추정할 수 있기 때문이다.

1.3.2. 변수 간 공분산행렬이 분석의 기본 데이터

구조방정식모델은 공분산행렬이 분석의 대상이 된다. 구조방정식모델은 개별 사례로부터 얻어진 공분산행렬에 초점을 두는 분석법이다. 이로 인해 구조방정식모델을 공분산구조분석이라고도 한다. 자료에서 얻어진 표본공분산행렬(S)과 모델예측행렬(Σ)간의 차이를 가능한 한 적게 하고자 하는 분석법이다. 표본공분산행렬과 적합행렬과의 차이(S-Σ)를 적합잔차행렬이라 한다. 관측자료와 가설화된 모델 간에 완벽한 적합이 이루어질 가능성은 거의 없으며, 이들 간에 불일치가 있게 된다. 이러한 불일치를 잔차라고 한다.

자료(data) = 모델(model) + 잔차(residual)

자료는 표본으로 얻은 관측변수와 관련된 측정치를 의미하고, 모델은 관측변수를 잠재변수에 연결한 측정모델과 잠재변수 간의 관계를 가정한 이론 모델을 의미하며, 잔차는 모델과 자료 간의 불일치를 의미한다.

구조방정식모델은 자료행렬에 가장 근접하는 적합행렬을 찾아준다. 이를 통해 모델이 자료를 얼마나 잘 적합시키는지 알려주는 지수를 적합도 지수라고 하며, 이러한 적합도 지수를 이용하여 연구자는 모델이 자료에 잘 적합되는지를 판단하게 되고, 적합하지 않는 것으로 판단되면 모델을 수정하게 된다.

1.3.3. 다중 및 상호종속관계의 동시추정

구조방정식모델은 일련의 종속변수에 대한 개별적인 관계를 동시에 분석할 수 있다는 점에서 다른 다변량분석법과 다르다고 할 수 있다.

직접적인 인과적 영향을 미칠 것으로 예상되는 변수(화살표가 그려져 있는 변수)는 그렇지 않는 변수보다 공분산행렬(상관행렬)의 값이 크게 나타날 것으로 예측할 수 있다. 그 이유는 상관은 인과관계가 성립하기 위한 필요조건이기 때문이다. 예를 들어 브랜드이미지가 원인이 되고 브랜드 충성도가 결과가 되는 인과관계가 있기 위해서는 두 변수 간에 상관이 높게 나타나야 한다.

기대한 상관패턴이 나타났다 하더라도 이론이 올바르다고 주장할 수는 없고, 다만 그러한 개연성이 있는 것으로 밖에 주장할 수 없다는 점이다. 이는 상관패턴을 동일하게 설정하는 다른 모델[2]이 있을 수 있기 때문이다. 그러므로 연구자가 기대한 상관패턴이 나타났다는 것은 이론이 타당한가를 결정하는 데 있어 필요조건이지 충분조건이 아님을 주의해야 한다.

브랜드자산 이론에서 브랜드이미지는 브랜드 인지도나 지각된 품질과의 관계에서는 종속변수가 되지만, 브랜드 충성도에 대해서는 독립변수가 되는 상호종속적인 관계를 갖고 있다. 구조방정식모델은 이처럼 개별적이지만 상호종속적인 관계를 갖는 이론모델을 동시에 추정할 수 있다. 구조방정식모델은 다중 및 상호종속관계를 동시에 수용할 수 있다는 특징이 있다.

2) 이를 동치모델이라고 한다.

1.3.4. 잠재변수의 적용

잠재변수란 관측변수에 의해 개략적으로 측정될 수 있는 가설적 개념을 의미한다.

구조방정식모델에서 잠재변수가 갖고 있는 의의는 다음과 같다.

첫째, 구조방정식모델에서 잠재변수가 반드시 모델에 포함되어야 하는 것은 아니다. 관측변수만을 가진 모델이 경로분석이다. 경로분석은 잠재변수가 하나의 관측변수에 의해 설정된 구조방정식모델이다. 둘째, 구조방정식모델에서 잠재변수는 응답자의 특성에 관한 이론적 개념, 분석단위, 또는 방법효과와 같은 측정방법 등이 될 수 있다.

관측변수를 사용하지 않고 대신 직접 측정할 수 없는 잠재변수를 이용하려는 이유는 다음과 같은 이론적이고 실제적인 정당성이 있기 때문이다.

① 측정오차를 반영한 추정치 도출
② 이론적 개념의 표현
③ 관측변수의 측정오차 고려

1.3.5. 경로계수의 정확한 추정

구조방정식모델은 모델에 포함된 관측변수의 측정오차를 고려하고 있다.

1.3.6. 효과의 분해

구조방정식은 모델에 포함된 잠재변수의 직접효과와 간접효과의 크기를 파악할 수 있다. 직접효과란 변수가 다른 변수가 다른 변수에 대해 직접적인 영향을 미치는 것을 말하며, 간접효과란 두 변수들 간의 효과가 다른 변수에 의해 매개되는 것을 말한다. 직접효과와 간접효과의 합을 한 변수가 다른 변수에 미치는 총효과라고 한다. 총효과를 간접효과와 직접효과로 분해하는 것으로 효과분해라고 한다.

총효과(total effect) = 직접효과(directl effect) + 간접효과(indirect effect)

[그림 8-2] 총효과, 직접효과, 간접효과

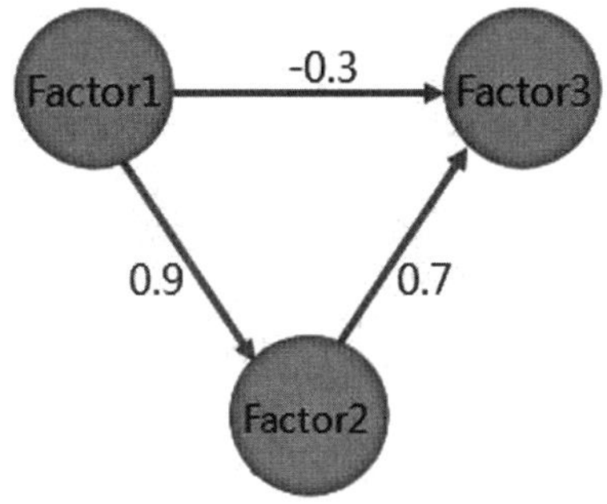

[표 8-1] 총효과, 직접효과, 간접효과

직접효과	Factor1 → Factor3 = −0.3
간접효과	Factor1 → Factor2 → Factor3 = 0.9 X 0.7 = 0.63
총효과	직접효과 + 간접효과 = (−0.3) + 0.63 = 0.33

1.3.7. 측정도구의 신뢰성 파악

구조방정식모델의 한 형태인 확인적 요인분석을 통해 측정하고자 의도한 개념이 어느 정도 잘 측정되었는가를 평가할 수 있다. 확인적 요인분석을 통해 척도의 신뢰성 및 타당도를 평가할 수 있을 뿐만 아니라 측정모델의 적합도를 평가할 수 있다.

1.3.8. 측정과 예측의 동시성

구조방정식모델은 측정과 예측을 동시에 할 수 있는 분석방법이다. 측정을 위해서는 탐색적 요인분석이 주로 쓰이고, 이론구축을 위해서는 회귀분석이 주로 쓰인다. 구조방정식모델은 측정의 질을 평가할 수 있을 뿐만 아니라 구성개념들 간의 예측적 관계(인과관계)를 동시에 분석할 수 있는 유연하고 강력한 분석도구이다. 구조방정식모델의 분석을 통해 측정오차에 의해 오염되지 않는 순수한 잠재변수들 간의 예측 관계를 추정할 수 있다.

1.4. 구조방정식모델 변수의 개념

1.4.1. 잠재변수

구조방정식모델에서 잠재변수를 표현하고자 할 때, 다음과 같은 점을 고려해야 한다.

① 잠재변수는 조작적 정의가 구체적으로 이루어져야 한다.
② 구체적인 조작 정의를 통해 잠재변수를 위한 지표(관측변수)가 선택되어야 한다.
③ 잠재변수는 일반적으로 다중지표를 이용하여 측정된다.
④ 일련의 지표들이 잠재변수를 대표하기 위해서는 지표에서 얻은 자료가 일정한 방향으로 나타나야 한다. 지표들이 집중타당도가 있어야 하고, 판별타당도가 있어야 한다.
⑤ 만약 자료가 이러한 조건을 충족하지 않는다면, 잠재변수의 측정을 면밀히 재검토할 필요가 있다.

잠재변수의 종류: 잠재변수는 외생잠재변수와 내생잠재변수로 나눌 수 있다. 외생잠재변수는 모델 내에서는 다른 잠재변수들의 값에 변동을 주는 것으로서, 모델 외부의 다른 요인들에 의해 영향을 받는 것으로 간주된다. 독립변수만의 성격을 갖는다. 내생잠재변수는 모델 내의 외생잠재변수들에 의해 직접 또는 간접적으로 영향을 받는 것으로 간주된다. 내생변수들의 값의 변화는 그들에게 영향을 미치는 모든 잠재변수들에 의해 설명되는 것으로 간주된다. 내생잠재변수는 모델 내에서 종속변수의 역할을 하지만, 때로는 독립변수의 역할을 하기도 한다.

1.4.2. 관측변수

구조방정식모델에서는 행동에 대한 관찰을 통해 측정된 점수들을 관측변수 또는 지표라고 한다.

관측변수의 종류: 관측변수는 외생관측변수와 내생관측변수로 나눌 수 있다. 외생관측변수는 외생잠재변수를 측정하기 위해 사용된 관측변수를 말하며, 내생관측변수는 내생잠재변수를 측정하기 위해 사용된 관측변수를 말한다.

1.4.3. 오차변수

구조방정식모델에서 오차변수는 교란과 측정오차로 나눌 수 있다. 교란은 특정 종속변수가 다른 독립변수들의 선형결합으로 설명될 때, 독립변수들에 의해 설명이 안 되는 변량을 말한다. 즉, 잠재변수들의 오차를 의미한다. 교란은 구조오차, 잔차, 또는 방정식오차라고도 한다. 측정오차는 관측변수가 잠재변수를 완전하게 기술하지 못하는 정도를 의미한다. 측정오차의 크기를 알고 있다면, 통계적 추정에서 이를 반영할 수 있고 진실한 구조계수의 크기를 알 수 있다. 구조방정식모델은 이러한 순수한 구조계수의 크기를 알 수 있는 장점이 있다.

[표 8-2] 구조방정식모델에서의 변수

변수	구분	기호	발음
잠재변수	외생잠재변수	ξ	ksi
	내생잠재변수	η	eta
관측변수	외생관측변수	x	
	내생관측변수	y	
오차변수	구조오차	ζ	zeta
	측정오차	δ (외생오차)	delta
		ε (내생오차)	epsilon

1.4.4. 잠재변수와 관측변수의 사용

[표 8-3] 잠재변수와 관측변수

잠재변수 (Latent variable)	관측변수 (Observed variable)
원이나 타원형 형태	직사각형이나 정사각형
구조방정식모델에서만 사용되는 변수	측정변수나 지표 등으로 불림
직접 관찰되거나 측정이 되지 않는 변수	직접 측정되어지는 변수로써 잠재변수와 연결되어 잠재변수를 측정
자체적인 측정이 불가능하므로 관측변수에 의해서 측정	

[그림 8-3] 외제차 만족도 모델의 관측변수

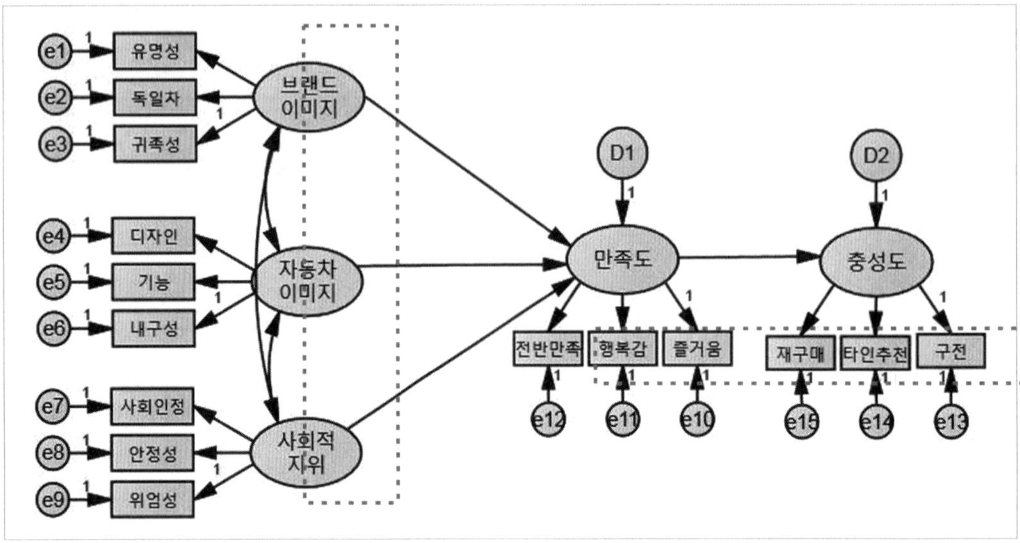

[그림 8-4] 외제차 만족도 모델의 잠재변수

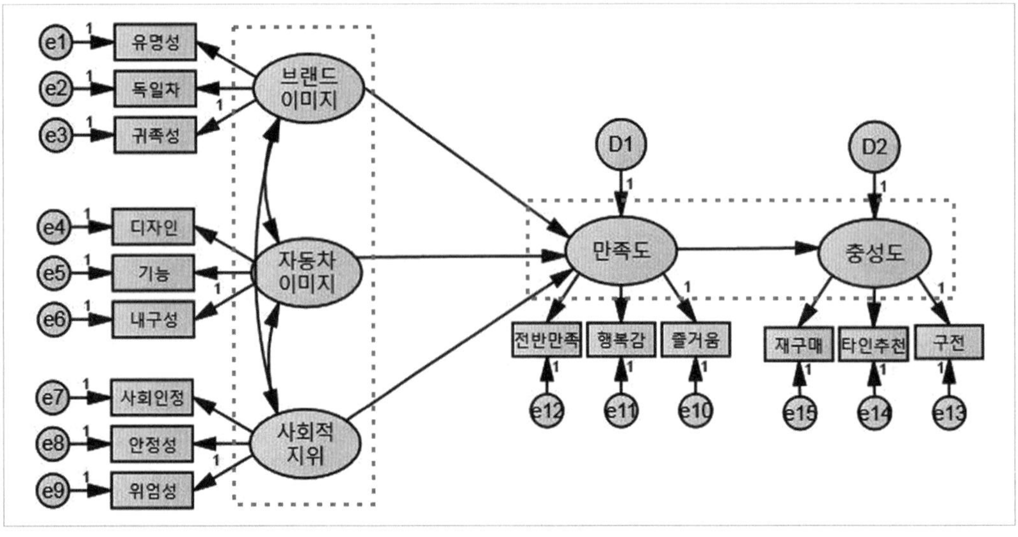

[표 8-4] 외생변수와 내생변수

외생변수 (Exogenous variable)	내생변수 (Endogenous variable)
독립변수의 개념	종속변수의 개념
영향을 주는 변수	직접, 간접으로 영향을 받는 변수
화살표가 시작되는 변수	화살표를 받는 변수

[표 8-5] 구조방정식모델에서의 변수

	외생변수 (Exogenous variable)	내생변수 (Endogenous variable)
잠재변수 (Latent variable)	외생잠재변수 (Exogenous latent variable)	내생잠재변수 (Endogenous latent variable)
관측변수 (Observed variable)	외생관측변수 (Exogenous observed variable)	내생관측변수 (Endogenous observed variable)

[그림 8-5] 외제차 만족도 모델의 외생변수

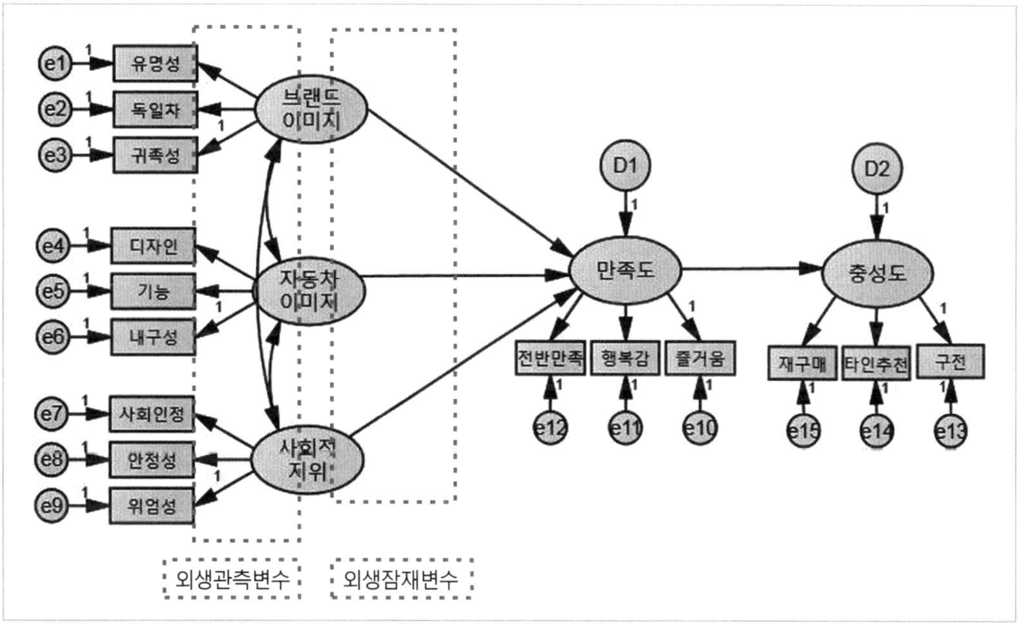

[그림 8-6] 외제차 만족도 모델의 내생변수

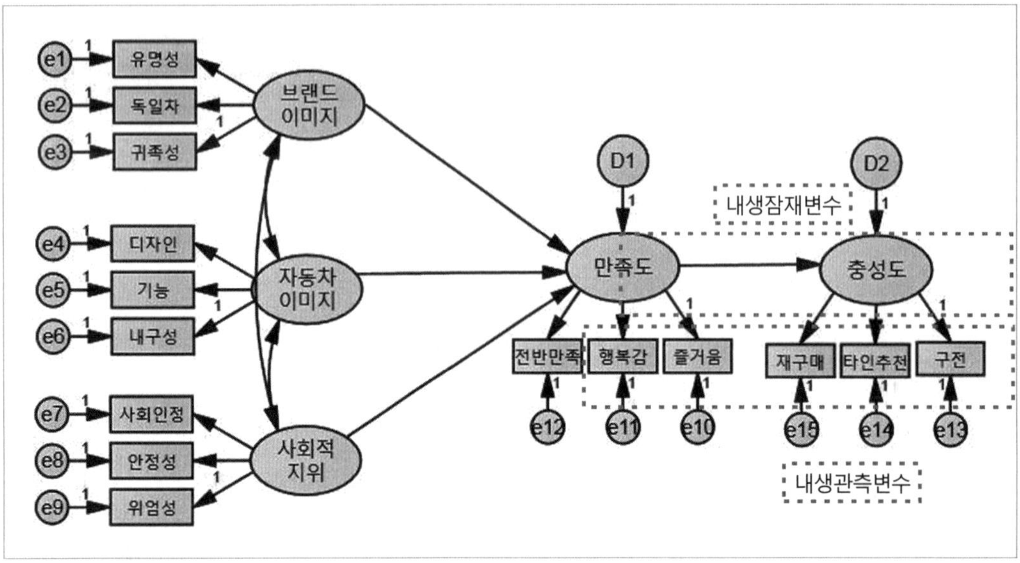

1.4.5. 오차변수(Error variable)

① 일반적인 통계분석에서는 모델에 있는 독립변수의 측정오차가 무시되지만, 구조방정식 모델에서는 독립변수와 종속변수의 측정오차를 포함하고, 이를 통제하여 분석함

② 측정오차와 구조오차로 구성됨

[표 8-6] 측정오차와 구조오차

측정오차 (Measurement Error)	구조오차 (Structural Error)
관측변수의 분산 중 잠재변수가 설명하지 못하는 부분	내생변수의 분산 중 외생변수에 의해 설명되지 못한 부분
Measurement error	Disturbance
	Structural error
	Residual
	Equation error

[그림 8-7] 외제차 만족도 모델의 측정오차

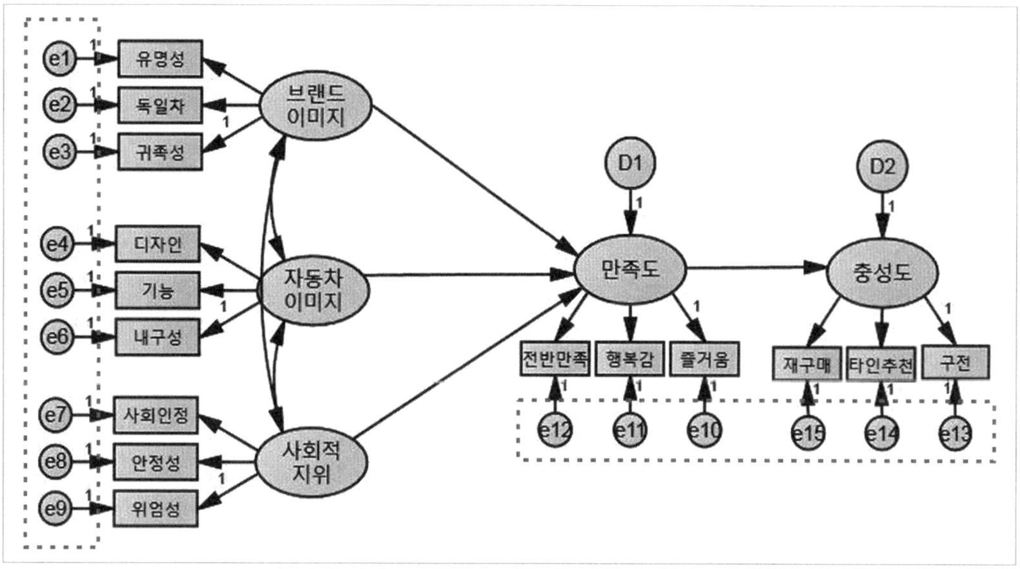

[그림 8-8] 외제차 만족도 모델의 구조오차

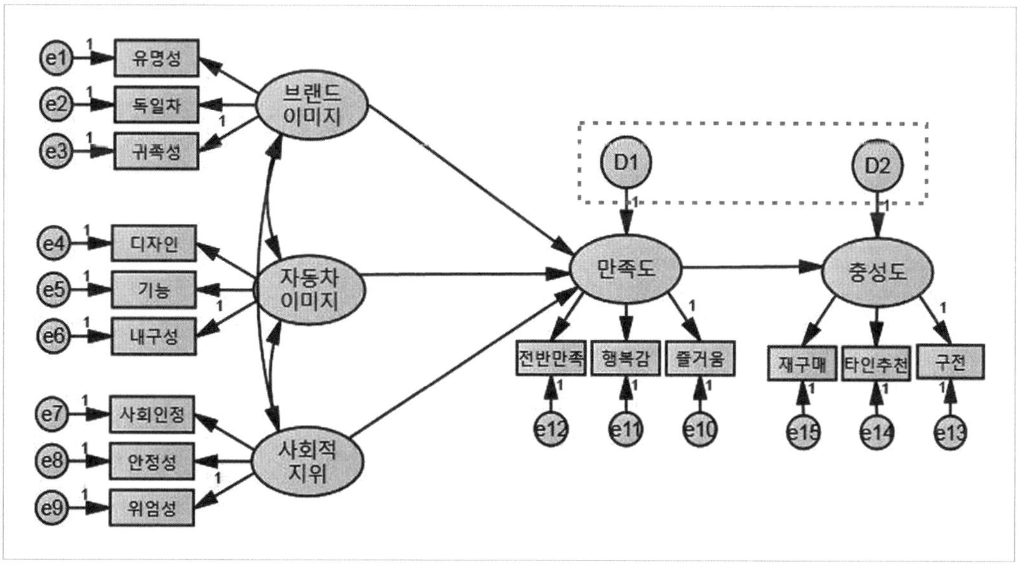

1.4.6. 다양한 표현 기법 및 통계 기법

[표 8-7] 다양한 모델 표현기법과 다양한 통계기법

다양한 모델 표현기법	다양한 통계기법
쌍방향 인과관계	회귀분석
순환적 인과관계	요인분석
제약모수	상관분석

[그림 8-9] 외제차 만족도 모델에서 쌍방향 인과관계

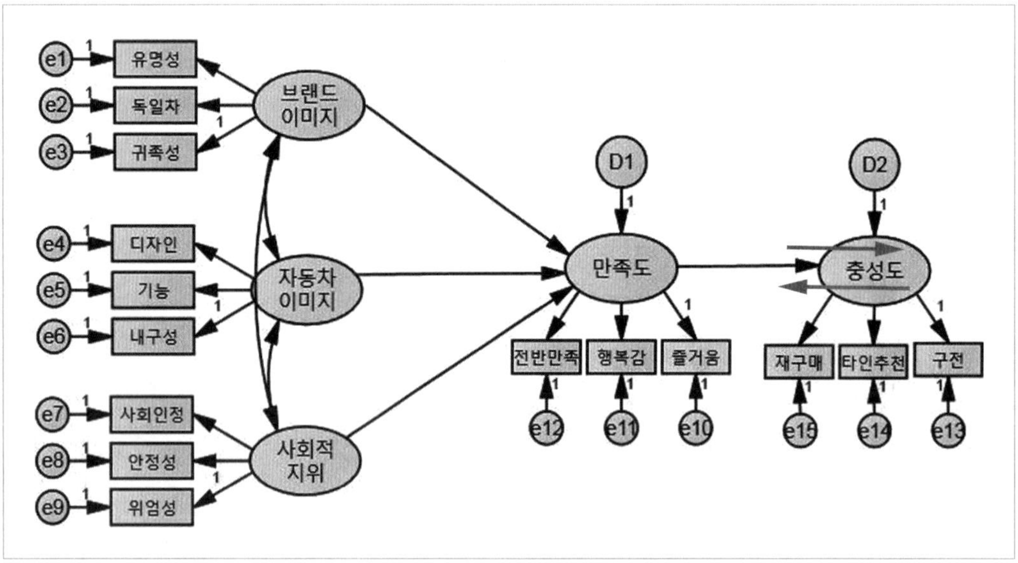

[그림 8-10] 외제차 만족도 모델에서 회귀분석

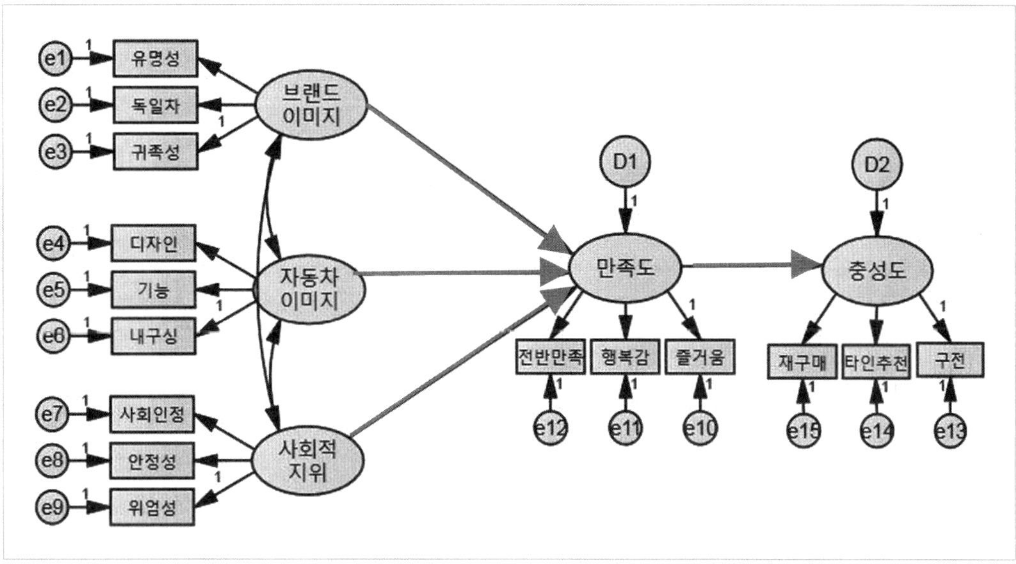

[그림 8-11] 외제차 만족도 모델에서 요인분석

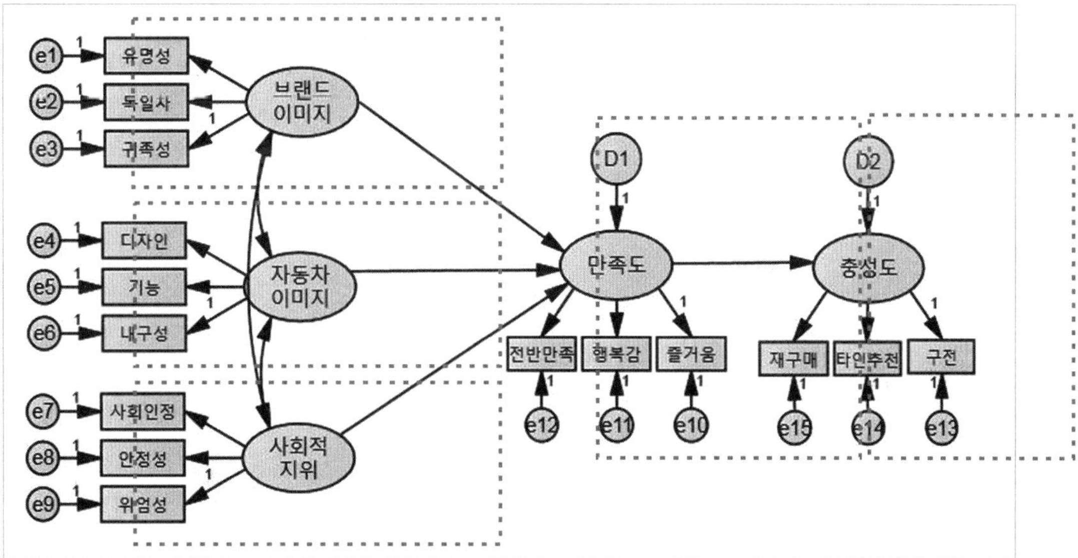

[그림 8-12] 외제차 만족도 모델에서 상관분석

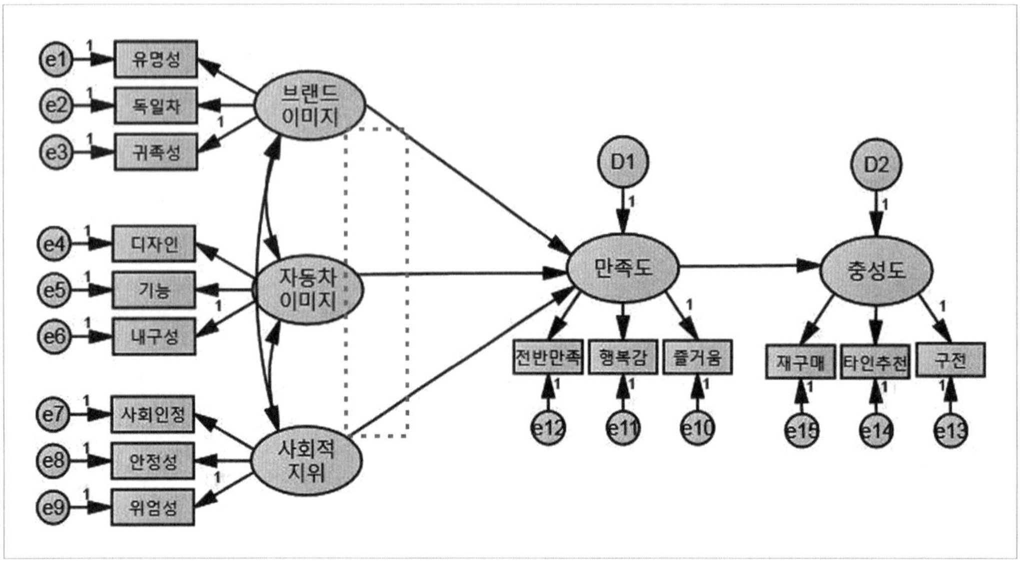

2. 구조방정식의 특징

- 행동과학(사회학, 심리학…)에서 발전시킨 측정이론 + 계량경제학' 경로분석의 결합
- 이론적이고 추상적인 잠재변인을 추정
- 잠재변인 간의 구조적 관계를 설정한 모형을 검증 가능

2.1. 요인분석이란 무엇인가?

- 어떤 변수집합에 대하여 하나 이상의 근저에 있는 공통적 차원을 확인함으로써 자료의 축소와 요약을 기본적인 목적으로 함
- 기본적인 접근방법은 고도의 상관관계를 갖는 변수들이 하나의 공통적인 개념에 도달한다는 논리를 바탕으로 하며, 요인분석은 상관관계를 갖는 변수들을 새로운 합성변수(요인)들로 결합한다.

[표 8-8] 탐색적 요인분석과 확인적 요인분석

탐색적 요인분석	확인적 요인분석
SPSS	AMOS
요인분석이라 불림	구조방정식 모델에서 사용
데이터의 변수 개수를 줄이기 위한 방법, 관측변수와 요인 간 관계가 이론상으로 아직 체계화되지 않거나 논리적으로 정립되지 않은 상태에서 이용	확인적 요인분석은 조사자가 이론적 근거나 선행연구를 바탕으로 하여 데이터에 대한 사전적 인식에 입각한 가설을 세웠을 경우 사용
요인분석 시, 데이터 분석을 하기 전까진 어떤 변수들끼리 서로 묶이는지 알 수 없음	확인적 요인분석은 데이터 분석 전에 이미 이론적 배경을 바탕으로 잠재변수를 구성하는 변수들이 지정이 된 상태에서 분석을 진행
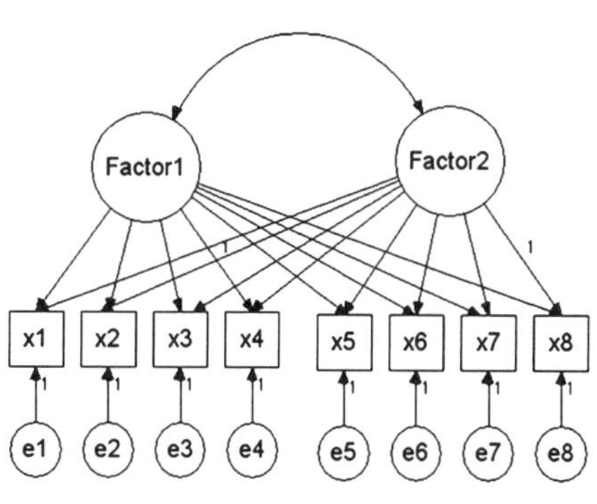	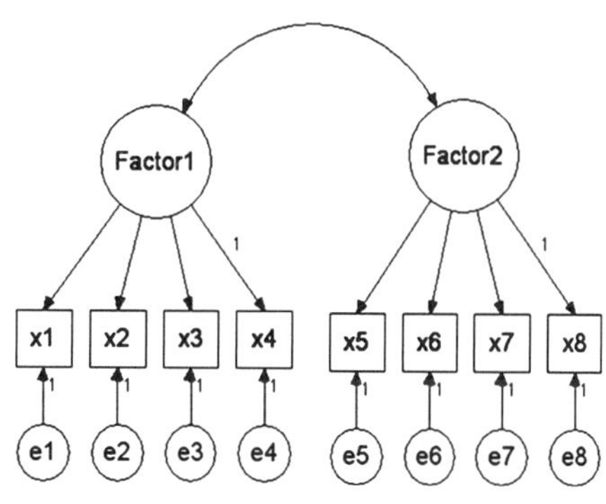

2.2. 회귀분석이란 무엇인가?

둘 또는 그 이상의 변수들 간의 관계를 파악함으로써 어떤 특정한 변수(종속변수)의 값을 다른 한 개 또는 그 이상의 변수(독립변수)들로부터 설명하고 예측하며 종속변수와 이를 예측하기 위해 필요한 독립변수 사이의 인과관계에 따른 수학적 모델인 선형적 관계식을 구하고 이 수학적 모델이 종속변수를 얼마나 잘 설명하고 있는지를 판별하기 위한 적합도를 측정한다.

2.3. 경로분석이란 무엇인가?

- 인과관계를 가지는 변수들 간의 직접효과와 간접효과를 밝힐 수 있는 분석
- 이론적 배경에 입각하여, 변수들 간의 인과관계를 나타내는 경로모형을 설정한 후, 설정된 경로모형에 따라 회귀분석을 여러 번 행함으로써 이루어지며 통계적으로 보면 다중회귀분석을 여러 번 시행하는 것 이다.(일종의 구조화된 회귀분석)

2.3.1. 경로분석의 특징

변수들 사이에 인과적 순서가 정해져 있으며 총효과, 직접효과, 간접효과를 보여줄 수 있다. 그리고 측정오차가 존재하지 않는다. 경로모형, 인과모형, 상관모형, 쌍방향적 인과모형, 매개경로모형, 조절인과모형 등이 있다.

2.3.2. 구조방정식(SEM)의 장점?

(1) 다양한 모형의 설정

- ANOVA, 상관분석, 회귀분석, 요인분석 등의 통계기법들은 광범위하면서 제각기 나름대로의 역할 소유, 하지만, 위 통계기법들은 독립변수와 종속변수 간 일차원적 관계 밖에 제시 못함
- SEM에서는, 다수의 독립변수(외생변수)와 다수의 종속변수(내생변수) 간 관계뿐만이 아니라 종속변수들 간 인과관계까지도 동시에 분석가능

(2) 매개변수의 사용 용이

모델 내에 있는 변수들 간의 직접효과와 간접효과, 총효과를 동시에 제시

(3) 다양한 변수의 사용

① 잠재변수 ex) 관계유지성향
- 이론적, 추상적 개념 (직접적인 관측이 불가능한 변수)
- 요인분석에서의 요인에 해당
- 자체적인 측정이 불가하므로, 관측변수에 의해서 측정

② 관측변수 (or 측정변수) ex) 지인과의 연락 빈도
- 직접적인 관측이 가능한 변수
- 직접 측정되어지는 변수로써 잠재변수와 연결되어 잠재변수를 측정
- 하나의 잠재변수를 설명하기 위한 관측변수의 수는 최소 3개 이상

③ 외생변수
- 독립변수의 개념
- 다른 변수에 영향을 주는 변수(SEM에서 화살표가 시작되는 변수)

④ 내생변수
- 종속변수의 개념
- 최소한 한 번은 직/간접적으로 영향을 받는 변수 (SEM에서 화살표를 받는 변수)
- 내생변수들끼리 원인 결과 변수가 존재함 (내생변수들끼리도 인과관계 측정되므로)

(4) 측정오차의 통제가 가능

일반적인 통계분석에서는 모델에 있는 독립변수의 측정오차는 무시되지만, 구조방정식 모형에서는 독립변수와 종속변수의 측정오차를 포함하고, 이를 통제하여 분석

(5) 다양한 표현 기법 및 통계 기법

쌍방향 인과관계, 순환적 인과관계, 제약모수 등의 모델을 표현할 수 있으며, 회귀분석, 요인분석, 상관분석 등 다양한 통계기법을 활용할 수 있음

2.3.3. 구조방정식 모형

(1) 동치모형, 경쟁모형

- 동치모형: 원래모형과 같은 상관 혹은 공분산을 가지며 똑같은 적합도를 보여주는 모형들
- 경쟁모형: 기존의 선행연구나 이론을 기본으로 구성한 제안모형을 바탕으로 대안모형을 제시
  cf) 둥지모형: 원 모형과 동일한 구성개념을 가지고 있지만 설정된 인과관계의 유형 및 수가 다른 모형으로써, 일반적으로 수정 전후의 모형이 1개의 자유도 차이를 갖는 유사한 모형

(2) 경로계수 상대효과 분석

- 한 모형에서 두 경로 중 어느 경로가 다른 경로보다 더 강하게 영향을 미치는지에 대한 가설을 검증하기 위한 방법
- 자유모형과 등가제약모형(두 경로를 같다고 제약) 간 카이스퀘어 차이 값으로 경로 비교
- 카이스퀘어 차이 값이 3.84 이상이면, 유의한 차이가 있다고 해석할 수 있음

(3) 구성개념 타당성

2.3.4. 매개 효과

매개변수란 독립변수와 종속변수 간 관계를 설명하는데 개입되는 변수

[그림 8-13] 매개변수

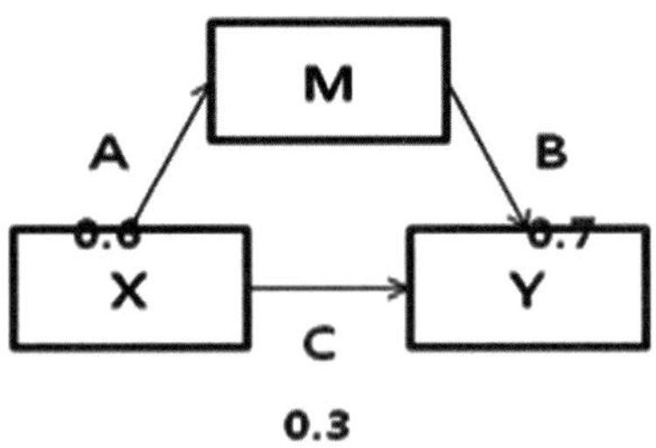

- X→M으로 가는 경로 (A가 통계적으로 유의)
- M→Y로 가는 경로 (B가 통계적으로 유의)

  If) X→Y로 가는 경로 (C가 통계적으로 유의) : 부분매개

  If) X→Y로 가는 경로 (C가 통계적으로 유의X) : 완전매개

총효과, 직접효과, 간접효과란

- 직접효과 : 0.3
- 간접효과 : 0.6x0.7=0.42
- 총효과 : 0.3+0.42=0.72

2.3.5. 조절 효과

조절변수란 독립변수와 종속변수 사이에서 조절효과를 미칠 것으로 예상되는 변수이다.

조절효과란

- 제약모형 : 두 집단의 조절계수가 동일함 (조절효과 X)
- 비제약모형 (or 자유모형) : 두 집단 간 조절계수의 크기가 틀림 (조절효과 O)

▶ 두 모형 간 카이스퀘어 값의 차이가 통계적으로 유의하면, 비제약모형을 선택 통계적으로 유의치 않다면, 제약모형을 선택

3. 구조방정식 모델

3.1. 구조방정식 모델

확인적 요인분석(측정모델) + 경로분석(구조모델)

[그림 8-14] 외제차 만족도 모델에서 확인적 요인분석(측정모델)

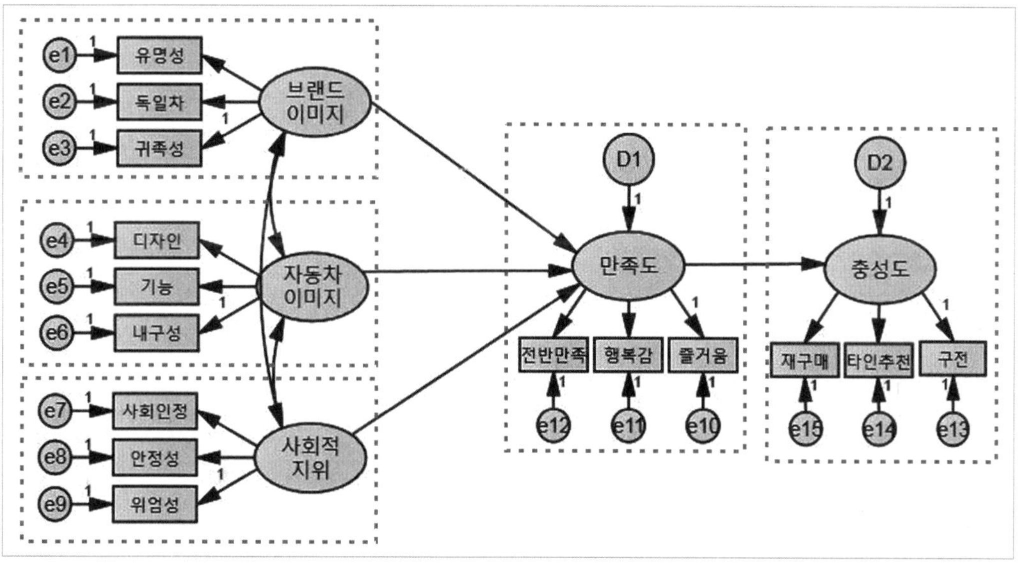

[그림 8-15] 외제차 만족도 모델에서 경로분석(구조모델)

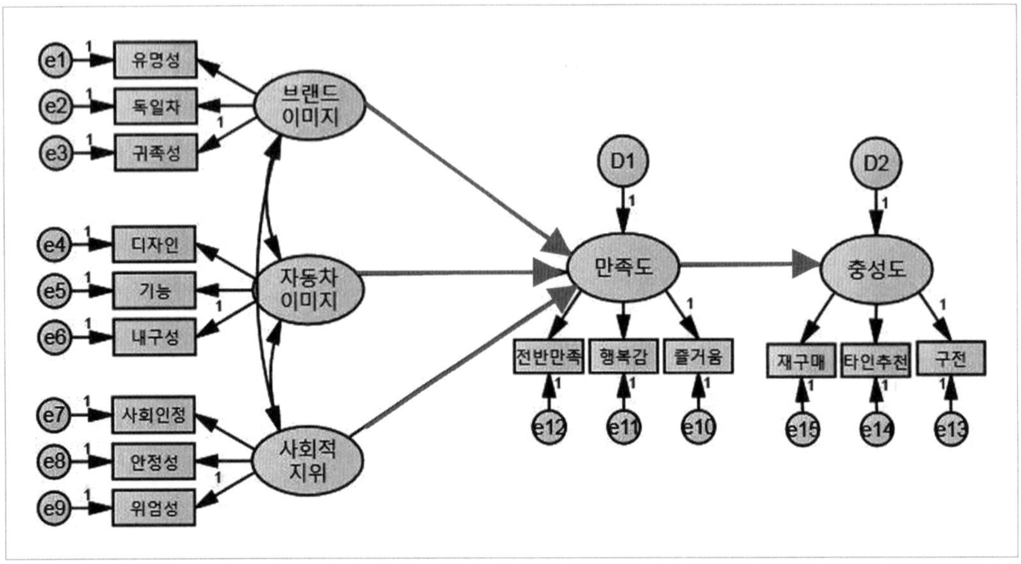

3.2. 모델 적합도

[표 8-9] 적합도

적합도 종류	수용성	해석기준
X^2(Chi-Square)	X^2 통계표 임계치	X^2값과 임계치비교
GFI(Goodness of Fit Index)	0~1	0.9 이상
AGFI(Adjusted GFI)	0~1	0.9 이상
CFI(Comparative Fit Index)	0~1	0.9 이상
RMR(Root Mean square Residual)		0.05 이하면 양호
RMSEA(Root Mean Square Error of Approximation)		0.1~0.08 보통, 0.08~0.05 양호, 0.05 이하 좋음
TLI(Tucker-Lewis Index)	0~1	0.9 이상
NFI(Normed fit Index)	0~1	0.9 이상
PGFI(Parsimony Goodness of Fit Index)	0~1	클수록 양호
AIC(Akalike Information Criterion)	0~양의 값	주로 대체모델들의 값을 비교할 때 사용

[그림 8-16]

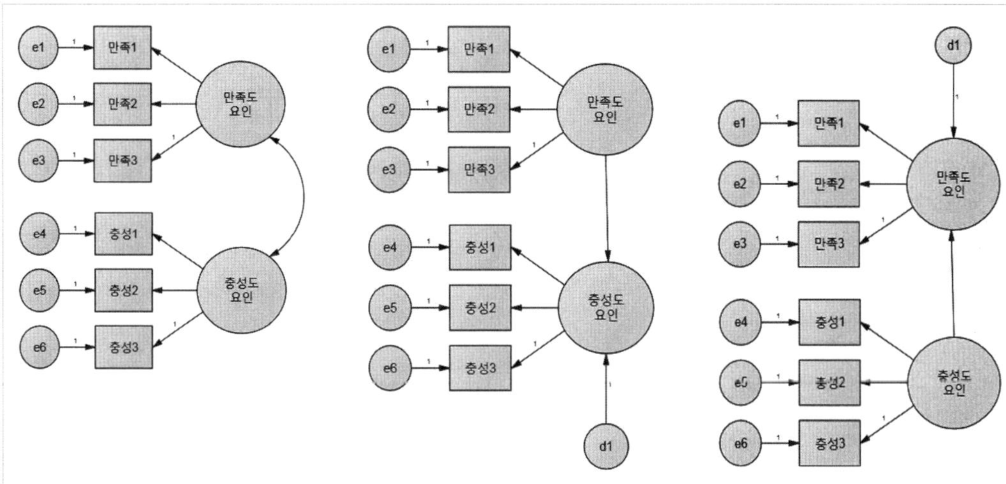

* 위의 모델들은 모두 χ^2 = 9.02, df = 8, p = 0.340과 GFI = 0.995, AGFI = 0.988, CFI = 0.999, RMR = 0.032, RMSEA = 0.014 등의 똑같은 모델적합도를 보이고 있다.

4. 모델개념화 및 경로도 작성

모델이 올바른 개념 구성에 기반하여 설정되어야 한다. 즉, 모델에 포함되는 잠재변수를 측정하기 위한 관측변수들도 제대로 측정되어야 하는 것을 의미한다. 그러므로 연구자는 구조방정식 모델을 분석할 때, 모델구축 또는 모델 개념화에 가장 신경을 많이 써야 한다는 것이다.

4.1. 개념적 틀의 구축

개념적 틀이란, 연구문제와 관련된 개념(잠재변수)들 간의 가정된 관계를 체계적으로 도식화시켜 놓는 것을 의미한다. 다음은 "금융기관 만족도 및 구매의도 모델"의 개념적 틀의 예이다.

[그림 8-17]

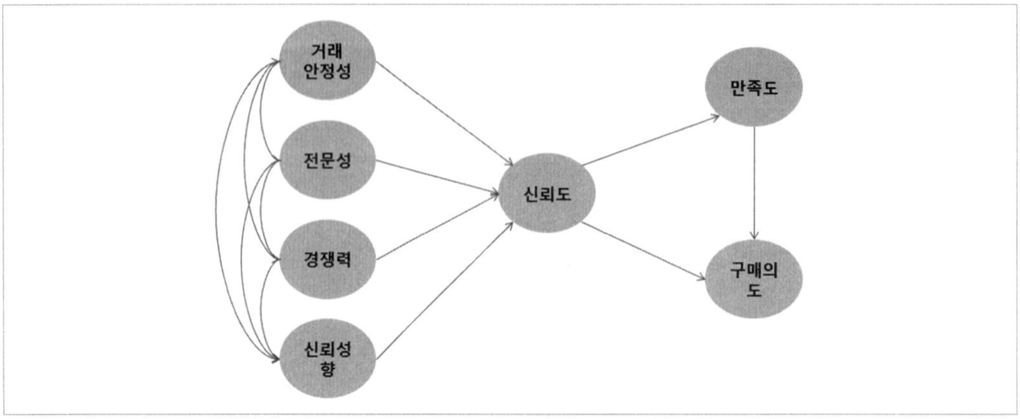

4.2. 구조방정식모델에서 변수의 종류와 가설설정

4.2.1. 변수의 종류

(1) 독립변수와 종속변수

- 독립변수: 다른 변수에 영향을 주는 변수 ex) 거래안정성, 전문성, 경쟁력, 신뢰성향
- 종속변수: 다른 변수로부터 영향을 받는 변수 ex) 신뢰도, 만족도, 구매의도

하지만 엄밀히 이야기하면 이러한 관계는 관련 변수가 어떻게 되느냐에 따라 달라진다. 신뢰도는 앞선 네 가지 독립변수와의 관계에서는 종속변수가 되지만 만족도나 구매의도와의 관계에서는 독립변수가 된다. 그러므로 신뢰도는 매개변수가 된다.

개념적틀에서 최종 종속변수는 특히 중요한 면을 갖고 있다. 즉, 모든 연구 모델은 최종 종속변수를 가장 잘 설명해 줄 수 있는 독립 변수들이 포함되도록 설계되어야 한다. 연구자는 최종 종속변수의 분산을 가장 잘 설명해 줄 수 있는 독립 변수가 무엇인지, 그리고 그들 간에는 어떠한 관계가 있는지를 알고자 하는 데 연구목적을 둔다고 볼 수 있다.

(2) 조절변수

독립변수와 종속변수와의 관계에서 상황효과 또는 조절효과를 미칠 것으로 여겨지는 제 2의 독립변수를 조절변수라 한다.

(3) 매개변수

독립변수와 종속변수 간의 관계를 설명하는데 개입되는 변수를 매개변수라고 한다. 종속변수와 독립변수 간의 관계를 직접적으로 설명하기 보단 이들 변수 간에 새로운 변수를 개입시켜 설명하는 것이 종속 변수와 독립 변수간의 관계를 보다 더 잘 설명할 수 있을 경우 개입되는 변수를 매개 변수라고 한다.

4.3. 가설의 설정

가설이란, 둘 또는 그 이상의 변수들 간의 관계에 대한 잠정적 진술을 말한다.

- 기술형 가설: 변수의 분포, 형태 및 크기 등에 관한 진술
- 관계형 가설: 일반적으로 사용되는 가설. 두 변수 사이의 관계에 대한 기술을 포함
변수간의 관계에는 상관관계와 인과관계가 있다.
- 상관관계: 두 변수들이 예측된 방향에서 발생하는가에 관한 진술 → 상관가설
- 인과관계: 두 변수 간에 원인과 결과의 관계가 있는 것을 말함 → 인과가설

4.4. 모델 개념화 시 고려사항

구조방정식모델에서 모델개념화를 할 때 고려해야 할 점은 두 가지가 있다. 첫째, 잠재변수 사이의 가설적 관계를 설정하는 문제, 즉 이론모델의 설정과 관련된 문제이다. 둘째, 측정모델의 설정과 관련된 문제. 즉, 잠재변수를 측정하기 위한 관측변수가 어떻게 설정되어 있느냐의 문제이다.

(1) 이론모델의 설정과 관련된 문제

이론모델의 설정은 검증하고자 하는 개념적 틀 또는 이론적 프레임웍을 어떻게 구출할 것인가의 문제와 관련된 사항이다. 다음은 주요한 고려사항들이다.

(가) 외생잠재변수와 내생잠재변수의 명확한 구분

외생잠재변수란, 항상 독립변수가 되는 것으로 모델 내의 다른 변수에 의해 방향적 영향을 받지 않는 변수이다.

내생잠재변수란, 모델에 포함된 다른 변수에 의해 방향적 영향을 받는 변수를 말한다. 오차가 영향을 미치는 것으로 가정하며, 이런 오차를 교란 혹은 잔차라고 하며, ζ (zeta)로 표현한다.

(나) 변수의 순서 및 방향의 설정

내생변수의 순서, 그리고 외생변수와 내생변수, 그리고 내생변수 사이의 관계의 방향(+,-)을 결정해야 한다.

[그림 8-18]

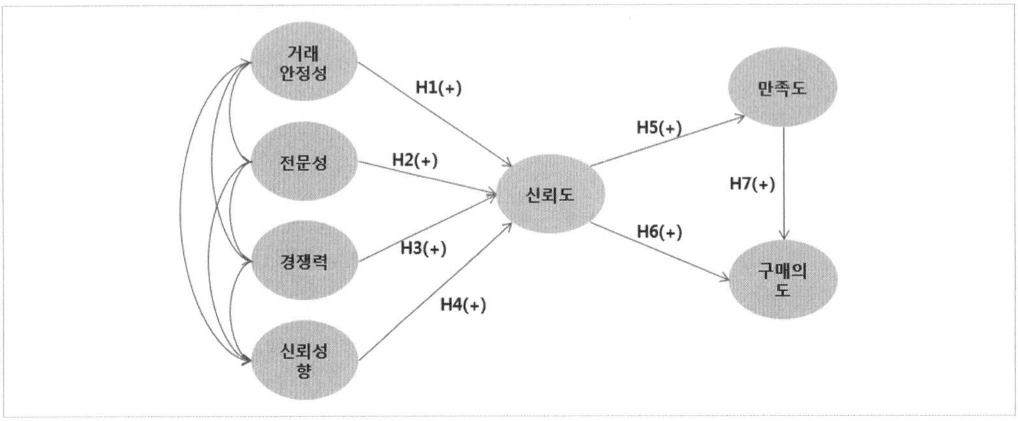

이 모형에서는 구매의도에 직접적인 영향을 미치는 변수로서 만족도와 신뢰도를 들었다. 즉 신뢰도 혹은 만족도가 높으면 구매의도가 높아질 것으로 예상하였다. 또한 만족도는 신뢰도에 의해 직접적인 긍정적 영향을 받는 것으로 가설화되어 있다. 그리고 신뢰도는 거래안정성, 전문성, 경쟁력, 신뢰성향 등에 의해서 영향을 받는 것으로 가정하였다. 즉, 이들 4개의 외생변수가 신뢰도에 직접적인 영향을 주고(H1-H4), 신뢰도는 만족도(H5)와 구매의도(H6)에 직접적인 영향을 주며, 만족도는 구매의도에 직접적인 영향을 주는 것(H7)으로 간주하고 있다.

또한 그림에서 볼 수 있듯이 내생잠재변수들 간에 상호관계가 가정되어 있지 않다. 이러한 모델을 재귀모델이라고 한다. 재귀모델은 잠재변수들 간의 관계가 한 방향으로만 이루어져 있기 때문에 일방모델이라고도 한다.

[그림 8-19]

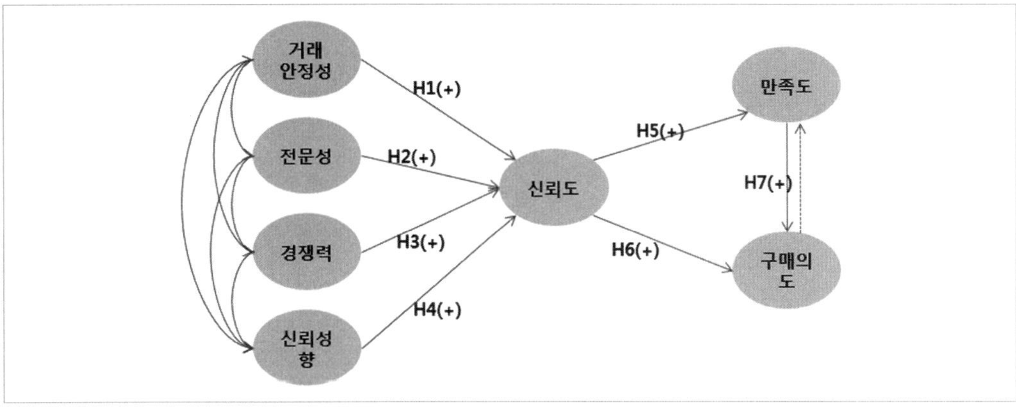

반면에 두 내생잠재변수가 서로 원인과 결과가 되는 상호관계를 가정할 경우 비재귀모델이라고도 하며, 양방모델이라고도 한다. 만약 위의 그림에서 점선 화살표로 되어 있는 '구매의도'가 '만족도'에 영향을 줄 수 있는 상호관계가 가정된다면 이는 비재귀모델이 된다. 그러나 본 모델에서는 논리적으로 맞지 않아 이 경로를 가정하지 않는다.

이 가설들은 방향성을 갖는 방향성 가설이다. 따라서 유의성 검증을 할 때 단측검정을 해야 함. 그러므로 α =0.05 수준에서 검정통계량 t-value가 절대값 1.645보다 크면 유의적이라고 판단한다. 반면 무방향성 가설이라면 양측검증을 통해 t-value가 1.96이상이어야 유의한 영향을 미친다고 판단하게 된다.

4.5. 측정모델의 설정과 관련된 문제

측정모델이란, 잠재변수가 관측변수에 어떠한 식으로 관련되어 있는가에 관련된 것이다. 측정모델을 설정할 때 고려해야 될 점은 크게 다음의 두 가지가 있다.

(1) 지표의 방향성 문제

구조방정식은 관측변수가 잠재변수에 대해 반영지표로 작용하는 것으로 가정한다.

- 반영지표: 잠재변수와 관측변수 간의 관계에서 화살표의 방향이 잠재변수로부터 관측변수로 향하는 것을 의미
- 조형지표: 반영지표와 반대의 화살표 방향

이 모델은 각각의 잠재변수가 반영지표로 작용하는 최소한 2개 이상의 관측변수들에 의해 조작화된 것으로 가정하였다. 모든 관측변수들은 계량척도라고 가정하면 투입행렬로서 공분산행렬을 사용할 수 있다.

(2) 지표의 수 문제

관측변수와 잠재변수의 수 고려해야 한다. 모델이 복잡할수록 모델적합도가 떨어질 가능성 상승하고, 모델에 포함되는 변수의 수가 증가할수록 그에 따라 표본크기도 증가되어야 한다.

모델에 포함되는 최대한의 관측변수의 수에 대한 구체적 지침은 없지만 표본크기가 상대적으로 적은 경우에는 20개의 변수가 가장 적절하다(Bentler & Chou, 1987).

주요학습용어

- 구조방정식 모델(structural equation modeling)
- AMOS(analysis of moment structures)
- 총효과(total effect)
- 직접효과(direct effect)
- 간접효과(indirect effect)
- 잠재변수(latent variable)
- 관측변수(observed variable)
- 외생변수(exogenous variable)
- 내생변수(endogenous variable)
- 오차변수(error variable)
- 측정오차(measurement error)
- 구조오차(structural error)
- 재귀모델(recursive model)
- 비재귀모델(non-recursive model)
- 탐색적 요인분석(exploratory factor analysis)
- 확인적 요인분석(confirmatory factor analysis)
- 고차 확인적 요인분석
- 집중타당성(convergent validity)
- 판별타당성(discriminant validity)
- 법칙타당성(nomological validity)
- 반영지표(reflective model)
- 조형지표(formative model)
- 동치모델(equivalent model)
- 경쟁모델(competing model)
- 구성개념 타당성
- 매개변수(mediating variable)
- 매개효과(mediated effect)

- 간접효과 유의성
- 부트스트랩(boostrapping)
- 재표본 추출(resampling)
- 조절변수(moderating variable)
- 조절효과(moderated effect)
- 다중집단분석(multi-group analysis)
- 다중집단 요인분석
- 측정동일성 test
- 다중집단 경로분석
- 다중집단 구조방정식모델 분석

참고문헌

1. 김원표 (2006), Amos를 이용한 구조방정식모델분석, 사회와 통계.
2. AMOS SPSS Korea 정기교육 및 SPSS 실습세미나 자료집.
3. 허명회 (2003), 사회과학을 위한 다 변량 자료 분석, 자유아카데미.
4. 홍성열 (2003), 사회 과학도를 위한 기초통계, 학지사.
5. 24th Open House 쉽게 이해하는 구조방정식 모형과 Amos(김계수, 2010), SPSS Korea (주)데이타솔루션.
6. 2010년 SPSS Korea 정기교육 Amos 기초과정(우종필, 2010), SPSS Korea (주)데이타솔루션.
7. 2010년 SPSS Korea 정기교육 Amos 고급과정(김계수, 2010), SPSS Korea (주)데이타솔루션.

9장 AMOS 실습

1. AMOS 실습

9장 AMOS 실습

1. AMOS 실습

1.1. Amos 프로그램 사용법

Amos 프로그램의 구성과 작동법을 살펴보고, 실제 사례를 분석하면서 Amos 프로그램 사용법에 대하여 알아보도록 한다.

1.1.1. Amos의 구성

① Amos 하부메뉴

Amos를 구동하기 위해서는 윈도우의 시작버튼을 눌러 Amos 19.0의 하부메뉴 중 Amos Graphics를 선택한다.

[그림 9-1] Amos 시작

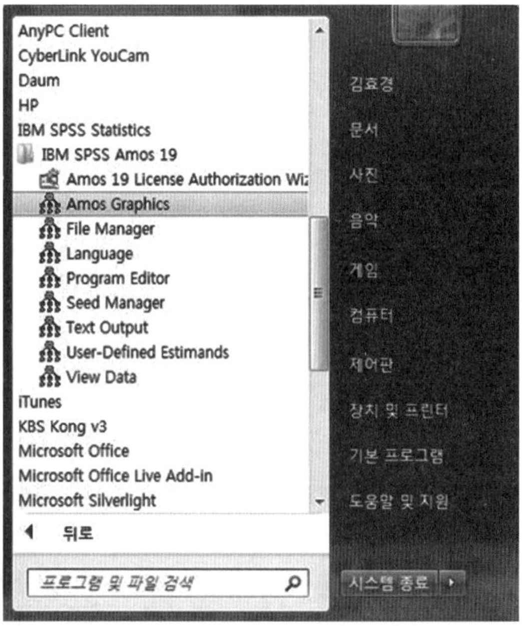

② Amos Graphics 화면구성

Amos Graphics를 작동하면 Amos 프로그램 윈도우가 표시되어 경로도형을 그리기 위한 화면이 나타난다. Amos Graphics의 윈도우에는 아래의 그림에서 보는 바와 같이 맨 위에 메뉴바가 나타나고, 화면 중앙에는 경로도를 그릴 수 있는 그림판이 나타난다. 또한 옆에는 분석에서 주로 사용되는 도구상자가 배치되어 있다.

[그림 9-2] Amos Graphics의 윈도우

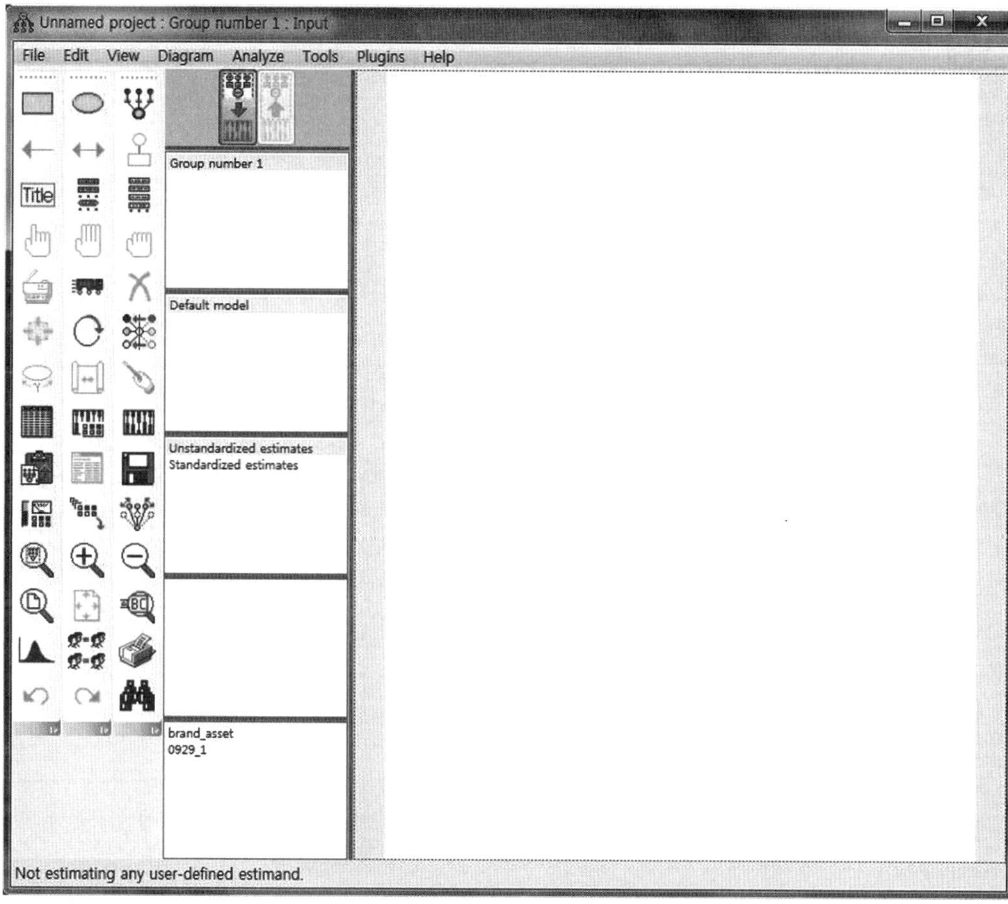

분석에서 주로 사용되는 도구상자 메뉴를 살펴본다.

[표 9-1] 도구상자 메뉴

아이콘	이름	설명
	Draw observed variable	관측변수인 직사각형을 그릴 때 사용한다.
	Draw unobserved variable	잠재변수인 타원을 그릴 때에 사용한다.
	Draw a latent variables or add an indicator to a latent variables	잠재변수인 타원형을 그릴 때 또는 이미 그려진 잠재변수에 지침을 추가할 때 사용된다.
	Draw paths	경로인 화살표를 그릴 때에 사용한다.
	Draw covariances	공분산인 쌍방향 화살표를 그릴 때에 사용한다.
	Add a unique variable to an existing variable	오차항을 나타낼 경우, 이 표시를 올려놓고 마우스를 변수위에서 클릭하면 생성된다.
Title	Figure capture	경로도에 자신이 원하는 경로도의 제목과 주요한 통계량을 기입해 넣을 때 사용한다.
	List Variables in Model	모형에 사용되고 있는 변수의 목록을 보여주는 버튼이다. 모형을 작성한 후 변수목록 버튼을 선택하면 변수목륵을 보여주는 창이 나타난다.
	List Variables in data set	원자료에 있는 모든 변수들의 항목을 보여준다.
	Select one object at a time	경로도 내에 그려진 도형을 하나씩 선택할 때에 이용한다. 선택하면 해당 도형은 청색으로 변한다.
	Select all objects	경로도 내에 그려진 도형을 동시에 모두 선택할 때에 이용한다. 선택하면 해당 도형은 청색으로 변한다.
	Deselect all objects	경로도 내에 선택된 도형을 모두 해제할 때에 이용한다. 선택하면 청색이었던 모든 도형은 다시 회색으로 변한다.
	Duplicate objects	경로도 내어 그려진 도형을 복사할 때 이용한다.

아이콘	이름	설명
	Move objects	경로도 내에 그려진 도형을 이동할 때 사용한다.
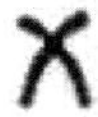	Erase objects	경로도형 안에 그려진 도형을 지울 때 사용한다. 이 버튼을 선택한 후 지우고 싶은 도형 위를 클릭하면 지워진다.
	Change the shape of objects	경로도 내에 그려진 도형의 형태나 크기를 변경할 때 사용한다.
	Rotate the indicators of a Latent Variable	도형 전체를 90"회전하는 기능이며, 모형 추가로 인한 편집에서 유용하다.
	Select data file(s)	데이터 파일을 지정한다.
	Calculate estimates	분석을 실행할 때 사용한다. 경로도 작성 완료 후, 이 버튼을 누르면 분석이 된다.

1.1.2. Amos Graphics 실습

Amos Graphics를 이용하여 구조방정식모델 분석을 위한 경로도형을 만들고, Amos의 다양한 기능을 실습한다. 예제는 브랜드자산모델이고, 브랜드자산모델의 측정변수의 구성과 구조방정식 경로도는 나음과 같나.

[표 9-2] 브랜드자산모델 변수설명

잠재변수	관측변수	설명	척도구성
브랜드 인지도 (brand awareness)	X1	제품 인지정도	7점 척도
	X2	브랜드 인지정도	7점 척도
	X3	심볼 인지정도	7점 척도
지각된 품질 (perceived quality)	X4	브랜드의 우수성 인지정도	7점 척도
	X5	브랜드의 탁월성 인지정도	7점 척도
브랜드 이미지 (brand image)	Y1	브랜드 사용에 대한 자부심	7점 척도
	Y2	브랜드 사용에 대한 즐거움	7점 척도
브랜드 충성도 (brand loyalty)	Y3	브랜드에 대한 전반적 만족도	7점 척도
	Y4	브랜드 재구매의도	7점 척도
	Y5	브랜드에 대한 타인 추천의향	7점 척도

[그림 9-3] 브랜드자산모델의 Amos 경로도

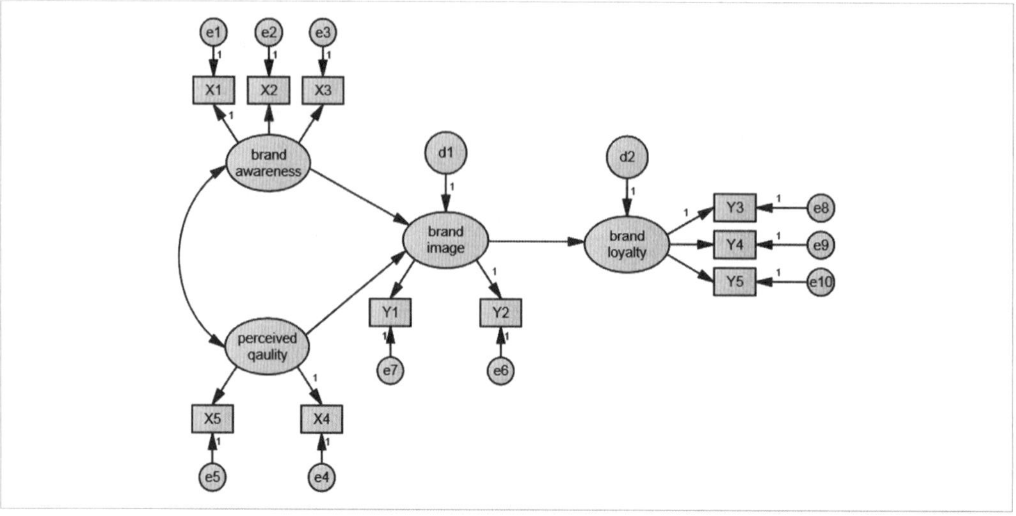

① 도구상자 메뉴를 이용하여 경로도형 그리기 (brand_asset.amw)

[그림 9-4] 경로도형 그리기

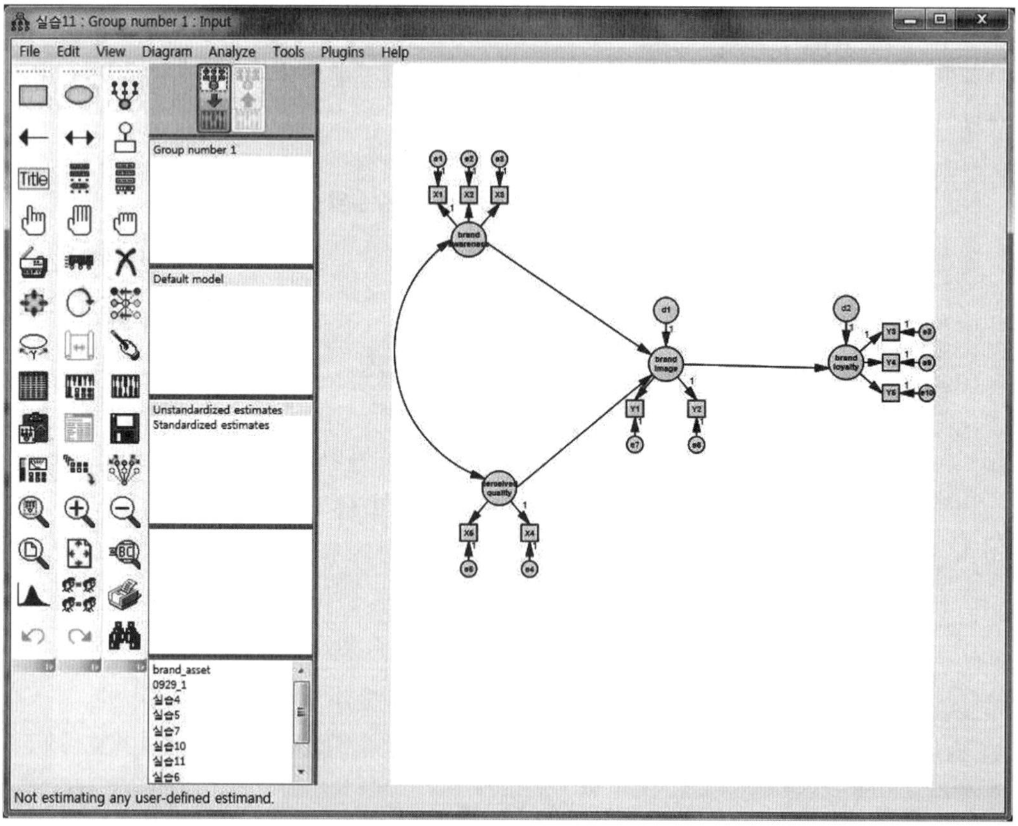

② 분석할 데이터 가지고 오기 (brand_asset.sav)

경로도형을 완성되면, 분석할 데이터를 가져온다. 데이터를 불러 오기 위해서는 메뉴에서 [File] → [Data Files…]을 클릭한다.

Data Files 대화창이 뜬다. 왼쪽에 있는 [File Name]를 선택하면 경로를 지정하여 분석할 데이터를 불러온다. 'brand_asset.sav'라는 파일을 불러온 다음, [OK]를 누르면, 데이터가 설정된다.

[그림 9-5] 데이터 가지고 오기

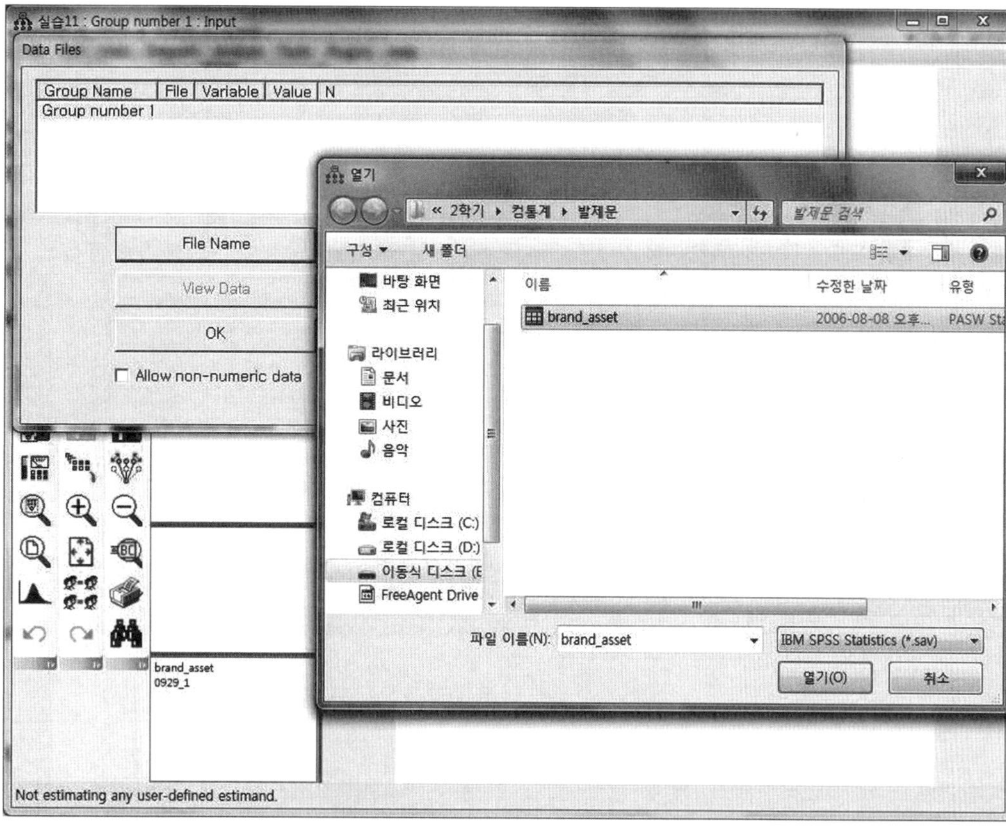

③ 분석하기

분석을 위해서는 계산 아이콘을 클릭한다.

[그림 9-6] 분석하기

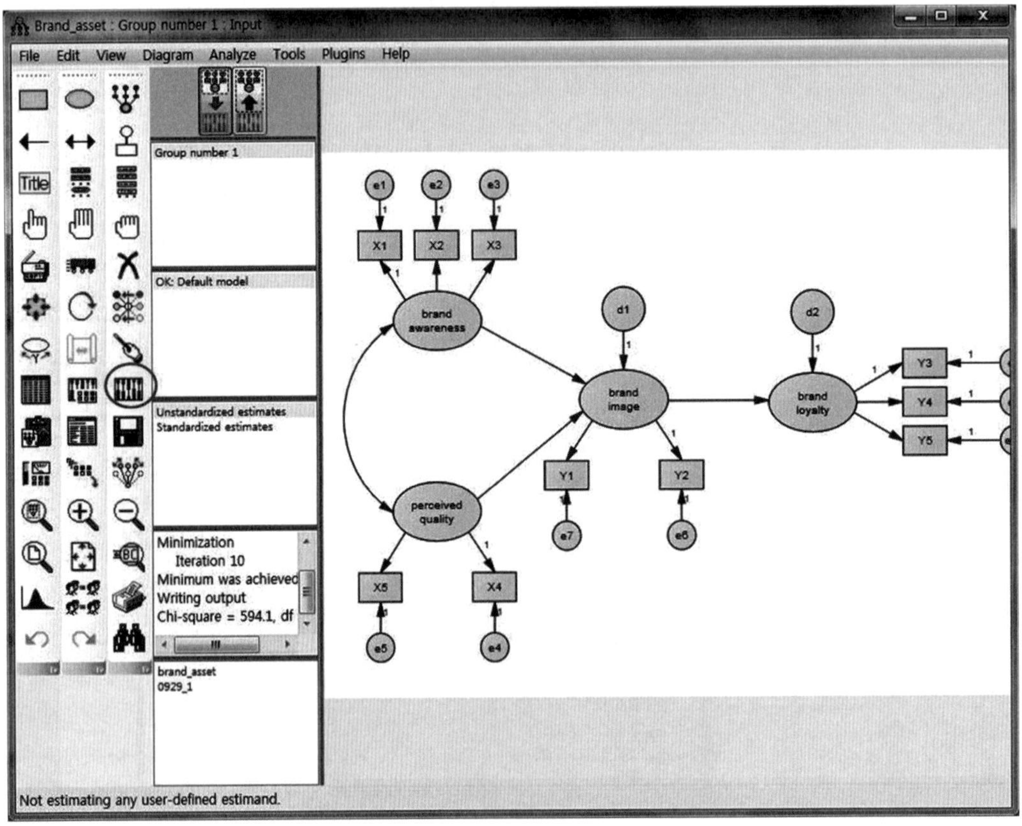

④ 경로계수 보기

 아이콘을 누르면 분석된 경로도형에서 경로계수를 볼 수 있다.

[그림 9-7] 경로계수 보기

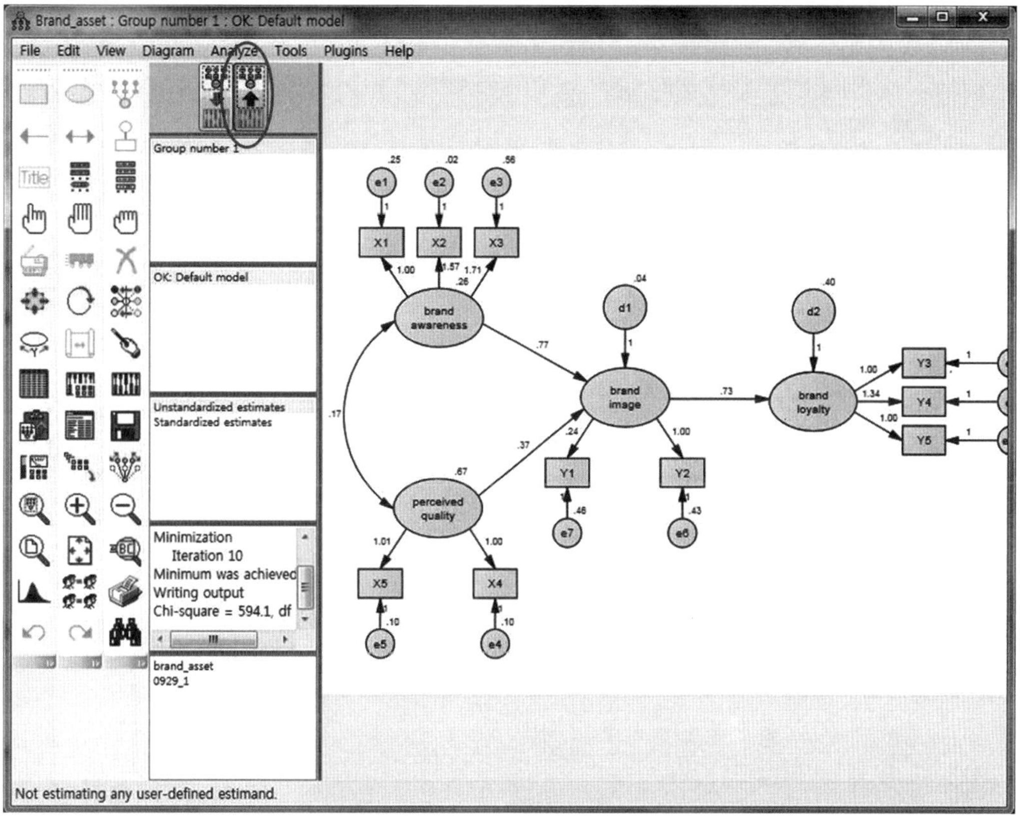

1.1.3. Amos 분석결과 해석하기

Amos 분석을 통해 얻은 분석결과를 보기 위해서는 메뉴에서 [View] → [Text Output]을 클릭하면, 분석결과창이 뜬다.

[그림 9-8] Text Output 보기

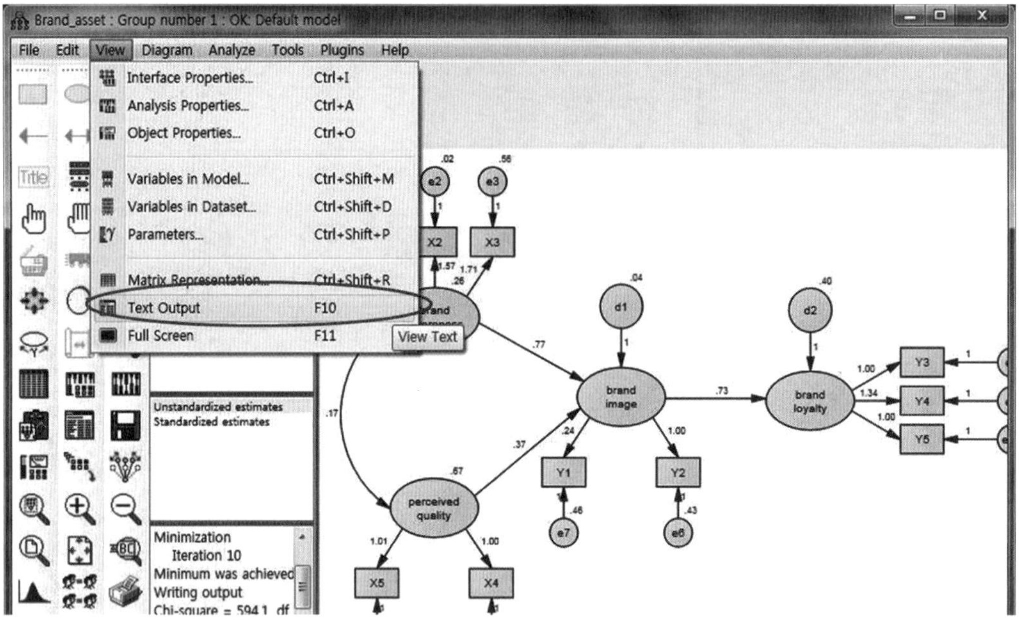

① 전체 모형의 적합도 평가

왼쪽 메뉴 중 [Notes for Model]에서는 전체모수 및 자유도, 그리고 χ^2값과 유의성 등의 통계치가 나타난다.

[그림 9-9] Notes for Model

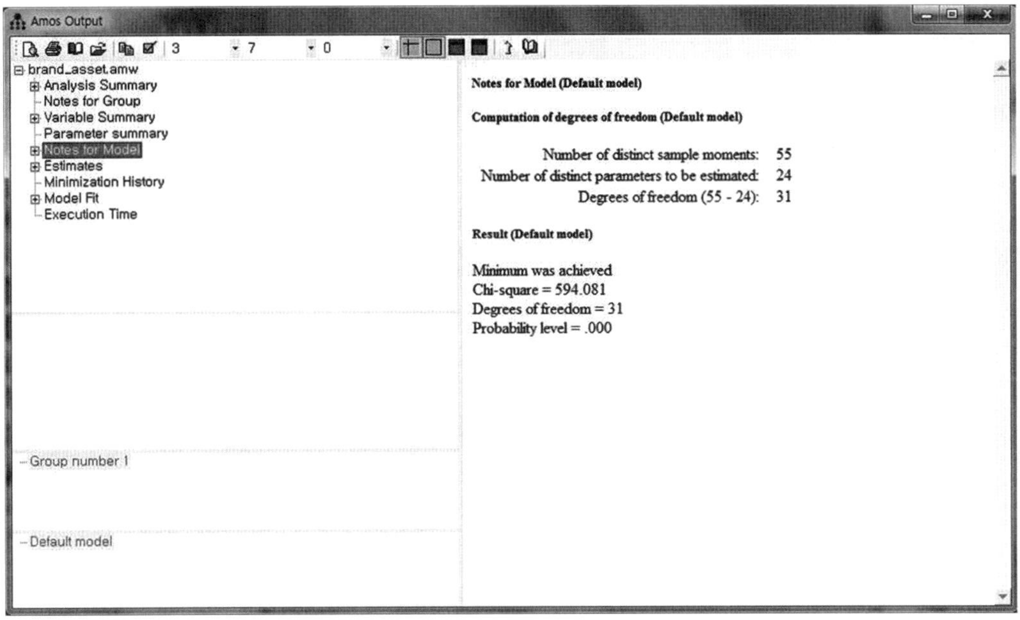

[Model Fit]에서는 다양한 모델적합도를 판단하는 통계량이 제시된다. 모델적합도를 판단하는 지수는 크게 절대적합지수, 증분적합지수, 간명적합지수 등으로 구분된다.

[그림 9-10] Model Fit

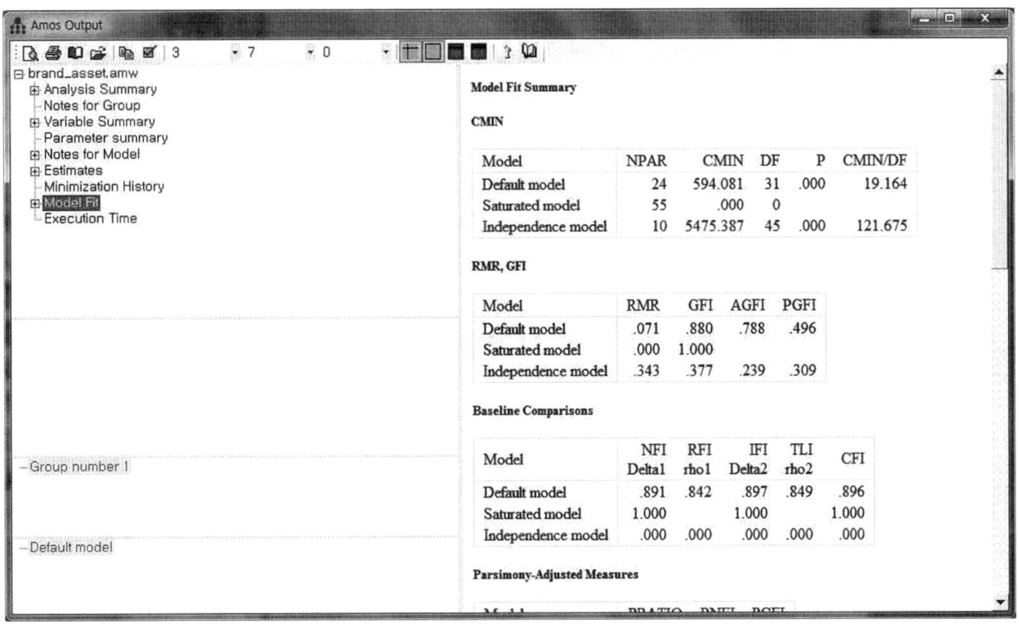

Model	NPAR	CMIN	DF	P	CMIN/DF
Default model	24	594.081	31	.000	19.164
Saturated model	55	.000	0		
Independence model	10	5475.387	45	.000	121.675

Model	RMR	GFI	AGFI	PGFI
Default model	.071	.880	.788	.496
Saturated model	.000	1.000		
Independence model	.343	.377	.239	.309

Model	NFI Delta1	RFI rho1	IFI Delta2	TLI rho2	CFI
Default model	.891	.842	.897	.849	.896
Saturated model	1.000		1.000		1.000
Independence model	.000	.000	.000	.000	.000

② 이론모델 및 측정모델의 평가

[Estimates]를 누르면 추정모수치에 관련된 통계량들이 제시된다.

먼저 비표준화된 경로계수가 제시되고, 표준화된 경로계수가 제시된다. 경로도형에서 외생변수들 간의 공분산연결이 유의한지를 나타낸다.

[그림 9-11] Estimates

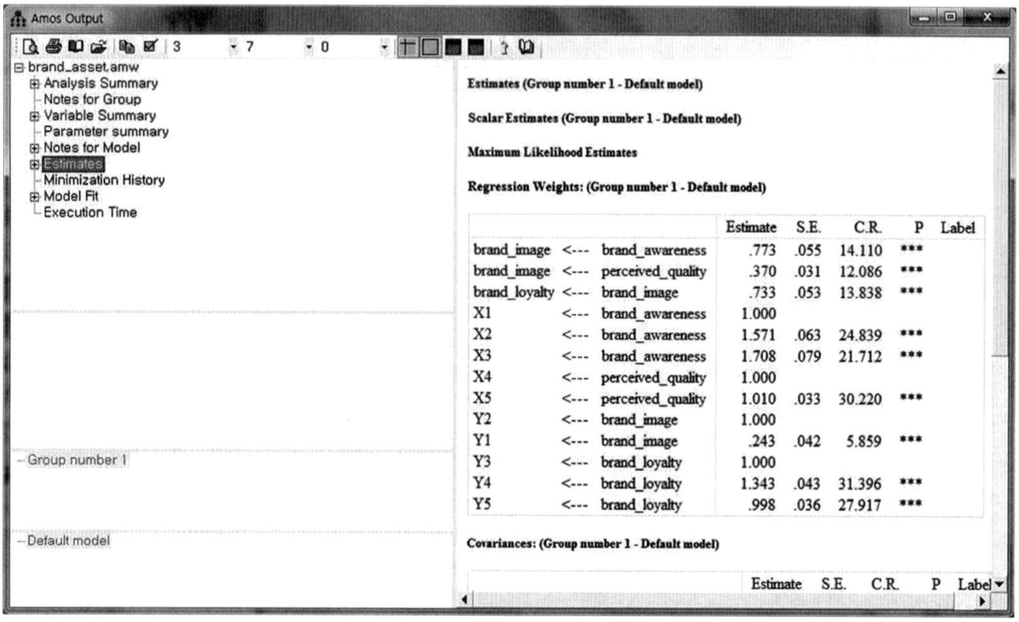

Estimates (Group number 1 - Default model)

Scalar Estimates (Group number 1 - Default model)

Maximum Likelihood Estimates

Regression Weights: (Group number 1 - Default model)

			Estimate	S.E.	C.R.	P	Label
brand_image	<---	brand_awareness	.773	.055	14.110	***	
brand_image	<---	perceived_quality	.370	.031	12.086	***	
brand_loyalty	<---	brand_image	.733	.053	13.838	***	
X1	<---	brand_awareness	1.000				
X2	<---	brand_awareness	1.571	.063	24.839	***	
X3	<---	brand_awareness	1.708	.079	21.712	***	
X4	<---	perceived_quality	1.000				
X5	<---	perceived_quality	1.010	.033	30.220	***	
Y2	<---	brand_image	1.000				
Y1	<---	brand_image	.243	.042	5.859	***	
Y3	<---	brand_loyalty	1.000				
Y4	<---	brand_loyalty	1.343	.043	31.396	***	
Y5	<---	brand_loyalty	.998	.036	27.917	***	

Covariances: (Group number 1 - Default model)

	Estimate	S.E.	C.R.	P	Label

1.1.4. 모델수정

① 수정지수 이용하기

Amos에서 모델수정은 수정지수(Modification Indices : M.I.)와 모수변화(Parameter Change : Par change)의 값을 참고하여 주로 이루어진다.

Amos Graphics의 메뉴에서 [View] → [Analysis Properties]을 클릭하면, 창이 뜬다. [Modification Indices]를 선택한다.

[그림 9-12] 수정지수 선택

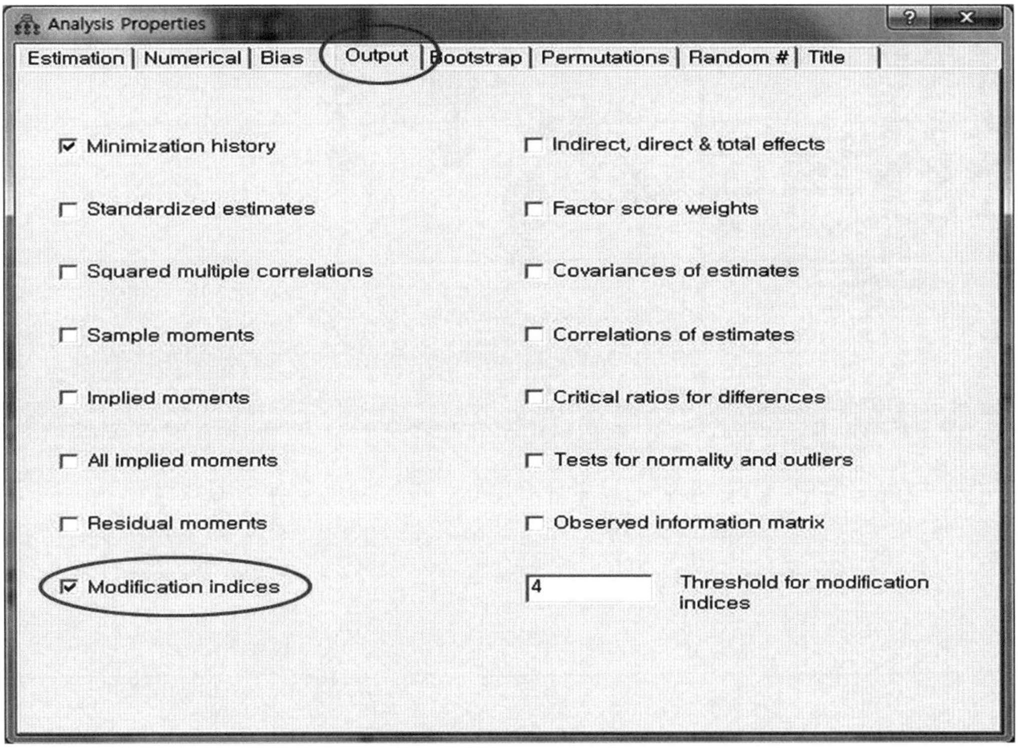

M.I.는 기본적으로 M.I. 지수가 4.0 이상인 것을 기준으로 제시한다. M.I. 지수는 χ^2가 감소되는 최소수준을 의미한다. 이렇게 설정한 다음 다시 분석을 한다.

[그림 9-13] 분석하기

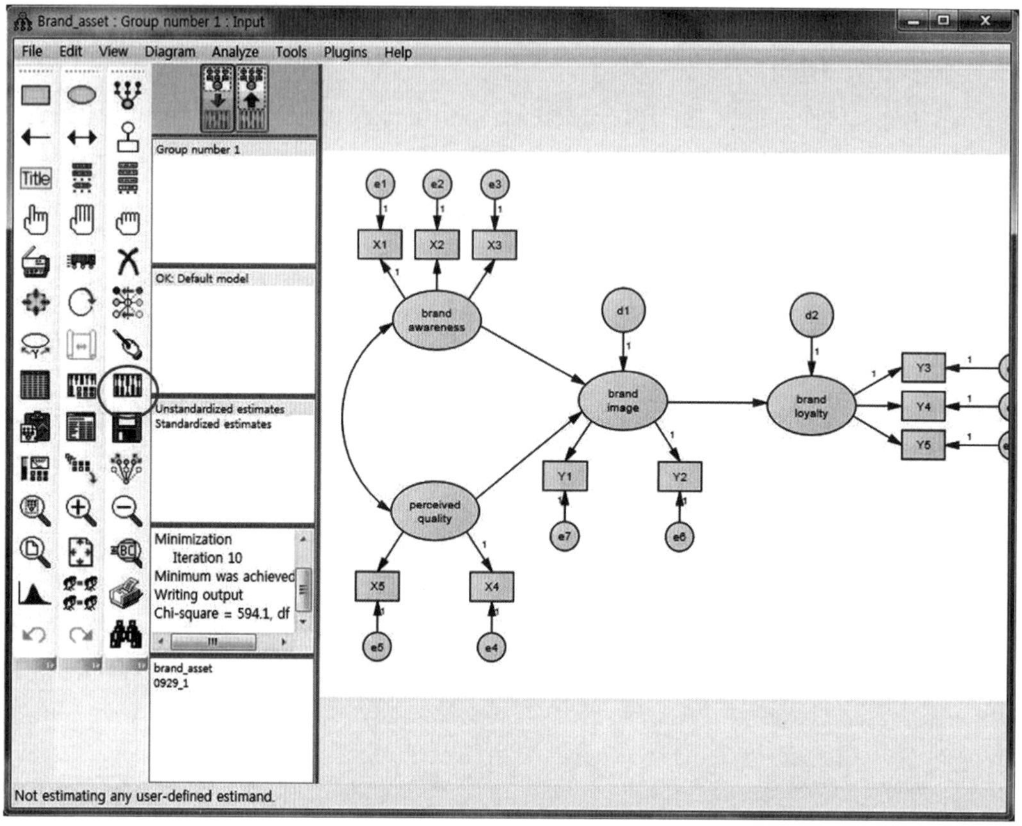

Text Output 창을 열어 왼쪽 메뉴에서 [Modification Indices]를 선택한다.

[그림 9-14] Modification Indices

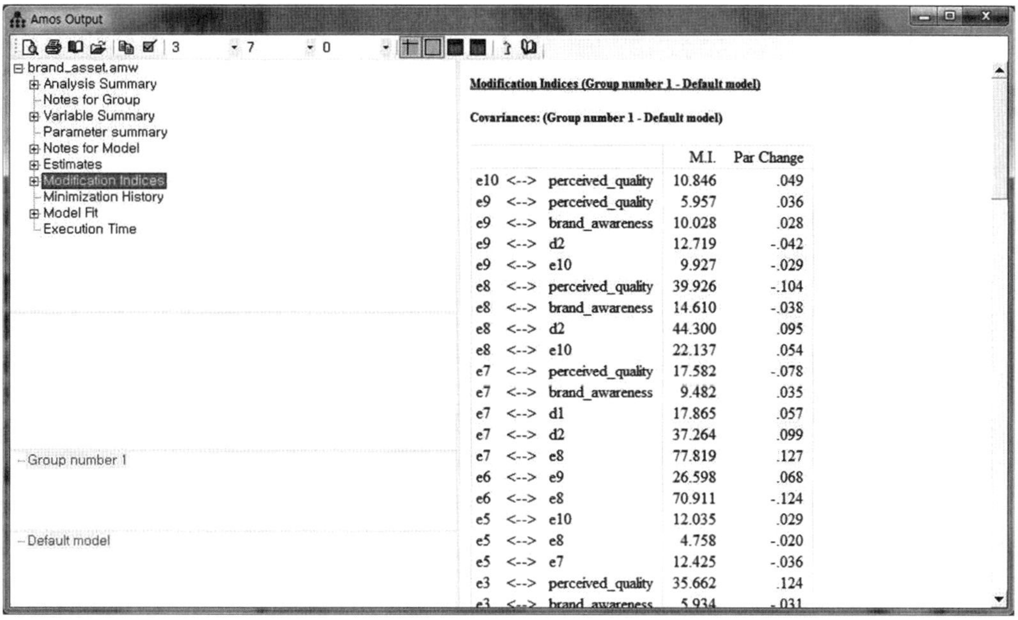

Modification Indices (Group number 1 - Default model)

Covariances: (Group number 1 - Default model)

			M.I.	Par Change
e10	<-->	perceived_quality	10.846	.049
e9	<-->	perceived_quality	5.957	.036
e9	<-->	brand_awareness	10.028	.028
e9	<-->	d2	12.719	-.042
e9	<-->	e10	9.927	-.029
e8	<-->	perceived_quality	39.926	-.104
e8	<-->	brand_awareness	14.610	-.038
e8	<-->	d2	44.300	.095
e8	<-->	e10	22.137	.054
e7	<-->	perceived_quality	17.582	-.078
e7	<-->	brand_awareness	9.482	.035
e7	<-->	d1	17.865	.057
e7	<-->	d2	37.264	.099
e7	<-->	e8	77.819	.127
e6	<-->	e9	26.598	.068
e6	<-->	e8	70.911	-.124
e5	<-->	e10	12.035	.029
e5	<-->	e8	4.758	-.020
e5	<-->	e7	12.425	-.036
e3	<-->	perceived_quality	35.662	.124
e3	<-->	brand_awareness	5.934	-.031

결과에서 보면 오차항들 간의 공분산을 설정했을 때, M.I. 지수와 모수변화(Par change) 값이 제시된다. 이러한 오차항 간의 연결은 반드시 이론적·경험적으로 근거가 있어야 한다. 그리고 한 번에 한 경로씩 수정을 해야 한다. 또한 M.I. 지수가 높다고 해서 무조건 연결해서는 안 된다. 또한 모수변화는 가급적 양(+)의 값을 먼저 고려해야 한다. 모수변화는 두 변수 간 공분산의 변화를 의미하므로 음(-)의 값이 되는 것보다 양의 값이 적합하다.

과정정리

1. Amos 실습 과정정리

(1) Amos Graphics 실습

① 도구상자 메뉴를 이용하여 경로도형 그리기(brand_asset.amw)

② 분석할 데이터 가지고 오기 (File → Data Files → File Name (brand_asset.sav))

③ 분석하기

④ 경로계수 보기

(2) Amos 분석결과 해석하기

View → Text Output

① 전체 모형의 적합도 평가

- Notes for Model : 전체모수 및 자유도, 그리고 χ^2값과 유의성 등의 통계치
- Model Fit : 모델적합도를 판단하는 통계량

② 이론모델 및 측정모델의 평가

- Estimates : 추정모수치에 관련된 통계량

(3) 모델수정

① 수정지수 이용하기

- View → Analysis Properties → Modification Indices 선택
- 분석하기
- Text Outpu → Modification Indices

CHAPTER / E I G H T E E N

EXERCISE

연습문제

1. 아래의 「병원만족도 영향요인에 관한 모델」에 관한 구조방정식과 측정방정식을 각각 만들어 보자.

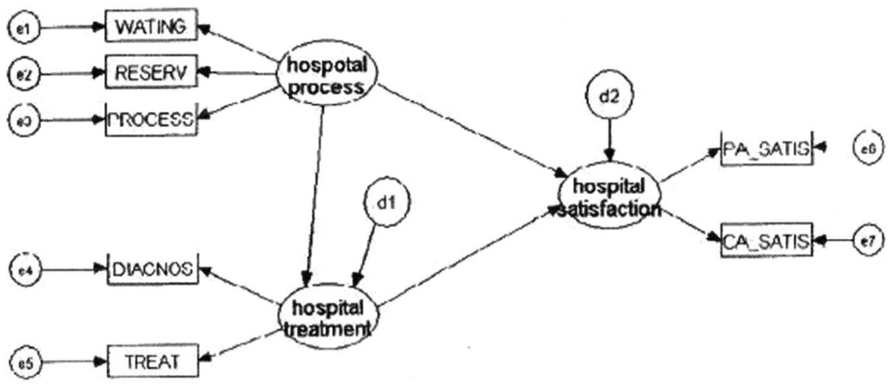

주요학습용어

- 구조방정식
- 경로도형
- 경로계수
- 전체모수
- 자유도
- χ^2
- 유의성
- 모델적합도
- 절대적합지수
- 증분적합지수
- 간명적합지수
- 이론모델
- 측정모델
- 추정모수치
- 모델수정
- 수정지수(Modification Indices : M.I.)
- 모수변화(Parameter Change : Par change)
- 공분산

참고문헌

1. 김원표 (2006), Amos를 이용한 구조방정식모델분석, 사회와 통계.
2. SPSS Korea 정기교육 및 SPSS 실습세미나 자료집,
   쉽게 이해하는 구조방정식 모형과 AMOS.
3. 구조방정식과 경로분석의 차이
   http://cafe.naver.com/smoooo.cafe?iframe_url=/ArticleRead.nhn%3Farticleid=28&
4.모델 적합도 평가 지표
   http://www.cyworld.com/happyprofessor/3271975
5. 구조방정식 모델
   http://cafe.naver.com/spssking.cafe?iframe_url=/ArticleRead.nhn%3Farticleid=2114&
5.모델 설정 시 고려사항
   http://blog.naver.com/lucifer246?Redirect=Log&logNo=138612580
   http://blog.naver.com/sunupq?Redirect=Log&logNo=40119706950

별첨

더빈-왓슨(Durbin-Watson) 통계량

Table A-1

Models with an intercept (from Savin and White)

Durbin-Watson Statistic: 1 Per Cent Significance Points of dL and dU

	k'*=1		k'=2		k'=3		k'=4		k'=5		k'=6		k'=7		k'=8		k'=9		k'=10	
n	dL	dU	dL	dU	dL	dU	dL	dU	dL	dU	dL	dU	dL	dU	dL	dU	dL	dU	dL	dU
6	0.390	1.142	-----	-----	-----	-----	-----	-----	-----	-----	-----	-----	-----	-----	-----	-----	-----	-----	-----	-----
7	0.435	1.036	0.294	1.676	-----	-----	-----	-----	-----	-----	-----	-----	-----	-----	-----	-----	-----	-----	-----	-----
8	0.497	1.003	0.345	1.489	0.229	2.102	-----	-----	-----	-----	-----	-----	-----	-----	-----	-----	-----	-----	-----	-----
9	0.554	0.998	0.408	1.389	0.279	1.875	0.183	2.433	-----	-----	-----	-----	-----	-----	-----	-----	-----	-----	-----	-----
10	0.604	1.001	0.466	1.333	0.340	1.733	0.230	2.193	0.150	2.690	-----	-----	-----	-----	-----	-----	-----	-----	-----	-----
11	0.653	1.010	0.519	1.297	0.396	1.640	0.286	2.030	0.193	2.453	0.124	2.892	-----	-----	-----	-----	-----	-----	-----	-----
12	0.697	1.023	0.569	1.274	0.449	1.575	0.339	1.913	0.244	2.280	0.164	2.665	0.105	3.053	-----	-----	-----	-----	-----	-----
13	0.738	1.038	0.616	1.261	0.499	1.526	0.391	1.826	0.294	2.150	0.211	2.490	0.140	2.838	0.090	3.182	-----	-----	-----	-----
14	0.776	1.054	0.660	1.254	0.547	1.490	0.441	1.757	0.343	2.049	0.257	2.354	0.183	2.667	0.122	2.981	0.078	3.287	-----	-----
15	0.811	1.070	0.700	1.252	0.591	1.465	0.487	1.705	0.390	1.967	0.303	2.244	0.226	2.530	0.161	2.817	0.107	3.101	0.068	3.374
16	0.844	1.086	0.738	1.253	0.633	1.447	0.532	1.664	0.437	1.901	0.349	2.153	0.269	2.416	0.200	2.681	0.142	2.944	0.094	3.201
17	0.873	1.102	0.773	1.255	0.672	1.432	0.574	1.631	0.481	1.847	0.393	2.078	0.313	2.319	0.241	2.566	0.179	2.811	0.127	3.053
18	0.902	1.118	0.805	1.259	0.708	1.422	0.614	1.604	0.522	1.803	0.435	2.015	0.355	2.238	0.282	2.467	0.216	2.697	0.160	2.925
19	0.928	1.133	0.835	1.264	0.742	1.416	0.650	1.583	0.561	1.767	0.476	1.963	0.396	2.169	0.322	2.381	0.255	2.597	0.196	2.813
20	0.952	1.147	0.862	1.270	0.774	1.410	0.684	1.567	0.598	1.736	0.515	1.918	0.436	2.110	0.362	2.308	0.294	2.510	0.232	2.174
21	0.975	1.161	0.889	1.276	0.803	1.408	0.718	1.554	0.634	1.712	0.552	1.881	0.474	2.059	0.400	2.244	0.331	2.434	0.268	2.625
22	0.997	1.174	0.915	1.284	0.832	1.407	0.748	1.543	0.666	1.691	0.587	1.849	0.510	2.015	0.437	2.188	0.368	2.367	0.304	2.548
23	1.017	1.186	0.938	1.290	0.858	1.407	0.777	1.535	0.699	1.674	0.620	1.821	0.545	1.977	0.473	2.140	0.404	2.308	0.340	2.479
24	1.037	1.199	0.959	1.298	0.881	1.407	0.805	1.527	0.728	1.659	0.652	1.797	0.578	1.944	0.507	2.097	0.439	2.255	0.375	2.417
25	1.055	1.210	0.981	1.305	0.906	1.408	0.832	1.521	0.756	1.645	0.682	1.776	0.610	1.915	0.540	2.059	0.473	2.209	0.409	2.362
26	1.072	1.222	1.000	1.311	0.928	1.410	0.855	1.517	0.782	1.635	0.711	1.759	0.640	1.889	0.572	2.026	0.505	2.168	0.441	2.313
27	1.088	1.232	1.019	1.318	0.948	1.413	0.878	1.514	0.808	1.625	0.738	1.743	0.669	1.867	0.602	1.997	0.536	2.131	0.473	2.269
28	1.104	1.244	1.036	1.325	0.969	1.414	0.901	1.512	0.832	1.618	0.764	1.729	0.696	1.847	0.630	1.970	0.566	2.098	0.504	2.229
29	1.119	1.254	1.053	1.332	0.988	1.418	0.921	1.511	0.855	1.611	0.788	1.718	0.723	1.830	0.658	1.947	0.595	2.068	0.533	2.193
30	1.134	1.264	1.070	1.339	1.006	1.421	0.941	1.510	0.877	1.606	0.812	1.707	0.748	1.814	0.684	1.925	0.622	2.041	0.562	2.160
31	1.147	1.274	1.085	1.345	1.022	1.425	0.960	1.509	0.897	1.601	0.834	1.698	0.772	1.800	0.710	1.906	0.649	2.017	0.589	2.131
32	1.160	1.283	1.100	1.351	1.039	1.428	0.978	1.509	0.917	1.597	0.856	1.690	0.794	1.788	0.734	1.889	0.674	1.995	0.615	2.104
33	1.171	1.291	1.114	1.358	1.055	1.432	0.995	1.510	0.935	1.594	0.876	1.683	0.816	1.776	0.757	1.874	0.698	1.975	0.641	2.080
34	1.184	1.298	1.128	1.364	1.070	1.436	1.012	1.511	0.954	1.591	0.896	1.677	0.837	1.766	0.779	1.860	0.722	1.957	0.665	2.057
35	1.195	1.307	1.141	1.370	1.085	1.439	1.028	1.512	0.971	1.589	0.914	1.671	0.857	1.757	0.800	1.847	0.744	1.940	0.689	2.037
36	1.205	1.315	1.153	1.376	1.098	1.442	1.043	1.513	0.987	1.587	0.932	1.666	0.877	1.749	0.821	1.836	0.766	1.925	0.711	2.018
37	1.217	1.322	1.164	1.383	1.112	1.446	1.058	1.514	1.004	1.585	0.950	1.662	0.895	1.742	0.841	1.825	0.787	1.911	0.733	2.001
38	1.227	1.330	1.176	1.388	1.124	1.449	1.072	1.515	1.019	1.584	0.966	1.658	0.913	1.735	0.860	1.816	0.807	1.899	0.754	1.985
39	1.237	1.337	1.187	1.392	1.137	1.452	1.085	1.517	1.033	1.583	0.982	1.655	0.930	1.729	0.878	1.807	0.826	1.887	0.774	1.970
40	1.246	1.344	1.197	1.398	1.149	1.456	1.098	1.518	1.047	1.583	0.997	1.652	0.946	1.724	0.895	1.799	0.844	1.876	0.749	1.956
45	1.288	1.376	1.245	1.424	1.201	1.474	1.156	1.528	1.111	1.583	1.065	1.643	1.019	1.704	0.974	1.768	0.927	1.834	0.881	1.902
50	1.324	1.403	1.285	1.445	1.245	1.491	1.206	1.537	1.164	1.587	1.123	1.639	1.081	1.692	1.039	1.748	0.997	1.805	0.955	1.864
55	1.356	1.428	1.320	1.466	1.284	1.505	1.246	1.548	1.209	1.592	1.172	1.638	1.134	1.685	1.095	1.734	1.057	1.785	1.018	1.837
60	1.382	1.449	1.351	1.484	1.317	1.520	1.283	1.559	1.248	1.598	1.214	1.639	1.179	1.682	1.144	1.726	1.108	1.771	1.072	1.817
65	1.407	1.467	1.377	1.500	1.346	1.534	1.314	1.568	1.283	1.604	1.251	1.642	1.218	1.680	1.186	1.720	1.153	1.761	1.120	1.802
70	1.429	1.485	1.400	1.514	1.372	1.546	1.343	1.577	1.313	1.611	1.283	1.645	1.253	1.680	1.223	1.716	1.192	1.754	1.162	1.792
75	1.448	1.501	1.422	1.529	1.395	1.557	1.368	1.586	1.340	1.617	1.313	1.649	1.284	1.682	1.256	1.714	1.227	1.748	1.199	1.783
80	1.465	1.514	1.440	1.541	1.416	1.568	1.390	1.595	1.364	1.624	1.338	1.653	1.312	1.683	1.285	1.714	1.259	1.745	1.232	1.777
85	1.481	1.529	1.458	1.553	1.434	1.577	1.411	1.603	1.386	1.630	1.362	1.657	1.337	1.685	1.312	1.714	1.287	1.743	1.262	1.773
90	1.496	1.541	1.474	1.563	1.452	1.587	1.429	1.611	1.406	1.636	1.383	1.661	1.360	1.687	1.336	1.714	1.312	1.741	1.288	1.769
95	1.510	1.552	1.489	1.573	1.468	1.596	1.446	1.618	1.425	1.641	1.403	1.666	1.381	1.690	1.358	1.715	1.336	1.741	1.313	1.767
100	1.522	1.562	1.502	1.582	1.482	1.604	1.461	1.625	1.441	1.647	1.421	1.670	1.400	1.693	1.378	1.717	1.357	1.741	1.335	1.765
150	1.611	1.637	1.598	1.651	1.584	1.665	1.571	1.679	1.557	1.693	1.543	1.708	1.530	1.722	1.515	1.737	1.501	1.752	1.486	1.767
200	1.664	1.684	1.653	1.693	1.643	1.704	1.633	1.715	1.623	1.725	1.613	1.735	1.603	1.746	1.592	1.757	1.582	1.768	1.571	1.779

*k' is the number of regressors excluding the intercept

	k'*=11		k'=12		k'=13		k'=14		k'=15		k'=16		k'=17		k'=18		k'=19		k'=20	
n	dL	dU	dL	dU	dL	dU	dL	dU	dL	dU	dL	dU	dL	dU	dL	dU	dL	dU	dL	dU
16	0.060	3.446	-----	-----	-----	-----	-----	-----	-----	-----	-----	-----	-----	-----	-----	-----	-----	-----	-----	-----
17	0.084	3.286	0.053	3.506	-----	-----	-----	-----	-----	-----	-----	-----	-----	-----	-----	-----	-----	-----	-----	-----
18	0.113	3.146	0.075	3.358	0.047	3.557	-----	-----	-----	-----	-----	-----	-----	-----	-----	-----	-----	-----	-----	-----
19	0.145	3.023	0.102	3.227	0.067	3.420	0.043	3.601	-----	-----	-----	-----	-----	-----	-----	-----	-----	-----	-----	-----
20	0.178	2.914	0.131	3.109	0.092	3.297	0.061	3.474	0.038	3.639	-----	-----	-----	-----	-----	-----	-----	-----	-----	-----
21	0.212	2.817	0.162	3.004	0.119	3.185	0.084	3.358	0.055	3.521	0.035	3.671	-----	-----	-----	-----	-----	-----	-----	-----
22	0.246	2.729	0.194	2.909	0.148	3.084	0.109	3.252	0.077	3.412	0.050	3.562	0.032	3.700	-----	-----	-----	-----	-----	-----
23	0.281	2.651	0.227	2.822	0.178	2.991	0.136	3.155	0.100	3.311	0.070	3.459	0.046	3.597	0.029	3.725	-----	-----	-----	-----
24	0.315	2.580	0.260	2.744	0.209	2.906	0.165	3.065	0.125	3.218	0.092	3.363	0.065	3.501	0.043	3.629	0.027	3.747	-----	-----
25	0.348	2.517	0.292	2.674	0.240	2.829	0.194	2.982	0.152	3.131	0.116	3.274	0.085	3.410	0.060	3.538	0.039	3.657	0.025	3.766
26	0.381	2.460	0.324	2.610	0.272	2.758	0.224	2.906	0.180	3.050	0.141	3.191	0.107	3.325	0.079	3.452	0.055	3.572	0.036	3.682
27	0.413	2.409	0.356	2.552	0.303	2.694	0.253	2.836	0.208	2.976	0.167	3.113	0.131	3.245	0.100	3.371	0.073	3.490	0.051	3.602
28	0.444	2.363	0.387	2.499	0.333	2.635	0.283	2.772	0.237	2.907	0.194	3.040	0.156	3.169	0.122	3.294	0.093	3.412	0.068	3.524
29	0.474	2.321	0.417	2.451	0.363	2.582	0.313	2.713	0.266	2.843	0.222	2.972	0.182	3.098	0.146	3.220	0.114	3.338	0.087	3.450
30	0.503	2.283	0.447	2.407	0.393	2.533	0.342	2.659	0.294	2.785	0.249	2.909	0.208	3.032	0.171	3.152	0.137	3.267	0.107	3.379
31	0.531	2.248	0.475	2.367	0.422	2.487	0.371	2.609	0.322	2.730	0.277	2.851	0.234	2.970	0.193	3.087	0.160	3.201	0.128	3.311
32	0.558	2.216	0.503	2.330	0.450	2.446	0.399	2.563	0.350	2.680	0.304	2.797	0.261	2.912	0.221	3.026	0.184	3.137	0.151	3.246
33	0.585	2.187	0.530	2.296	0.477	2.408	0.426	2.520	0.377	2.633	0.331	2.746	0.287	2.858	0.246	2.969	0.209	3.078	0.174	3.184
34	0.610	2.160	0.556	2.266	0.503	2.373	0.452	2.481	0.404	2.590	0.357	2.699	0.313	2.808	0.272	2.915	0.233	3.022	0.197	3.126
35	0.634	2.136	0.581	2.237	0.529	2.340	0.478	2.444	0.430	2.550	0.383	2.655	0.339	2.761	0.297	2.865	0.257	2.969	0.221	3.071
36	0.658	2.113	0.605	2.210	0.554	2.310	0.504	2.410	0.455	2.512	0.409	2.614	0.364	2.717	0.322	2.818	0.282	2.919	0.244	3.019
37	0.680	2.092	0.628	2.186	0.578	2.282	0.528	2.379	0.480	2.477	0.434	2.576	0.389	2.675	0.347	2.774	0.306	2.872	0.268	2.969
38	0.702	2.073	0.651	2.164	0.601	2.256	0.552	2.350	0.504	2.445	0.458	2.540	0.414	2.637	0.371	2.733	0.330	2.828	0.291	2.923
39	0.723	2.055	0.673	2.143	0.623	2.232	0.575	2.323	0.528	2.414	0.482	2.507	0.438	2.600	0.395	2.694	0.354	2.787	0.315	2.879
40	0.744	2.039	0.694	2.123	0.645	2.210	0.597	2.297	0.551	2.386	0.505	2.476	0.461	2.566	0.418	2.657	0.377	2.748	0.338	2.838
45	0.835	1.972	0.790	2.044	0.744	2.118	0.700	2.193	0.655	2.269	0.612	2.346	0.570	2.424	0.528	2.503	0.488	2.582	0.448	2.661
50	0.913	1.925	0.871	1.987	0.829	2.051	0.787	2.116	0.746	2.182	0.705	2.250	0.665	2.318	0.625	2.387	0.586	2.456	0.548	2.526
55	0.979	1.891	0.940	1.945	0.902	2.002	0.863	2.059	0.825	2.117	0.786	2.176	0.748	2.237	0.711	2.298	0.674	2.359	0.637	2.421
60	1.037	1.865	1.001	1.914	0.965	1.964	0.929	2.015	0.893	2.067	0.857	2.120	0.822	2.173	0.786	2.227	0.751	2.283	0.716	2.338
65	1.087	1.845	1.053	1.889	1.020	1.934	0.986	1.980	0.953	2.027	0.919	2.075	0.886	2.123	0.852	2.172	0.819	2.221	0.789	2.272
70	1.131	1.831	1.099	1.870	1.068	1.911	1.037	1.953	1.005	1.995	0.974	2.038	0.943	2.082	0.911	2.127	0.880	2.172	0.849	2.217
75	1.170	1.819	1.141	1.856	1.111	1.893	1.082	1.931	1.052	1.970	1.023	2.009	0.993	2.049	0.964	2.090	0.934	2.131	0.905	2.172
80	1.205	1.810	1.177	1.844	1.150	1.878	1.122	1.913	1.094	1.949	1.066	1.984	1.039	2.022	1.011	2.059	0.983	2.097	0.955	2.135
85	1.236	1.803	1.210	1.834	1.184	1.866	1.158	1.898	1.132	1.931	1.106	1.965	1.080	1.999	1.053	2.033	1.027	2.068	1.000	2.104
90	1.264	1.798	1.240	1.827	1.215	1.856	1.191	1.886	1.166	1.917	1.141	1.948	1.116	1.979	1.091	2.012	1.066	2.044	1.041	2.077
95	1.290	1.793	1.267	1.821	1.244	1.848	1.221	1.876	1.197	1.905	1.174	1.943	1.150	1.963	1.126	1.993	1.102	2.023	1.079	2.054
100	1.314	1.790	1.292	1.816	1.270	1.841	1.248	1.868	1.225	1.895	1.203	1.922	1.181	1.949	1.158	1.977	1.136	2.006	1.113	2.034
150	1.473	1.783	1.458	1.799	1.444	1.814	1.429	1.830	1.414	1.847	1.400	1.863	1.385	1.880	1.370	1.897	1.355	1.913	1.340	1.931
200	1.561	1.791	1.550	1.801	1.539	1.813	1.528	1.824	1.518	1.836	1.507	1.847	1.495	1.860	1.484	1.871	1.474	1.883	1.462	1.896

*k' is the number of regressors excluding the intercept

Table A-2
Models with an intercept (from Savin and White)

Durbin-Watson Statistic: 5 Per Cent Significance Points of dL and dU

	k'*=1		k'=2		k'=3		k'=4		k'=5		k'=6		k'=7		k'=8		k'=9		k'=10	
n	dL	dU	dL	dU	dL	dU	dL	dU	dL	dU	dL	dU	dL	dU	dL	dU	dL	dU	dL	dU
6	0.610	1.400	-----	-----	-----	-----	-----	-----	-----	-----	-----	-----	-----	-----	-----	-----	-----	-----	-----	-----
7	0.700	1.356	0.467	1.896	-----	-----	-----	-----	-----	-----	-----	-----	-----	-----	-----	-----	-----	-----	-----	-----
8	0.763	1.332	0.559	1.777	0.367	2.287	-----	-----	-----	-----	-----	-----	-----	-----	-----	-----	-----	-----	-----	-----
9	0.824	1.320	0.629	1.699	0.455	2.128	0.296	2.588	-----	-----	-----	-----	-----	-----	-----	-----	-----	-----	-----	-----
10	0.879	1.320	0.697	1.641	0.525	2.016	0.376	2.414	0.243	2.822	-----	-----	-----	-----	-----	-----	-----	-----	-----	-----
11	0.927	1.324	0.758	1.604	0.595	1.928	0.444	2.283	0.315	2.645	0.203	3.004	-----	-----	-----	-----	-----	-----	-----	-----
12	0.971	1.331	0.812	1.579	0.658	1.864	0.512	2.177	0.380	2.506	0.268	2.832	0.171	3.149	-----	-----	-----	-----	-----	-----
13	1.010	1.340	0.861	1.562	0.715	1.816	0.574	2.094	0.444	2.390	0.328	2.692	0.230	2.985	0.147	3.266	-----	-----	-----	-----
14	1.045	1.350	0.905	1.551	0.767	1.779	0.632	2.030	0.505	2.296	0.389	2.572	0.286	2.848	0.200	3.111	0.127	3.360	-----	-----
15	1.077	1.361	0.946	1.543	0.814	1.750	0.685	1.977	0.562	2.220	0.447	2.471	0.343	2.727	0.251	2.979	0.175	3.216	0.111	3.438
16	1.106	1.371	0.982	1.539	0.857	1.728	0.734	1.935	0.615	2.157	0.502	2.388	0.398	2.624	0.304	2.860	0.222	3.090	0.155	3.304
17	1.133	1.381	1.015	1.536	0.897	1.710	0.779	1.900	0.664	2.104	0.554	2.318	0.451	2.537	0.356	2.757	0.272	2.975	0.198	3.184
18	1.158	1.391	1.046	1.535	0.933	1.696	0.820	1.872	0.710	2.060	0.603	2.258	0.502	2.461	0.407	2.668	0.321	2.873	0.244	3.073
19	1.180	1.401	1.074	1.536	0.967	1.685	0.859	1.848	0.752	2.023	0.649	2.206	0.549	2.396	0.456	2.589	0.369	2.783	0.290	2.974
20	1.201	1.411	1.100	1.537	0.998	1.676	0.894	1.828	0.792	1.991	0.691	2.162	0.595	2.339	0.502	2.521	0.416	2.704	0.336	2.885
21	1.221	1.420	1.125	1.538	1.026	1.669	0.927	1.812	0.829	1.964	0.731	2.124	0.637	2.290	0.546	2.461	0.461	2.633	0.380	2.806
22	1.239	1.429	1.147	1.541	1.053	1.664	0.958	1.797	0.863	1.940	0.769	2.090	0.677	2.246	0.588	2.407	0.504	2.571	0.424	2.735
23	1.257	1.437	1.168	1.543	1.078	1.660	0.986	1.785	0.895	1.920	0.804	2.061	0.715	2.208	0.628	2.360	0.545	2.514	0.465	2.670
24	1.273	1.446	1.188	1.546	1.101	1.656	1.013	1.775	0.925	1.902	0.837	2.035	0.750	2.174	0.666	2.318	0.584	2.464	0.506	2.613
25	1.288	1.454	1.206	1.550	1.123	1.654	1.038	1.767	0.953	1.886	0.868	2.013	0.784	2.144	0.702	2.280	0.621	2.419	0.544	2.560
26	1.302	1.461	1.224	1.553	1.143	1.652	1.062	1.759	0.979	1.873	0.897	1.992	0.816	2.117	0.735	2.246	0.657	2.379	0.581	2.513
27	1.316	1.469	1.240	1.556	1.162	1.651	1.084	1.753	1.004	1.861	0.925	1.974	0.845	2.093	0.767	2.216	0.691	2.342	0.616	2.470
28	1.328	1.476	1.255	1.560	1.181	1.650	1.104	1.747	1.028	1.850	0.951	1.959	0.874	2.071	0.798	2.188	0.723	2.309	0.649	2.431
29	1.341	1.483	1.270	1.563	1.198	1.650	1.124	1.743	1.050	1.841	0.975	1.944	0.900	2.052	0.826	2.164	0.753	2.278	0.681	2.396
30	1.352	1.489	1.284	1.567	1.214	1.650	1.143	1.739	1.071	1.833	0.998	1.931	0.926	2.034	0.854	2.141	0.782	2.251	0.712	2.363
31	1.363	1.496	1.297	1.570	1.229	1.650	1.160	1.735	1.090	1.825	1.020	1.920	0.950	2.018	0.879	2.120	0.810	2.226	0.741	2.333
32	1.373	1.502	1.309	1.574	1.244	1.650	1.177	1.732	1.109	1.819	1.041	1.909	0.972	2.004	0.904	2.102	0.836	2.203	0.769	2.306
33	1.383	1.508	1.321	1.577	1.258	1.651	1.193	1.730	1.127	1.813	1.061	1.900	0.994	1.991	0.927	2.085	0.861	2.181	0.796	2.281
34	1.393	1.514	1.333	1.580	1.271	1.652	1.208	1.728	1.144	1.808	1.079	1.891	1.015	1.978	0.950	2.069	0.885	2.162	0.821	2.257
35	1.402	1.519	1.343	1.584	1.283	1.653	1.222	1.726	1.160	1.803	1.097	1.884	1.034	1.967	0.971	2.054	0.908	2.144	0.845	2.236
36	1.411	1.525	1.354	1.587	1.295	1.654	1.236	1.724	1.175	1.799	1.114	1.876	1.053	1.957	0.991	2.041	0.930	2.127	0.868	2.216
37	1.419	1.530	1.364	1.590	1.307	1.655	1.249	1.723	1.190	1.795	1.131	1.870	1.071	1.948	1.011	2.029	0.951	2.112	0.891	2.197
38	1.427	1.535	1.373	1.594	1.318	1.656	1.261	1.722	1.204	1.792	1.146	1.864	1.088	1.939	1.029	2.017	0.970	2.098	0.912	2.180
39	1.435	1.540	1.382	1.597	1.328	1.658	1.273	1.722	1.218	1.789	1.161	1.859	1.104	1.932	1.047	2.007	0.990	2.085	0.932	2.164
40	1.442	1.544	1.391	1.600	1.338	1.659	1.285	1.721	1.230	1.786	1.175	1.854	1.120	1.924	1.064	1.997	1.008	2.072	0.952	2.149
45	1.475	1.566	1.430	1.615	1.383	1.666	1.336	1.720	1.287	1.776	1.238	1.835	1.189	1.895	1.139	1.958	1.089	2.022	1.038	2.088
50	1.503	1.585	1.462	1.628	1.421	1.674	1.378	1.721	1.335	1.771	1.291	1.822	1.246	1.875	1.201	1.930	1.156	1.986	1.110	2.044
55	1.528	1.601	1.490	1.641	1.452	1.681	1.414	1.724	1.374	1.768	1.334	1.814	1.294	1.861	1.253	1.909	1.212	1.959	1.170	2.010
60	1.549	1.616	1.514	1.652	1.480	1.689	1.444	1.727	1.408	1.767	1.372	1.808	1.335	1.850	1.298	1.894	1.260	1.939	1.222	1.984
65	1.567	1.629	1.536	1.662	1.503	1.696	1.471	1.731	1.438	1.767	1.404	1.805	1.370	1.843	1.336	1.882	1.301	1.923	1.266	1.964
70	1.583	1.641	1.554	1.672	1.525	1.703	1.494	1.735	1.464	1.768	1.433	1.802	1.401	1.838	1.369	1.874	1.337	1.910	1.305	1.948
75	1.598	1.652	1.571	1.680	1.543	1.709	1.515	1.739	1.487	1.770	1.458	1.801	1.428	1.834	1.399	1.867	1.369	1.901	1.339	1.935
80	1.611	1.662	1.586	1.688	1.560	1.715	1.534	1.743	1.507	1.772	1.480	1.801	1.453	1.831	1.425	1.861	1.397	1.893	1.369	1.925
85	1.624	1.671	1.600	1.696	1.575	1.721	1.550	1.747	1.525	1.774	1.500	1.801	1.474	1.829	1.448	1.857	1.422	1.886	1.396	1.916
90	1.635	1.679	1.612	1.703	1.589	1.726	1.566	1.751	1.542	1.776	1.518	1.801	1.494	1.827	1.469	1.854	1.445	1.881	1.420	1.909
95	1.645	1.687	1.623	1.709	1.602	1.732	1.579	1.755	1.557	1.778	1.535	1.802	1.512	1.827	1.489	1.852	1.465	1.877	1.442	1.903
100	1.654	1.694	1.634	1.715	1.613	1.736	1.592	1.758	1.571	1.780	1.550	1.803	1.528	1.826	1.506	1.850	1.484	1.874	1.462	1.898
150	1.720	1.747	1.706	1.760	1.693	1.774	1.679	1.788	1.665	1.802	1.651	1.817	1.637	1.832	1.622	1.846	1.608	1.862	1.593	1.877
200	1.758	1.779	1.748	1.789	1.738	1.799	1.728	1.809	1.718	1.820	1.707	1.831	1.697	1.841	1.686	1.852	1.675	1.863	1.665	1.874

*k' is the number of regressors excluding the intercept

	k'*=11		k'=12		k'=13		k'=14		k'=15		k'=16		k'=17		k'=18		k'=19		k'=20	
n	dL	dU	dL	dU	dL	dU	dL	dU	dL	dU	dL	dU	dL	dU	dL	dU	dL	dU	dL	dU
16	0.098	3.503	-----	-----	-----	-----	-----	-----	-----	-----	-----	-----	-----	-----	-----	-----	-----	-----	-----	-----
17	0.138	3.378	0.087	3.557	-----	-----	-----	-----	-----	-----	-----	-----	-----	-----	-----	-----	-----	-----	-----	-----
18	0.177	3.265	0.123	3.441	0.078	3.603	-----	-----	-----	-----	-----	-----	-----	-----	-----	-----	-----	-----	-----	-----
19	0.220	3.159	0.160	3.335	0.111	3.496	0.070	3.642	-----	-----	-----	-----	-----	-----	-----	-----	-----	-----	-----	-----
20	0.263	3.063	0.200	3.234	0.145	3.395	0.100	3.542	0.063	3.676	-----	-----	-----	-----	-----	-----	-----	-----	-----	-----
21	0.307	2.976	0.240	3.141	0.182	3.300	0.132	3.448	0.091	3.583	0.058	3.705	-----	-----	-----	-----	-----	-----	-----	-----
22	0.349	2.897	0.281	3.057	0.220	3.211	0.166	3.358	0.120	3.495	0.083	3.619	0.052	3.731	-----	-----	-----	-----	-----	-----
23	0.391	2.826	0.322	2.979	0.259	3.128	0.202	3.272	0.153	3.409	0.110	3.535	0.076	3.650	0.048	3.753	-----	-----	-----	-----
24	0.431	2.761	0.362	2.908	0.297	3.053	0.239	3.193	0.186	3.327	0.141	3.454	0.101	3.572	0.070	3.678	0.044	3.773	-----	-----
25	0.470	2.702	0.400	2.844	0.335	2.983	0.275	3.119	0.221	3.251	0.172	3.376	0.130	3.494	0.094	3.604	0.065	3.702	0.041	3.790
26	0.508	2.649	0.438	2.784	0.373	2.919	0.312	3.051	0.256	3.179	0.205	3.303	0.160	3.420	0.120	3.531	0.087	3.632	0.060	3.724
27	0.544	2.600	0.475	2.730	0.409	2.859	0.348	2.987	0.291	3.112	0.238	3.233	0.191	3.349	0.149	3.460	0.112	3.563	0.081	3.658
28	0.578	2.555	0.510	2.680	0.445	2.805	0.383	2.928	0.325	3.050	0.271	3.168	0.222	3.283	0.178	3.392	0.138	3.495	0.104	3.592
29	0.612	2.515	0.544	2.634	0.479	2.755	0.418	2.874	0.359	2.992	0.305	3.107	0.254	3.219	0.208	3.327	0.166	3.431	0.129	3.528
30	0.643	2.477	0.577	2.592	0.512	2.708	0.451	2.823	0.392	2.937	0.337	3.050	0.286	3.160	0.238	3.266	0.195	3.368	0.156	3.465
31	0.674	2.443	0.608	2.553	0.545	2.665	0.484	2.776	0.425	2.887	0.370	2.996	0.317	3.103	0.269	3.208	0.224	3.309	0.183	3.406
32	0.703	2.411	0.638	2.517	0.576	2.625	0.515	2.733	0.457	2.840	0.401	2.946	0.349	3.050	0.299	3.153	0.253	3.252	0.211	3.348
33	0.731	2.382	0.668	2.484	0.606	2.588	0.546	2.692	0.488	2.796	0.432	2.899	0.379	3.000	0.329	3.100	0.283	3.198	0.239	3.293
34	0.758	2.355	0.695	2.454	0.634	2.554	0.575	2.654	0.518	2.754	0.462	2.854	0.409	2.954	0.359	3.051	0.312	3.147	0.267	3.240
35	0.783	2.330	0.722	2.425	0.662	2.521	0.604	2.619	0.547	2.716	0.492	2.813	0.439	2.910	0.388	3.005	0.340	3.099	0.295	3.190
36	0.808	2.306	0.748	2.398	0.689	2.492	0.631	2.586	0.575	2.680	0.520	2.774	0.467	2.868	0.417	2.961	0.369	3.053	0.323	3.142
37	0.831	2.285	0.772	2.374	0.714	2.464	0.657	2.555	0.602	2.646	0.548	2.738	0.495	2.829	0.445	2.920	0.397	3.009	0.351	3.097
38	0.854	2.265	0.796	2.351	0.739	2.438	0.683	2.526	0.628	2.614	0.575	2.703	0.522	2.792	0.472	2.880	0.424	2.968	0.378	3.054
39	0.875	2.246	0.819	2.329	0.763	2.413	0.707	2.499	0.653	2.585	0.600	2.671	0.549	2.757	0.499	2.843	0.451	2.929	0.404	3.013
40	0.896	2.228	0.840	2.309	0.785	2.391	0.731	2.473	0.678	2.557	0.626	2.641	0.575	2.724	0.525	2.808	0.477	2.829	0.430	2.974
45	0.988	2.156	0.938	2.225	0.887	2.296	0.838	2.367	0.788	2.439	0.740	2.512	0.692	2.586	0.644	2.659	0.598	2.733	0.553	2.807
50	1.064	2.103	1.019	2.163	0.973	2.225	0.927	2.287	0.882	2.350	0.836	2.414	0.792	2.479	0.747	2.544	0.703	2.610	0.660	2.675
55	1.129	2.062	1.087	2.116	1.045	2.170	1.003	2.225	0.961	2.281	0.919	2.338	0.877	2.396	0.836	2.454	0.795	2.512	0.754	2.571
60	1.184	2.031	1.145	2.079	1.106	2.127	1.068	2.177	1.029	2.227	0.990	2.278	0.951	2.330	0.913	2.382	0.874	2.434	0.836	2.487
65	1.231	2.006	1.195	2.049	1.160	2.093	1.124	2.138	1.088	2.183	1.052	2.229	1.016	2.276	0.980	2.323	0.944	2.371	0.908	2.419
70	1.272	1.987	1.239	2.026	1.206	2.066	1.172	2.106	1.139	2.148	1.105	2.189	1.072	2.232	1.038	2.275	1.005	2.318	0.971	2.362
75	1.308	1.970	1.277	2.006	1.247	2.043	1.215	2.080	1.184	2.118	1.153	2.156	1.121	2.195	1.090	2.235	1.058	2.275	1.027	2.315
80	1.340	1.957	1.311	1.991	1.283	2.024	1.253	2.059	1.224	2.093	1.195	2.129	1.165	2.165	1.136	2.201	1.106	2.238	1.076	2.275
85	1.369	1.946	1.342	1.977	1.315	2.009	1.287	2.040	1.260	2.073	1.232	2.105	1.205	2.139	1.177	2.172	1.149	2.206	1.121	2.241
90	1.395	1.937	1.369	1.966	1.344	1.995	1.318	2.025	1.292	2.055	1.266	2.085	1.240	2.116	1.213	2.148	1.187	2.179	1.160	2.211
95	1.418	1.930	1.394	1.956	1.370	1.984	1.345	2.012	1.321	2.040	1.296	2.068	1.271	2.097	1.247	2.126	1.222	2.156	1.197	2.186
100	1.439	1.923	1.416	1.948	1.393	1.974	1.371	2.000	1.347	2.026	1.324	2.053	1.301	2.080	1.277	2.108	1.253	2.135	1.229	2.164
150	1.579	1.892	1.564	1.908	1.550	1.924	1.535	1.940	1.519	1.956	1.504	1.972	1.489	1.989	1.474	2.006	1.458	2.023	1.443	2.040
200	1.654	1.885	1.643	1.896	1.632	1.908	1.621	1.919	1.610	1.931	1.599	1.943	1.588	1.955	1.576	1.967	1.565	1.979	1.554	1.991

*K' is the number of regressors excluding the intercept